드루팔
빅데이터맵

강우경 지음

(주) 삼양미디어

머리말

■

PREFACE

제타바이트의 데이터를 일상으로 접하는 현대에 우리는 사물과 결합된 데이터의 폭발적 증가를 눈앞에 둔 시점에 있다. 이렇게 급증하는 데이터를 유용하게 만드는 마술같은 비법이 있을까? 있다면 그것은 바로 통계이다.

통계는 거대 데이터를 요약하고 읽을 수 있게 해주는 소통의 창구이자 데이터와 인간을 만나게 해주는 만남의 장소이다. 이 책의 주제는 빅데이터도 아니고 드루팔도 아니다. 이 책의 진정한 주제는 진부한 것들의 결합, 바로 통계와 지도와의 만남이다. 빅데이터, 드루팔 그리고 오픈레이어 등 새로운 단어들은 유행에 따라 바뀌는 옷에 불과하다.

이 책은 드루팔과 오픈레이어라는 오픈소스 생태계를 소개하고 빅데이터 분석의 일환으로 통계 데이터를 구축하는 방법을 안내한다. 최종적인 통계 결과는 현장과 함께 지도상에 시각적으로 배치된다. 일반인이 빅데이터에 접근하기 쉽지 않은 환경을 고려하여 통계를 구축하기 위한 소스 데이터는 공공 기관에서 제공하는 공공 데이터를 활용하였다. 그리고, 통계 데이터를 구축하고 각종 콘텐츠를 제작함에 있어 며칠이 걸릴지도 모르는 거대한 양을 다룰 수 있도록 PHP 배치 프로그래밍을 통해 반복적인 프로세스를 자동화시켰다.

이 책에 사용된 대부분의 소프트웨어는 오픈소스 기반이다. 이와 관련한 한 가지 중요한 사실은 일반인은 엄청난 소프트웨어 비용을 감당하기 힘들기 때문에 오픈소스가 아니면 이 모든 일들을 진행할 수 없다는 것이다. '오픈소스'하면 무책임하게 코딩된 버그 투성이의 공짜 소프트웨어라고 생각하기 쉽지만, '싼 게 비지떡'이라는 속담과는 달리 드루팔은 해외에서는 이미 엄청난 팬을 확보하고 있는 믿을 수 있는 안정적인 플랫폼이다. 구글이라는 광고 회사가 이끈 IT계의 엄청난 무상 열풍은 아직까지 유효하다. 이런 흐름이 언제까지 이어질지는 모르겠지만 드루팔과 오픈레이어라는 훌륭한 소프트웨어가 계속 발전하기를 바라며 소개를 마친다.

끝으로 이 책이 나오기까지 함께 고생한 삼양미디어 식구들에게 감사의 말을 전하는 바이다.

저자 강우경

이 책의 구성

STRUCTURE

이 책은 드루팔을 모르는 초보 웹 프로그래머부터 중상급 이상의 웹 프로그래머에 이르기까지 누구나 쉽게 드루팔로 지도를 제작할 수 있도록 따라하기 형식으로 구성하였다.

PHP 문법을 잘 모르는 개발자라도 프로그램 코드가 의미하는 바를 눈으로 빠르게 확인할 수 있도록 완성도 있는 예제를 제공하여 지루하지 않게 쓸 만한 결과물을 만들 수 있도록 안내하고 있다. 각 챕터에는 드루팔과 오픈레이어라는 거대한 산을 정복하기 위해 셰르파와 같은 도우미 역할을 했으면 하는 바를 담았다.

CHAPTER 1 에서는 빅데이터에 대한 소개와 함께 빅데이터가 몰고 온 변화와 구체적인 사례에 대하여 알아본다.

CHAPTER 2 에서는 드루팔을 소개하고 핵심 구성 요소의 개념과 설치 환경, 구축 사례 등에 대해 알아본다.

CHAPTER 3 에서는 드루팔 설치를 위한 요건을 알아보고 PC에 설치하는 과정을 따라하기 형식으로 진행한다.

CHAPTER 4 에서는 오픈레이어를 소개하고 핵심 구성 요소의 개념을 설명한 후 간단한 예제를 만든다.

CHAPTER 5 에서는 유동 인구 조사 보고서를 지도상에 표시하기 위해 유동 인구 조사 지점을 지도상에 마킹하고 콘텐츠를 연계시키는 프로젝트를 진행한다.

CHAPTER 6 에서는 상업 지구를 이루는 업종별 사업장에 대한 등록·폐업 데이터 통계를 분석하여 지도상에 표시하는 업종별 블루오션·레드오션 분석 맵 제작 프로젝트를 진행한다.

CHAPTER 7 에서는 유용한 드루팔 개발 팁에 대하여 알아보고 드루팔 사이트 디자인의 핵심인 테마를 실습한다.

목차

CONTENTS

CHAPTER **3** ————————————————————— 048

드루팔 설치

CHAPTER **4** ————————————————————— 072

오픈레이어

CHAPTER **7**

테마&팁 ────────────────── 208

소스파일 안내

삼양미디어 홈페이지의 〈IT 자료실〉에서 소스파일을 다운로드하여 이 책을 학습하는 데 필요한 파일을 준비합니다.

• 이 책에서 사용한 js, sql, php, xml, 엑셀 등의 소스 파일은 4~7장까지의 단원별 폴더에 수록되어 있습니다.

• [사용 파일] 폴더에는 프로젝트 작성에 필요한 설치 파일, 모듈 파일, 테마 파일과 '서울 열린 데이터 광장(http://data.data.seoul.go.kr)'에서 다운로드한 '성북구.zip' 파일과 'DB공개데이터.zip' 파일이 포함되어 있습니다.

📁 4장 오픈레이어
📁 5장 유동 인구 맵 프로젝트
📁 6장 상업지구 빅데이터 분석 프로젝트
📁 7장 테마와 팁
📁 사용 파일

CHAPTER 1

빅데이터

● ● ●　1990년대 일본만화 제타 건담을 아는가? 2015년 요즘이 바로 제타바이트 (ZB)의 시대이다. 개인용 컴퓨터의 하드 디스크 용량은 기가바이트(GB)를 넘어 테라바이트(TB)로 진입했고, 서버 데이터의 용량은 페타바이트(PB)와 엑사바이트(EB)를 넘어 제타바이트(ZB)에 진입했다.

이 CHAPTER에서는 빅데이터의 정의와 역할 등 기본적인 개요와 구체적인 사례에 대하여 살펴봄으로써 방대한 양의 빅데이터가 이끌 미래를 전망해 본다.

빅데이터 소개

빅데이터란 말 그대로 방대한 데이터를 뜻한다. 빅데이터는 다양한(Variety) 분야에서 빠른 속도(Velocity)로 엄청난 양(Volume)만큼 증가하는 특징이 있다. 근래에는 정부나 기업들이 이러한 방대한 데이터를 보유하는 차원에만 머물지 않고 요약하여 지표를 생산하고, 분석하여 패턴을 발굴하는 데까지 이르렀다. 빅데이터는 순도 높은 샘플 데이터로부터 추출한 통계이므로 그 분석 결과의 신뢰도 또한 높다는 특징이 있다. 빅데이터의 또 다른 특징은 그 분석의 결과가 다양한 시각화 과정을 통해 한눈에 파악할 수 있도록 배치된다는 것이다. 빅데이터라는 신뢰성 있는 데이터로부터 압축된 통계는 보다 현장감 있고 강렬한 시각적 도구(지도, 도표, 일러스트 등)와 결합함으로써 더 많은 양의 정보를 전달함과 동시에 더 빠르게 정보를 파악할 수 있게 한다.

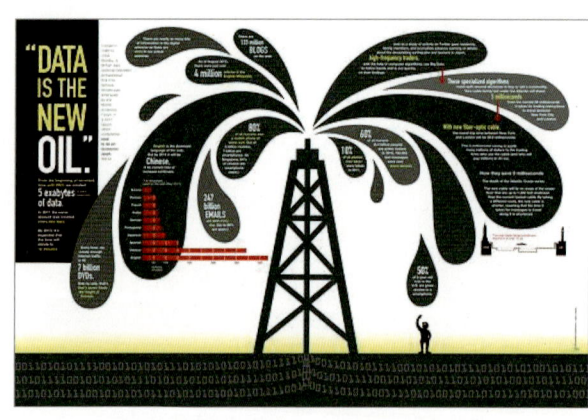

▲ 원유에 비유되는 빅데이터　　　　　　　　▲ 사물 인터넷 예측 통계(IBM)

최근에는 빅데이터가 사람의 동선과 돈의 흐름을 추적하는 차원을 넘어 사물의 영향까지 파악하는 등 다양한 분야에서 수집되고 있다. 그에 따라 이전에는 볼 수 없었던 데이터 간 인과관계가 보이기 시작했는데, 이를 누가 먼저 찾느냐가 바로 매출의 증대나 서비스의 혁신과 직결되기 때문에 마치 주인 없는 유전을 먼저 차지하려는 듯이 이 분야에 사람들이 모이고 있다.

어떤 현실의 문제가 있을 때 그 문제에 대한 해답을 다른 차원의 세상에서 돌아가는 방대한 자료에 기반하여 찾는 일이 가능할까? 이 질문에 대한 몇몇 사례는 이것이 점점 가능해지고 있다는 것을 증명하고 있다. 데이터와 데이터를 연결시키는 키가 하나둘씩

정비되고 결합됨에 따라 서로 다른 종류의 데이터를 전략적으로 공유하는 사례가 늘고 있으며 이로 인한 시너지 효과가 발생하고 있다. 달콤한 맛의 감자칩을 만들어 크게 성공한 개발자의 이야기를 들어 보면, 서로 다른 종류간의 빅데이터 분석과 예측이 효력을 나타냈다고 할 수 있다.

사례 1

신제품 출시를 앞둔 A 회사는 효과적인 홍보·마케팅 전략을 수립하기 위해 빅데이터 분석가들에게 전략 컨설팅을 요청하였다. 빅데이터 분석가들은 신제품이 속한 분야와 관련된 포털 검색어를 추출하고 제품 타깃 층의 생활 유형을 분석하여, 특정 시간대별 주요 검색어와 매칭시키는 등의 과정을 통해 **네거티브 키워드(negative keyword)를 배제시킬 수 있었고, 몇몇 특징적인 검색 키워드를 통해 **포지티브 키워드(positive keyword)를 제시할 수 있었다. 감각이 발달한 분석가들이 몇 개의 검색어 뒤에 숨은 근원적 욕망을 파악함으로써 특정 타깃 층의 니즈를 예상하고 라이프 스타일을 꿰뚫어 보는 등의 전략 컨설팅이 가능했던 것이다.

사례 2

매장 확대를 계획하는 B 회사는 매장이 입점할 최적의 장소를 물색하기 위해 빅데이터 분석가들에게 컨설팅을 의뢰하였다. 빅데이터 분석가들은 유사 제품군에 대한 신용카드 매출 내역을 분석하고, 그 제품을 구입한 사람들이 어디에 주로 밀집하여 사는지를 파악하였다. 그리고 그 위치를 현지 답사한 결과, 그 지역 일대를 공통된 블록으로 묶을 수 있었고 신규 매장의 최적의 입지를 제시할 수 있었다. 이들은 이 과정을 통해 소득별 블록 지도를 만들고 기존에 매출이 저조한 매장까지도 재조정하도록 광범위한 제안까지 할 수 있었다.

네거티브 키워드 (negative keyword) 특정 타깃과 관련된 검색어 키워드 목록 중 타깃에 부정적 영향을 미치는 키워드로 광고 카피에 절대로 사용해서는 안 되는 단어나 문구 등을 뜻한다. 키워드의 영향이 광범위한 특성이 있고 상대적으로 포지티브 키워드보다 쉽게 찾을 수 있다.

포지티브 키워드 (positive keyword) 특정 타깃과 관련된 검색어 키워드 목록 중 타깃에 긍정적 영향을 미치는 키워드로 광고 카피에 꼭 사용해야 하는 단어나 문구 등을 뜻한다. 키워드가 타깃에 미치는 긍정적 영향이 직접적이고 명확해야 하므로 발견하기가 쉽지 않다.

02 빅데이터와 공익

　빅데이터는 주로 개인정보를 제거한 통계 형태로 외부에 공개되는데 크게는 다수의 사람들을 위하거나, 적게는 특정 스폰서의 이익을 위해 분석·활용된다. 그러다 보니 빅데이터 자체에 구체적인 개인정보 노출은 없을지라도 상당히 지능적으로 개인에 관한 정보를 제공할 수밖에 없다. 따라서 빅데이터 분석 결과물은 누가 어떤 목적으로 활용하느냐에 따라 공익을 위할 수도 있고 공공에 해를 끼칠 수도 있는 양면성을 가지고 있다.

　빅데이터가 점차적으로 일반에 공개되는 추세에 따라 이를 개인적인 이익을 위해 사용하는 사람들이 늘어날 것으로 전망된다. 웹의 발달 과정에서 이미 보았듯이 정보 접근의 문턱이 낮아질수록 정보의 품질에는 문제가 생긴다. 인터넷에 범람하는 광고와 스팸을 보면 빅데이터의 미래가 밝지만은 않다. 만약 빅데이터의 품질에 문제가 생긴다면 빅데이터를 통한 모든 예측은 결국 의미가 없어질 확률이 클 수밖에 없을 것이다. 따라서 이를 막기 위한 지속적인 노력과 통제가 따를지도 모른다. 하지만 현시점에서의 빅데이터는 가공되기 전의 원유이자 엄청난 매장량을 보유한 유전이라 할 수 있다. 현재 많은 데이터를 보유하고 있다면 머지않아 산유국과 유사한 지위를 누릴 수도 있을 것이다.

03 빅데이터의 분석

　빅데이터의 분석에는 두 가지 관점이 있다. 유의미한 인문·사회적 현상으로부터 데이터 간 상관관계를 분석하는 연역적 방법과 데이터마이닝(data mining, 데이터 간의 관계성이나 규칙을 찾아내는 작업) 및 분석을 통해 유의미한 패턴을 찾아내는 귀납적 방법이 있는데, 두 가지 방법은 때에 따라서는 동시에 병행하여 진행되기도 한다. 그런데 최근에는 데이터 간 연계 시너지(symergy)가 늘어가면서 전혀 뜻밖의 외부 변수와 결합한 새로운 패턴이 발견되는 경우도 있다.

데이터 분석에 있어서 가장 중요한 것은 데이터를 서로 연결하는 키가 있느냐이다. 예를 들면 신용카드 빅데이터의 핵심 키는 카드 번호, 이동통신사 빅데이터의 핵심 키는 핸드폰 번호, 은행 빅데이터의 핵심 키는 계좌 번호, 관공서 주민등록 데이터의 핵심 키는 주민등록번호이다. 이러한 핵심 키들을 연결하고 의미 있게 하는 그룹화가 점점 진행됨에 따라, 서로 다른 종류의 데이터 간 연계를 기반으로 개인정보를 제거한 통계화 작업이 다양하게 시도될 것으로 본다.

04 정보의 시각화

데이터가 아무리 많아도 100만 페이지짜리 출력물을 보고서라고 할 수는 없다. 데이터는 집계와 요약의 과정을 거쳐 외부에 노출되는데, 이때에도 보다 효과적으로 정보를 전달하기 위한 옷을 한 번 더 입는다. 이를 정보의 시각화라고 하며, 대표적 예로는 선거 때마다 등장하는 지역별·성별·연령별·정당별 유권자 분포도를 들 수 있다.

디자이너들은 더욱 임팩트 있고 쉽게 정보를 전달하기 위해서 아이콘이나 이모티콘을 디자인하고 범례 등을 기획한다. 빅데이터가 어떠한 옷을 입느냐에 따라 사람에게 주는 임팩트에 차이가 생기는데, 이는 사람이 시각적 효과에 크게 좌우되는 존재이기 때문이다. 기존에는

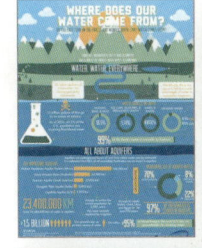
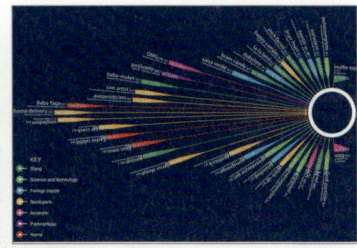
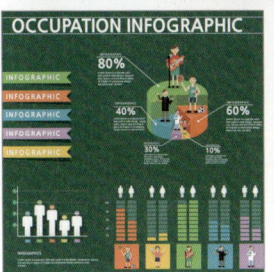
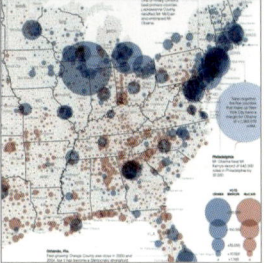

▲ 시각적 정보가 담긴 여러 가지 포스터

주로 2차원적 표에 의존하여 데이터를 시각화했다면, 이제는 공간에 데이터를 표시하는 3차원적 표현이 점점 증가하고 있다.

데이터 시각화는 데이터 분석과는 별개의 영역이지만, 앞으로는 상당히 밀접한 분야로 발전할 것으로 보인다. 디자이너가 하는 일은 예나 지금이나 차이가 없을지라도 그들이 하는 작업의 의미는 빅데이터의 발전과 더불어 보다 깊어질 전망이다.

05 인포그래픽

넓은 의미의 인포그래픽은 정보와 그래픽을 결합하여 색상이나 질감 등의 시각적 체계에 의미를 부여하는 모든 작업을 말한다. 이런 의미에서 지도 범례를 작성하는 일도 인포그래픽의 한 사례라 할 수 있다. 저자는 최근 지역별 인구 통계 데이터를 시각화하는 지도 구축 프로젝트를 진행했었다. 100㎡ 셀마다 지역 주민의 성별·나이·가족 형태·성향을 색상별로 표시하였는데, 그때 사용한 인포그래픽 사례를 소개하고자 한다.

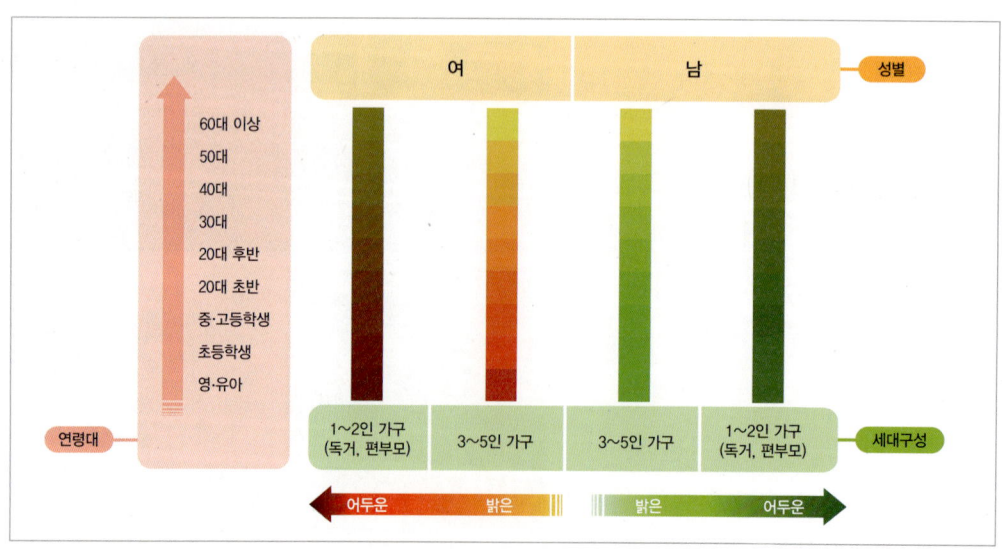

▲ 색상에 정보의 조합을 결합시킨 인포그래픽 기획(예시)

앞의 컬러 패턴을 만드는 데 사용한 원본 데이터는 성별, 나이, 세대원수에 대한 정보를 포함한다. 성별은 남·여 두 종류뿐이지만 나이는 1세부터 100세 이상까지 다양하게 존재하기 때문에 연령대별 그룹을 만들 필요가 있었다. 따라서 연령대의 구분을 기본적으로 10살 단위로 하되, 30세 미만에 대해서는 우리나라 교육 제도에 맞춰 0~7세(영·유아), 8~13세(초등), 14~19세(중고등), 20~24세(대학), 25~29세(사회 초년)로 구분하는 등 우리나라의 보편적인 사회적 스케줄을 반영하였다.

　세대원수는 쉽게 말해 같은 주소에 살고 있는 구성원의 수로서 일반적으로 가족수라고 생각하면 쉽다. 세대원수의 분포는 1부터 10명 이상까지 다양하지만 여기서는 일반적으로 접할 수 있는 가족 구성원 숫자인 1명, 2명, 3~4명, 5명 이상 등 네 종류로 분류하였다. 또한 세대원수 1~2와 3~5 사이에는 어둡거나 또는 밝은 구분을 두었는데, 이는 1~2 세대원수의 가구에 고령 독거자와 편부모 자녀 등 사회의 도움이 필요한 가정이 포함되어 있다는 것을 구분하기 위해서이다.

　위와 같은 구분, 즉 '성별(2개)×세대원수(4개)×연령대(13개)'를 계산하면 총 104개의 분류 체계가 나온다. 이러한 많은 분류 체계를 우선 성별에 따라 직관적으로 보여주기 위해 여성은 붉은색 계열, 남성은 초록색 계열로 정의하였다. 그리고 각각의 성별은 고령으로 갈수록 노란색에 수렴하도록 하였다. 그리고 홀로 사는 가구라든지 편부모 가구가 속해있는 1~2세대원 가구에 대해서는 기존의 컬러 위에 어두운 명암을 넣어 사회의 관심이 필요함을 표현하였다.

▲ 빛의 3원색 vs 색의 3원색

　분류 체계를 적용한 레이어와 레이어간에는 색이 서로 겹쳐질 수도 있는데, 이때 빛의 3원색에 의해 색이 합쳐지는지 색의 3원색에 의해 색이 합쳐지는지에 따라 색 배치를 다르게 기획할 필요가 있다. 빛의 3원색의 원칙이 적용되는 경우 빨강과 초록은 노랑으로 보이지만, 색의 3원색에 의해 합쳐질 경우에는 보라 계열의 갈색으로 나온다. 색 혼합의 원칙에 따라 각각 노랑 또는 갈색의 의미를 정의해야 할 것이다.

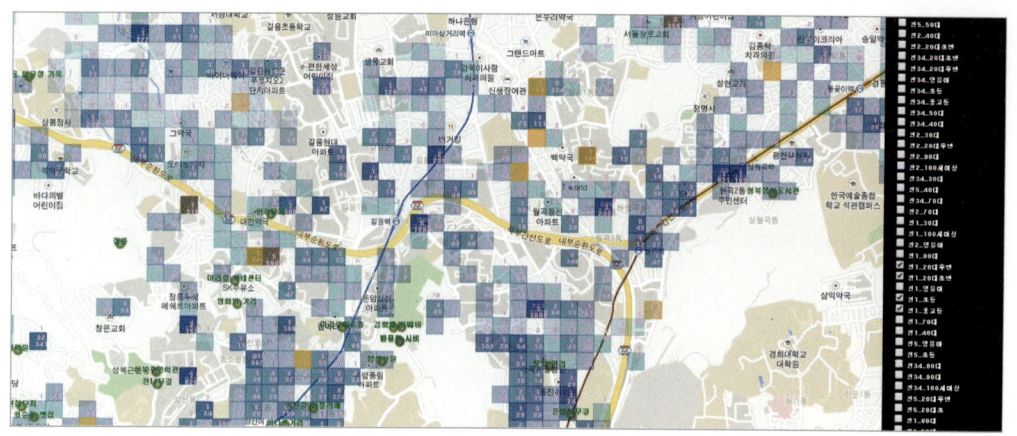

▲ 인포그래픽이 적용된 인구 통계 지도

빅데이터 활용 – 국내

　정부에서는 생활 공감 지도, 통계 지리 정보 등의 사이트를 통해 지도와 함께 다양한
데이터를 시각적으로 보여 주는 서비스를 제공하고 있다. 기존에 표 형태로 공표하던
통계 발표 방식에서 탈피하여 이제는 지도를 통해 보다 쉽게 데이터를 표시하기 위한
시도가 관공서에서도 진행 중인 것이다.

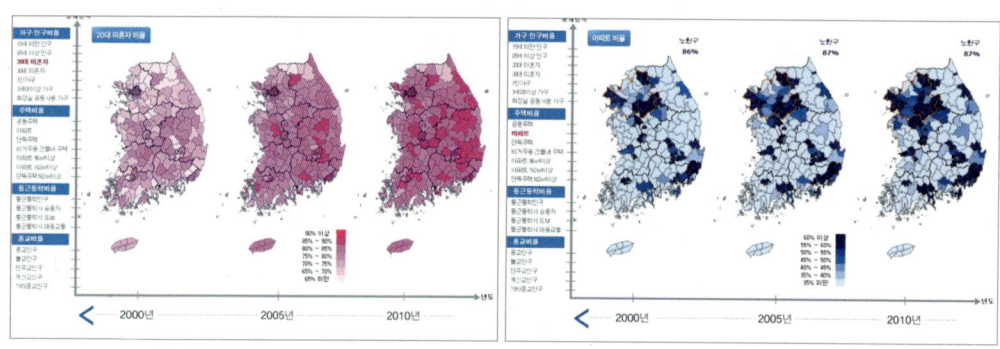

▲ 20대 미혼자 비율과 아파트 비율(통계청)

세종시에서는 세종특별자치시 통계관(http://www.sejong.go.kr/stat)을 통해 세종시 통계 지도 시범 구축 서비스를 제공하고 있는데, 이곳에는 최근 이슈가 된 시간대별 유동 인구 분포도를 포함하여 전출 지역별 이주자 분포도 등 상당 수준의 분석 지도를 공개하고 있다.

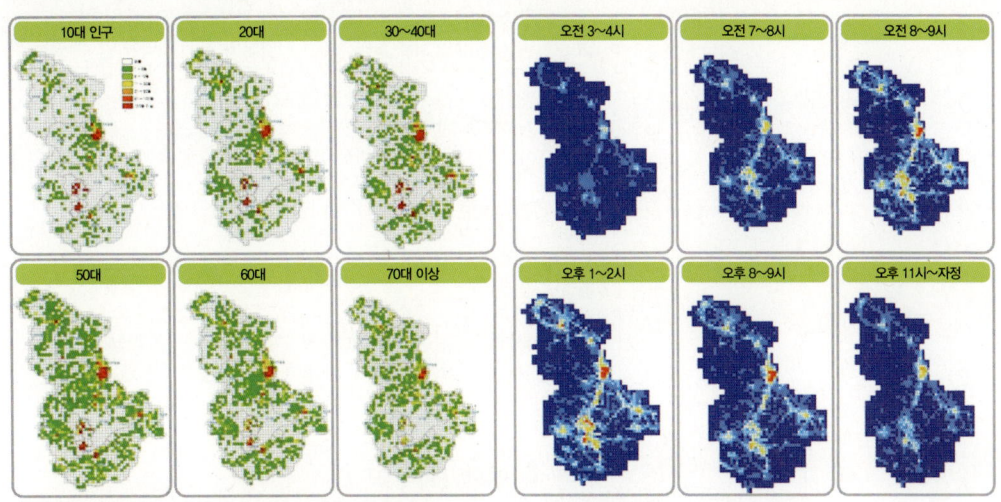

▲ 연령대별 인구 분포도 및 시간대별 유동 인구 분포도(세종시)

서울시에서는 이동 통신사와 제휴하여 30억 건의 휴대전화 통화량 데이터를 분석한 후 심야 버스 노선을 기획한 바 있다. 최근에는 다양한 민간 분야의 빅데이터를 활용하여 서울 시민의 생활을 개선하기 위한 프로젝트들이 진행 중인데, 그 예로는 겨울철 수도 계량기 동파 정책 지도 제작, 골목 상권 분석, 택시 잘 잡히는 지역 분석, 시내 차량 통행 속도 파악, 교통사고 빈발 지역 예보, 노인 여가 복지 시설 입지 분석 등의 사업이 있다.

서울시는 제2의 가치 창출을 위해 열린 데이터 광장(http://data.seoul.go.kr)을 통해 서울시가 자체적으로 보유한 데이터를 오픈 API, 데이터 세트 등의 형태로 민간에게 공개하는 서비스를 제공하고 있다. 7000여 종 이상의 다양한 분야의 공공 데이터를 활용하여 민간에서 앱이나 사이트를 구축할 수 있도록 지원하는 것이다.

또한, 서울시는 통신사, 금융사 등 여러 기관과 업무 협약을 맺고 다음 목록과 같이 다양한 분야의 빅데이터를 분석하는 일을 하고 있다.

● 빅데이터 분석에 사용되는 다양한 분야의 데이터 목록

No	데이터 구분	데이터 종류	데이터 상세 설명
1	인구	유동 인구	SKT 통화량을 기본으로 가공된 50m×50m 셀 단위의 유동 인구 데이터이며, 요일 평균별(주중, 토, 일), 연령별(5세 단위), 성별, 시간대별(0시~24시, 1시간 단위)로 상세하게 구분이 가능함
2		유동 인구별 거주지	유동 인구 데이터에 대한 각 행정구역상 동별 거주지를 알 수 있음 예 강남역 사거리 근처를 돌아다니는 사람들의 거주 지역을 알 수 있음
3		거주지별 유동 인구	행정구역상 동 단위의 거주지별로 인구의 유동 지역을 알 수 있음('유동 인구별 거주지'와 반대의 경우) 예 개포동에 사는 사람들이 주로 어디를 다니는지 알 수 있음
4		거주 인구	성별, 연령별 행정구역상 단위 거주 인구 데이터(안전행정부 제공)
5		직장 인구	사업체 기초 조사 자료를 토대로 행정구역상 동별 · 블록별로 직장인 수를 가공한 데이터
6	소득 · 소비	가구 소득	신용평가사인 NICE 정보를 기반으로 가공된 블록(가구 집합) 단위, 성별, 연령별(20세 이상, 5세 단위), 소득 분위별(통계청 10분위) 연소득 등 평균액 추정 데이터
7		소비 데이터	식료품, 의류 및 신발, 가사용품, 의료, 교통, 여가, 문화, 교육, 커피 및 술 등 9개 분야별 소비 비율
8	교통	교통 카드 통계	지하철역별 · 정류장별 · 버스 노선별 승하차 인원, 대중교통 수단별 이용 현황, 대중교통 환승 정보
9		교통 속도 통계	서울 시내 도로별 일별 · 시간별 차량 속도
10		택시 정보	택시 승하차 정보, 택시 GPS
11		장애인 콜택시	장애인 콜택시 이용 내역 및 이동 내역
12		교통 시설	버스 정류장, 지하철역, 지하철역 출입구 위치, 지하철역 선로 위치
13		교통안전 시설물	CCTV, 가변차로, 검지기, 교차로, 노인 보호 구역, 안전지대 등 교통안전 시설물 위치 정보
14		교통사고 정보	사고 일자와 시간, 사고 장소, 사고 개요, 사고 유형, 법규 위반 등의 교통사고 정보
15	부동산	부동산 실거래가	부동산 거래 후 60일 이내에 중개업자 또는 당사자가 등록하는 거래 가격(아파트, 단독 · 다가구, 다세대 · 연립, 오피스텔, 도시형 생활 주택)
16		공시지가	매년 토지 소재지 자치구청장이 결정 · 공시하는 1㎡당 토지단가(원/㎡)
17		전월세가	부동산 거래 후 60일 이내에 중개업자 또는 당사자가 등록하는 거래 가격
18	시설	시설물 정보	노인 복지 시설, 가로 가판대, 구두 수선대
19		건축물 대장	건축물에 대한 정보(건물명, 신 주소 · 구 주소, 용도, 연면적, 가구 수, 승강기 수 등)

No	데이터 구분	데이터 종류	데이터 상세 설명
20	대기 환경	강우량 정보	시간당 강우량, 최대 강우량 등 강우량 정보
21		대기 환경 정보	실시간 미세 먼지, 황사 등 대기 오염 정보
22		기상 관측 정보	시간별 기온, 습도, 풍향, 풍속, 강수 유무, 일사, 일조 정보
23	기타	도로 통행량 데이터	주중 · 주말, 시간대별(3시간), 연령별(10세 단위) 도보 통행량

07 빅데이터 활용 – 해외

해외 유명한 자전거 속도계 애플리케이션 제작 회사인 스트라바(Strava)는 자전거를 타는 사람들로부터 GPS 정보 제공을 동의 받고 자전거 평균 속도 등의 운행 정보를 모아 주요 도시의 자전거 평속 분석 맵을 만드는 시도를 하고 있다. 라이더가 매일 타는 자전거의 운행 정보가 하나 둘 모여 지도상에 나타나므로 운행 속도가 느리거나 빠른 도로를 파악할 수 있고, 향후에는 이를 근거로 하여 반대로 정부에 저속 구간 도로 환경 개선도 요구할 수 있을 것이다. 이 지도가 완성되면 라이더는 보다 빠르게 목적지에 도달할 수 있는 경로를 지능적으로 계획할 수 있게 될 것이다.

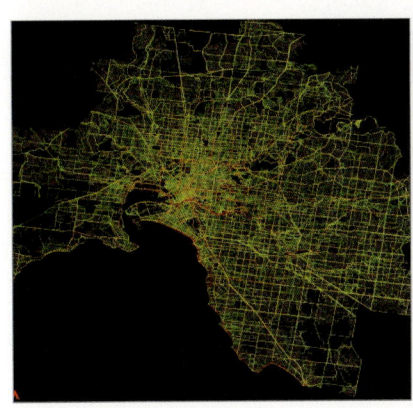

▲ GPS 데이터 결합 지도(사례)

금융권에서는 신용카드 결제 내역 빅데이터를 활용하여 사람들의 라이프 스타일 패턴을 연구하는 프로젝트를 한창 진행 중이다. 현대 사회는 도시 계획에 따라 블록화되어 있고, 그 블록별로 생활 패턴이 유사한 특징이 있는데, 최근에는 대상 타깃에 대해 맞춤형 마케팅 전략을 세우기 위해 블록 내 소득 수준별 소비 패턴까지 파악하는 연구도 이루어지고 있다.

다음의 왼쪽 지도는 미국을 특정 셀로 나누고 셀 내에 술집과 식료품점 중 무엇이 더 많은가를 비교하여 표시한 지도이다. 오른쪽 지도는 비슷한 방식으로 스타벅스 매장과 던킨 도넛 매장 수를 비교한 지도이다. 빅데이터를 분석하여 이렇게 지도상에 표시하고 다양한 통계 지도와 비교해 보면 유권자의 표심을 읽을 수 있는 패턴이라든지 어떤 제품의 매출과 직결되는 패턴 등 기발한 차이점을 밝힐 수 있을 듯 하다.

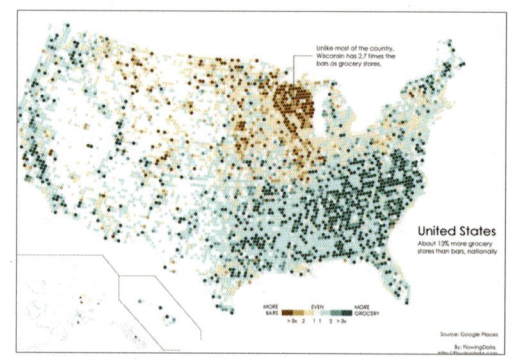

▲ 식료품점과 술집의 상대 분포도   ▲ 던킨 도넛과 스타벅스 매장의 상대 분포도

스타벅스는 최초에 서부 해안가에서 시작됐고, 던킨 도넛은 북동부 도시를 거점으로 확산되었다. 스타벅스는 점차 동쪽으로 진출하여 현재 전국적으로 퍼져나갔고, 던킨 도넛은 미 중부까지 점령한 것으로 보인다. 미국을 대표하는 이 두 업체의 상대적 분포도는 마치 미식축구 게임을 연상시키는 듯 박진감 있는 상황을 표현하면서도 향후의 변화를 예상할 수 있도록 돕는다. 저자라면 스타벅스 매장이 많은 미 서부 해안에 던킨 도넛 매장을 창업하는 것을 적극 고려하겠다. 동일 업종의 경쟁자가 많은 쪽 보다는 경쟁자가 없는 곳이 나을 것이라고 생각하기 때문이다.

공공 데이터

공공 데이터는 공공 기관이 공익을 목적으로 보유하고 있는 데이터를 의미한다. 최근에는 이러한 공공 데이터가 시민에게 다양한 형태로 공개되고 있는데, 대표적 사이트로는 정부에서 만든 공공 데이터 포털(http://www.data.go.kr)과 서울특별시청에서 만든 서울 열린 데이터 광장(http://data.seoul.go.kr)이 있다. 공공 데이터 사이트에서 제공하는 데이터의 종류는 관공서에서 다루는 업무 전반에 대한 것으로 매우 다양하다.

공공 데이터는 오픈 API를 통한 실시간 연계 방식 또는 엑셀 데이터시트와 같이 오프라인으로 활용 가능한 방식 등 다양하게 가공된 형태로 공개된다. 정부나 지방 자치 단체에서 공개하고 있는 데이터는 이미 양적으로나 질적으로 무시할 수 없는 수준이므로 이 거대한 정보의 바다에 접속하여 직접 눈으로 확인해 보기를 권하고 싶다. 그 동안 공공 기관에서는 많은 시간과 예산을 투입하여 빅데이터를 생산하는 인프라를 구축하였고, 이제는 완성된 인프라를 통해 생산되는 데이터가 취합 및 가공의 과정을 거쳐 공개되고 있으므로 민간에서 이를 활용하여 제2, 제3의 가치 창출을 하기에 최적의 환경이 조성되었다고 할 수 있다.

▲ 서울 열린 데이터 광장　　　　　　　▲ 공공 데이터 포털

공공 데이터 포털에서는 이달의 추천 데이터 코너를 통해 매월 인기 있는 데이터를 선정하여 발표한다. 다음은 2015년 1월에 선정된 추천 데이터의 예이다.

데이터 제공기관	개방 데이터	업데이트 주기	제공방식	출처
통계청	123개 품목 50만개 제품	매일	파일 : 월단위 오픈API : 일단위	인터넷 마켓
한국소비자원	120개 품목	매주	파일 : 주단위 오픈API 준비중	전국 조사원

수집일자	품목코드	품목명	상품ID	상품명	판매가격	할인가격	혜택가격
2014-07-01	A011010	쌀	857196012	[청운농협]물맑은 양평쌀 10KG	49600	-	-
2014-07-01	A011010	쌀	857196015	[햅쌀/강원고성]토성농협 고성 오마미 (20Kg)	96000	-	-
2014-07-01	A011010	쌀	857196016	[햅쌀/강원고성]토성농협 고성 오마미 (10Kg)	49900	-	-

▲ 이달의 추천 데이터 요약

서울 열린 데이터 광장에서는 2015년 초를 기준으로 대략 3,700건의 오프라인 데이터 세트(data set)와 2,600건의 실시간 오픈 API를 제공하고 있다. 서울시 각 구청과 동 주민 센터에서는 주민등록을 비롯하여 자동차등록, 사업자등록 등 기초 자치 단체만의 다양한 업무를 처리하고 있다. 흔히 '동사무소' 하면 떠오르는 이러한 업무들이 요즘에는 데이터로도 공개되고 있는 것이다. 물론 개인정보는 찾아볼 수 없다.

그럼 서울 열린 데이터 광장에 접속하여 실제로 어떤 정보들이 있는지 확인해 보도록 하자.

❶ 관공서에서 분류하는 사업자는 [식품 위생업/통신 판매업/방문 판매업/직업 소개 사업/대부업/석유 판매업/대규모 점포/전화 권유 판매업/액화 석유 가스업] 등이 있다. 서울 열린 데이터 광장(http://data.seoul.go.kr)에 접속하여 검색창에 "노원구 식품위생업소 전체"를 입력하고 [찾기] 버튼을 클릭한다.

❷ 검색 결과 화면에서 [노원구 식품위생업소(전체)] 목록 하단의 [SHEET] 버튼을 클릭하여 데이터 설명 화면으로 이동한 후 하단의 [이용약관동의] 버튼을 클릭한다. 이어서 [위의 약관에 동의합니다.]를 체크한 후 [동의함] 버튼을 클릭한다(이 과정을 이미 거쳤으면 단계 ❸으로 바로 진행한다).

❸ 데이터 조회 화면에서 실제 데이터의 내용을 살펴보고 오른쪽 상단에 위치하는 세 종류의 파일 변환 저장 버튼 중 [XLS]를 클릭하면 데이터 파일을 엑셀 파일 형태로 즉시 다운로드 할 수 있다.

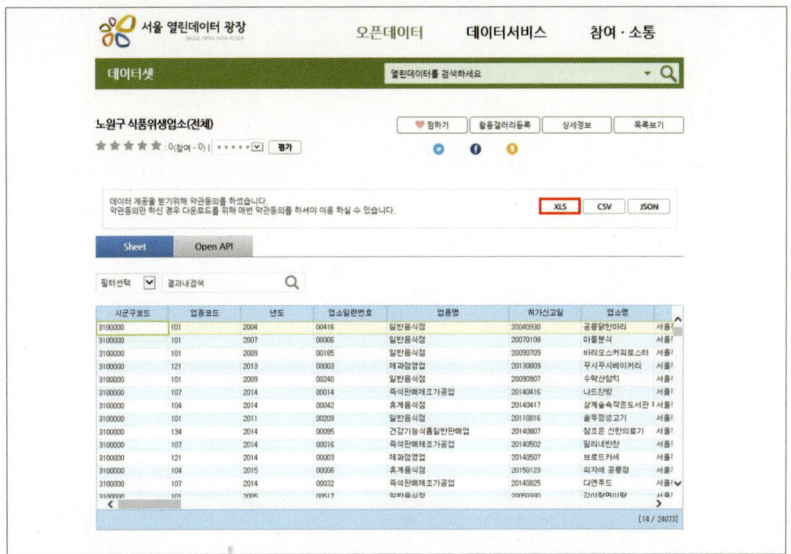

열린 데이터 광장에서 제공하는 식품 위생 업소 정보는 업종명, 업소명, 업소 주소, 영업 개시일, 폐업일, 폐업 사유, 업태, 영업장 면적 등으로 서울시 전체 자영업자의 영업장에 대한 정보와 영업과 관련한 주요 히스토리이다.

공공 데이터 활용 기획

저자는 열린 데이터 광장에서 공개하고 있는 다양한 업종의 사업자 등록 데이터를 보면서 자영업자의 창업에 도움이 될 만한 사이트를 만들면 괜찮겠다는 생각이 들었다. 이러한 생각을 정리하여 다음과 같은 기획서를 제작한 바 있으며, 이 기획서는 앞으로 이 책에서 진행할 프로젝트의 기본 기획서로 사용할 예정이니 참고하기 바란다.

|**기획서**| 빅데이터에 기반한 상업 지구 분석 맵 제작 프로젝트

개요	대한민국의 많은 자영업자들이 막연한 기대감으로 창업을 하지만 상가 임대료조차 감당하기 힘든 저조한 매출 실적에 낙심하여 불과 몇 달 만에 폐업하는 사례가 우리 주변에 비일비재하다. 물론 창업 당사자는 사전에 주변 상권을 조사하고, 사업 아이템을 고르고, 유동성도 조사하는 등의 노력을 했겠지만 접할 수 있는 정보 자체가 적은 것이 현실이다. 이에 정보의 보고인 공공 데이터를 활용하여 예비 자영업자에게 유용한 창업 정보를 발굴하고자 한다.
문제점 분석	실적 부진으로 폐업한 자영업자의 실패 이유는 여러 가지가 있겠지만, 그 중 공통적인 이유를 고르면 수요 예측의 실패와 레드오션 지역에 입점한 것을 들 수 있다. 첫째, 수요 예측과 관련해서는 타깃 연령층의 인구 밀도나 유동 인구수, 유사 사업 매출 내역 등의 데이터가 도움이 된다. 둘째, 레드 오션 지역 파악과 관련해서는 입점 예정지 주변의 유사 경쟁업체 현황과 관련 상점의 사업자 등록·폐업 내역을 알 수 있다면 대충 감을 잡을 수 있으리라 본다. 하지만 일부 정보는 공실률을 줄이려는 상가주인 입장에서 공개되기를 꺼려할지도 모른다.
데이터 현황	열린 데이터 광장에서 활용 가능한 데이터로 1) 인구 밀도(동별), 2) 유동 인구, 3) 식품 위생 업소(전체), 4) 대규모 점포, 5) 공중위생 업소(전체) 등을 찾을 수 있었다. 1)에는 동별 평균 인구 밀도 정보가 있었고 2)에는 노원구의 경우 607개 지점에 대한 시간대별 유동 인구 조사 보고서가 있었다. 3)에는 노원구의 경우 총 23,748건의 식품 위생 업소 등록/폐업 내역에 주소, 업종명, 업소명, 업태명, 영업 개시일, 폐업일, 영업장 면적 등 정보가 1970년도 이후부터 있었다. 4)에는 노원구의 경우 총 28개의 대형 마트 영업 현황 정보가 있었다. 5)에는 공중위생 업소에 관하여 3)에서 설명한 동일한 정보가 있다. 유사 사업 매출 실적에 관한 정보는 찾을 수 없었다.
구현 방법	❶ 앞에서 언급한 2) 유동 인구, 3) 식품 위생 업소(전체), 4) 대규모 점포, 5) 공중위생 업소(전체) 등의 데이터에는 공통적으로 주소 정보가 포함되어 있다. 업소들을 지도상에 마킹하고, 이들이 특정 100㎡ 셀 영역에 포함되는지 여부를 알기 위해서는 모든 주소를 지리 정보 좌표값으로 변환하는 일이 선행되어야 한다(대형 포털 사이트의 지도 오픈 API 등을 활용하면 일반 주소를 지리 정보 좌표로 쉽게 바꿀 수 있다). 네티즌이 입력한 예정지 주소를 GIS 좌표로 변환하고, 그 점을 기준으로 '(x-50m, y-50m)(x+50m, y+50m)'에 의해 계산하면 100㎡ 사각형 셀의 왼쪽 상단 좌표와 오른쪽 하단 좌표를 알 수 있다. 먼저 식품 위생 업소(전체) 데이터 주소로부터 지리 정보 좌표를 구하여 태킹한다. 그리고 100㎡ 사각형 셀의 왼쪽 상단과 오른쪽 하단 좌표를 범위로 식품 위생 업소(전체)를 다음과 같이 조회한다. 즉, 경도가 x-50m보다 크며 동시에 x+50m보다 작은 주소 중 위도가 y-50m보다 크며 동시에 y+50m보다 작은 주소를 조회하면 바로 그 주소 목록이 해당 100㎡ 셀 영역에 포함된다고 간주할 수 있다. ❷ 대규모 점포 및 유동 인구 보고서 데이터도 각 건마다 지리 정보 좌표를 태킹해야 한다. 대규모 점포 데이터에는 주소 정보가 없으나 건수가 적고 지역에서 유명한 곳이라면 주소를 쉽게 찾을 수 있을 것이다.

❸ 유동 인구 조사 보고서에는 각각 유동 인구를 조사한 위치가 명시돼 있다. 이렇게 주소를 얻어 지리 정보 좌표로 변환하고 각 건마다 이를 태깅하면 앞의 100㎡ 셀 영역 안에 대규모 점포와 유동 인구 조사 지점도 뽑아서 표시할 수 있다. 대규모 점포의 경우에는 100㎡ 셀을 확대하여 별도로 계산할 수도 있다.

❹ 셀 안에 표시된 업소들은 각각 자신의 주소에서 발생한 사업자 등록·폐업 히스토리를 제공한다.

❺ 업소를 마킹할 때 사용하는 아이콘은 영업 연도가 오래될수록 파란색에 가깝게 표시하고, 영업 연도가 짧을수록 붉은색에 가깝게 표시한다. 100㎡ 셀 영역 전 구간에는 블루오션·레드오션을 뜻하는 색을 입힌다. 산출 방법은 해당 동 전 구간 관련 업소를 대상으로 최근 5년간 폐업한 수의 평균을 구한 후 셀 영역 내 관련 업소를 대상으로 폐업한 수의 평균을 구하여 그 값이 전체 평균보다 낮으면 파란색으로, 전체 평균보다 높으면 붉은색으로 표시한다.

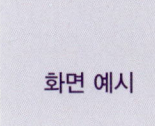

기대 효과

예비 자영업자가 창업할 때 가장 중요한 요건이라 할 수 있는 내 점포 주변의 생생한 사업장 영업 이력 정보를 제공함으로써 인근의 유사 업종 간 과도한 경쟁을 막고, 상도의를 지키며, 성공적인 사업 계획을 세우는 가이드 역할을 기대한다.

화면 예시

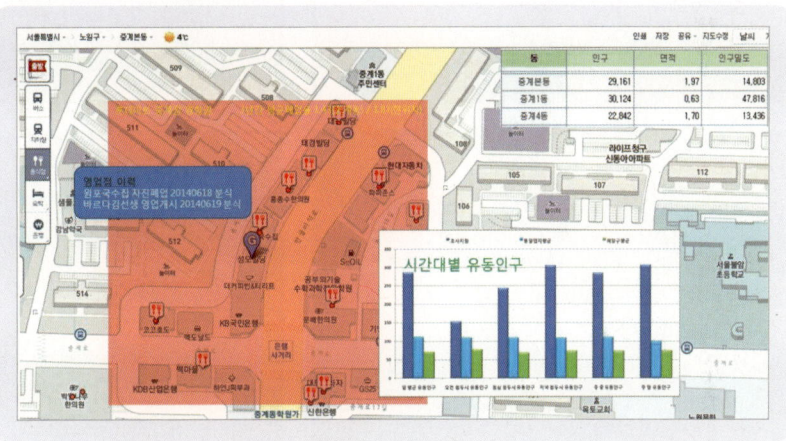

최근에는 상금을 걸고 공공 데이터를 활용한 앱이나 사이트 구축 기획안을 공모하는 경우도 있다. 좋은 아이디어가 있으면 공공 데이터와 접목하여 실제 구축 가능한 기획안을 정리해 둠으로써 향후 여러모로 활용할 수 있을 것이다.

 # 빅데이터 분석 적용 사례

　'http://map.seongbuk.go.kr' 사이트에는 인구를 성별, 연령대별, 세대원수별, 지역별로 계산한 특별한 지도가 있다. 이를 통해 사회 문제를 해결하고자 활용한 사례를 살펴보자.

고독사 사회 문제 (2015. 2. 2 KBS 뉴스)

무연고 사망자
출처: 김춘진 의원, 정책자료집 '대한민국 고독사의 현주소와 미래'

2011년 682명　2012년 719명　2013년 878명

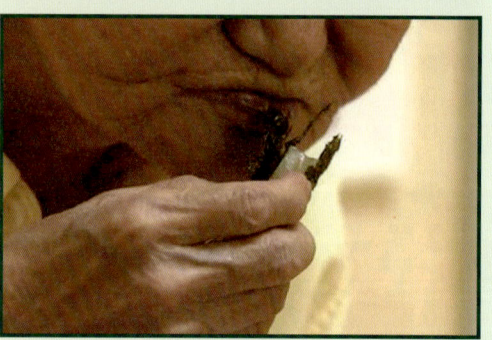

　최근 서울 관악구의 한 무허가 판자촌에서 홀로 살던 이 모씨가 숨진 채 발견됐습니다. 이제 그의 나이 56세…, 인기척이 없는 것을 이상하게 여긴 이웃이 사흘 만에 발견했습니다.

　고독사로 발견되는 '무연고 사망자'는 해마다 늘고 있습니다. 50대가 가장 많았고, 65세 이상 노인과 60대 순으로 나타났습니다. 10명 중 8명이 남성입니다. 보건복지부는 전국 노인의 8%인 9만 5천 명을 '고독사 예비군'으로 보고 있습니다. 지역사회-이웃-가족 간 결속이 약해지고 부실한 사회 안전망까지 겹쳐 사회적 약자들이 고독사라는 위험에 노출돼 있는 것이죠.

● 마을 지도에 홀로 사는 50대 남성 검색(세대원수 1명, 남성 50대)

빨간색 원으로 표시한 지역 즉, 홀로 사는 50대 남성이 많은 지역의 특징을 조사한다.

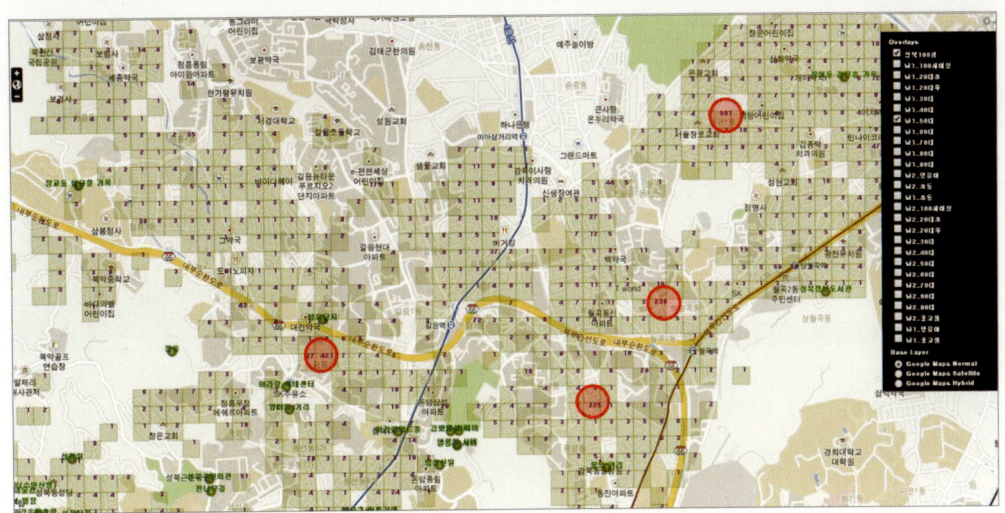

▲ 성북구 인구 분포도(홀로 사는 50대 남성)

홀로 사는 고령 남성 가구 밀집 지역 주변에 이들을 지원할 만한 시설을 찾아 지도에 표시한다. 인근의 사회복지시설이나 일자리 지원센터 등에 해당 지역을 집중적으로 지원하도록 요청한다.

한편 독거노인 밀집 현황을 공개하여 시민이 도울만한 것들을 자발적으로 지도상에 표시하도록 **매시업 서비스를 구축한다. 또한 인근 학교와 연계하여 독거노인 자원봉사단을 모집하고 인근의 독거노인 가구에 정기적으로 방문하여 청소 등의 봉사 활동 프로그램을 운영한다.

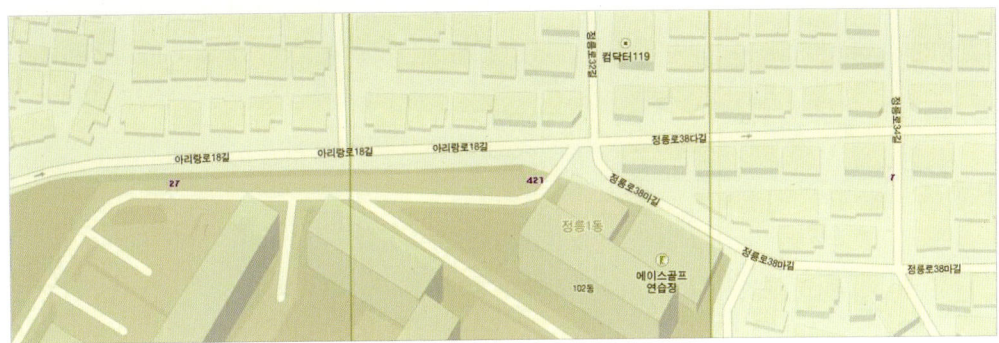

▲ 홀로 사는 50대 남성 밀집 지역 지도 확대 분석

**매시업(Mashup) 웹 서비스 업체들이 제공하는 각종 콘텐츠나 공개 API를 융합하여 전혀 다른 새로운 서비스나 데이터베이스, 애플리케이션 등을 만드는 기술

이혼·사별 여성 노동자 빈곤 절벽 (2014. 3 TV 조선 뉴스)

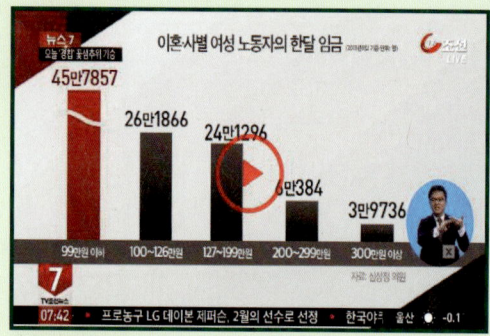

배우자와 이혼하거나 사별한 여성 노동자 10명 중 7명은 최저 생계비에도 못 미치는 임금을 받는 것으로 나타났습니다. 통계청이 지난해 이혼·사별한 여성 노동자의 임금 실태를 조사한 결과 월평균 임금은 112만 2000원에 불과했습니다. 금액별 조사에서도 전체 68%인 71만 9700명이 최저 생계비보다 낮았고, 99만 원 이하도 45만 7000여 명이나 됐습니다. 연령별 조사에선 세 모녀 사건의 어머니와 비슷한 50~60대가 67%로 가장 많았습니다.

● 마을 지도에 홀로 사는 50대 여성 검색(세대원수 1명, 여성 50대)

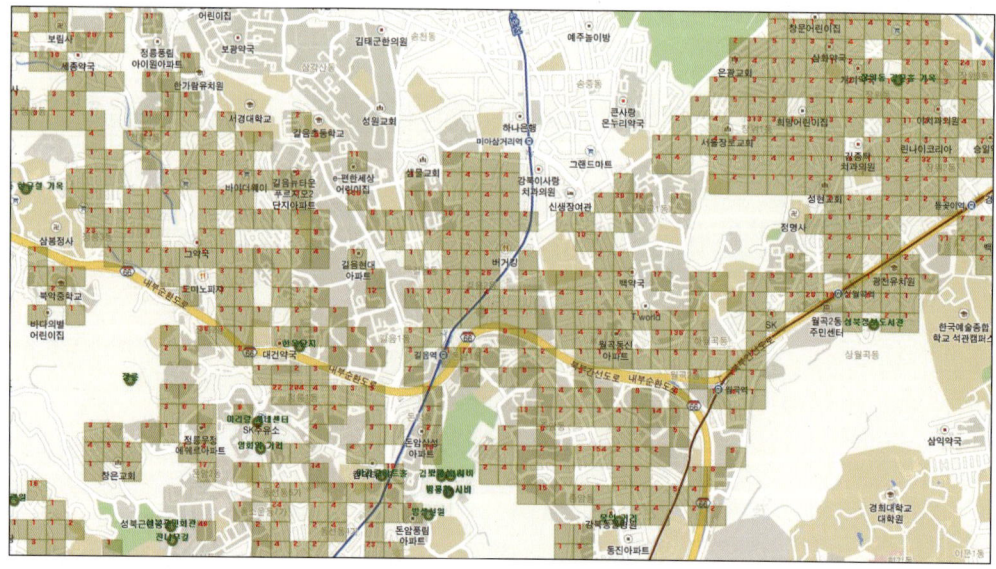

▲ 성북구 인구 분포도(홀로 사는 50대 여성)

● 마을 지도에 둘이 사는 50대 여성 검색 (세대원수 2명, 여성 50대)

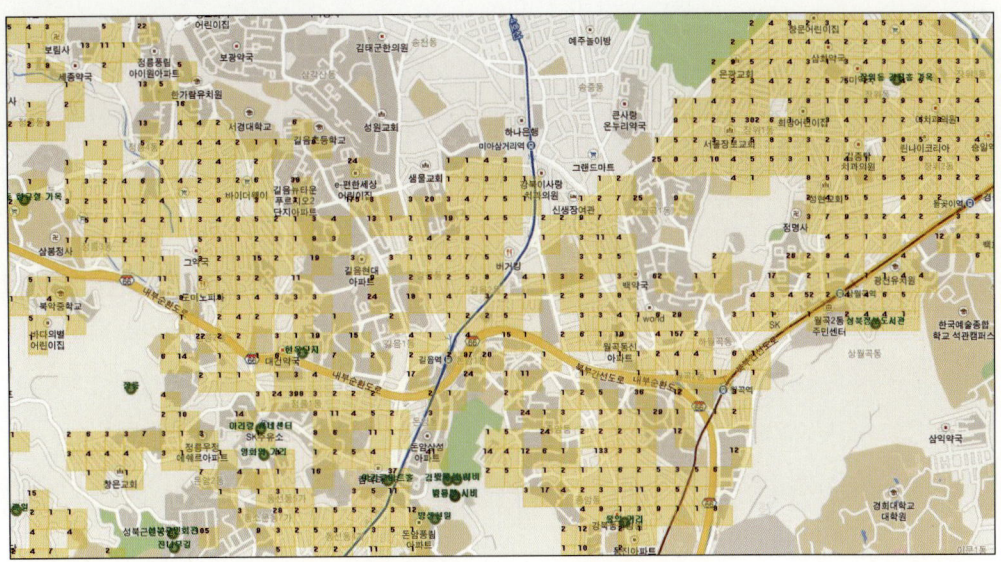

▲ 성북구 인구 분포도(둘이 사는 50대 여성)

2명이 사는 50대 여성 가구를 분석하면 자녀가 출가하여 부부만 살거나, 자녀가 출가하지 않았지만 세대를 분리한 경우, 그리고 자녀가 있는데 이혼 · 사별로 모자 혹은 모녀가 단둘이 사는 경우로 나눌 수 있다. 모자 혹은 모녀 2명이 같이 사는 50대 여성 가구는 홀로 사는 50대 여성 가구보다 더 빈곤 절벽으로 고생할 가능성이 많다. 왜냐하면 부양가족이 있기 때문이다. 부양가족이 있는 50대 여성 가구 중에서도 지원의 최우선 순위는 어린 자녀를 둔 경우이다.

일반적으로 50대 여성이 20~30대 나이에 결혼했을 경우, 자녀는 20대라고 예상할 수 있다. 자녀가 20대일 경우는 자녀가 성인이기 때문에 어느 정도 자립할 수 있다고 추정할 수 있다. 따라서 부양가족이 있는 이혼한 50대 여성이라도 성인 자녀를 둔 경우는 어린 자녀를 둔 경우보다 좀 낫다고 할 수 있다.

따라서 둘이 사는 50대 여성이 밀집한 지역 중 자녀가 학생이거나 10세 이하인 사람을 추출하여 이들을 우선 지원하는 정책을 세울 것을 제안한다.

●●● 웹 사이트와 웹 사이트 관리 프로그램을 조립식 모듈로 주택을 짓듯이 조립하여 만들 수 있다면 어떨까? 웹 사이트의 기능을 모듈이라는 부품으로 만들어 자유롭게 끼웠다 빼는 방식으로 사이트를 만드는 발상의 씨앗이 이미 오래 전에 심어져서 드루팔이라는 거대한 나무가 되었다.

이 CHAPTER에서는 드루팔의 기원과 특징, 버전, 구성 요소, 설치 환경, 구축 사례 등 드루팔의 기본적인 내용에 대하여 알아본다.

드루팔이란?

드루팔(DRUPAL), 생소한 외국어 단어처럼 들리는 이 고유명사는 한마디로 웹 사이트 구축을 돕는 오픈소스 소프트웨어이다. 2013년을 기준으로 미국 정부 사이트의 24%, 150개국 1700개 정부 사이트, 40개 국제 조직 홈페이지가 드루팔로 구축되었다. 드루팔은 이미 개발자, 사용자, 협력사가 공생하는 세계적인 오픈소스 소프트웨어이다.

드루팔은 국내에서는 인기가 많이 떨어진 PHP 언어 기반으로 만들어졌다. 근래에는 드루팔 때문에 PHP를 배우려는 개발자가 다시 늘고 있다는 소식을 듣곤 하는데, 가요계의 차트 역주행 현상도 아니고 참으로 미스터리한 사건이 아닐 수 없다.

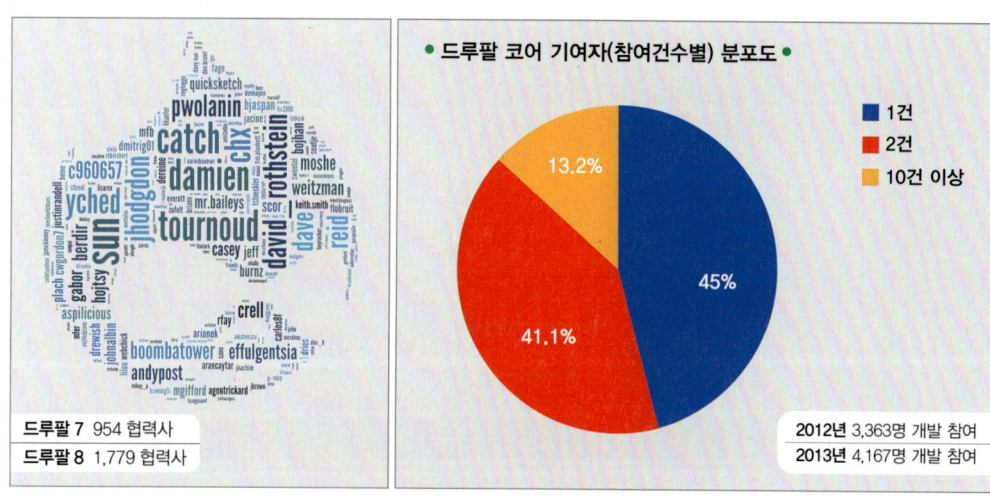

▲ 드루팔 협력사 및 소스코드 기여자 규모

드루팔은 오픈소스이며 **GPL(**GNU General Public Licence) 적용을 받는다. 따라서 다운로드, 사용, 수정에 대한 제약이 없이 모두 공개된 소프트웨어이다.

GPL(GNU General Public Licence) 저작권은 있지만 모든 소스의 공개, 배포, 변경에 대한 제한이 없는 GNU의 공공 라이선스

GNU(Gnu is Not Unix) 유닉스(Unix)의 상업적 확산에 반대하여 리처드 스톨먼(Richard Stallman)과 그의 팀이 무료로 개발 · 배포하고 있는 유닉스 호환 운영체제

02 드루팔 기원

    드루팔은 2001년 당시 벨기에의 학생이었던 드라이스 바이태어트(Dries Buytaert)가 메시지 게시판용으로 개발한 웹 퍼블리싱 오픈소스 프로젝트였다. 드루팔은 뉴스, 블로그, 사진, 제품, 문서, 이벤트 등 다양한 내용들을 디자인하고 프로그래밍하는 사람들을 위해 설계됐다. 드루팔은 사용자의 콘텐츠를 직접 관리할 수 있도록 만들었기 때문에 콘텐츠 관리 시스템(CMS, Contents Management System)이라고도 불린다. 드루팔 프로젝트는 자원 봉사자에 가까운 프로그래머들에 의해 운영되지만, 드루팔 웹사이트를 만들거나 드루팔 프로젝트를 운영하면서 이익을 얻는 네티즌도 있다.

03 드루팔 특징

    드루팔은 다음과 같은 특징들이 있다.

- **쉽다** 배드민턴은 국민 누구나 즐길 수 있는 스포츠라 할 수 있는데 그 이유는 배드민턴이 배우기 쉽기 때문이다. 드루팔도 이와 비슷해서 어느 정도 익숙해지면 아주 쉽다. 비록 사용하면서 답답하고 곤란할 때도 있을 수 있지만, 처음부터 웹 사이트 전체를 만드는 것에 비하면 훨씬 쉽다는 것은 확실하다.

- **빠르다** 드루팔은 이미 만들어진 많은 기능들을 제공한다. 새로운 사이트를 설계하거나 기존 사이트에 일정표 또는 쇼핑 카트 등을 추가하는 경우에 몇 번의 클릭만으로도 가능하다. 괜찮은 드루팔 사이트를 하나 구축하는 데 시간이 얼마나 걸린다고 정확히 말할 순 없겠지만, 그 외에 다른 어떤 방법보다도 빨리 개발할 수 있을 것이라고 자신한다.

- **싸다** 리눅스, MYSQL, PHP, APACHE로 구성된 드루팔 구축 비용은 거의 무료에 가깝다. 하지만 요구 사항이 늘어남에 따라 어느 시점에서는 비용이 발생할 수 있기 때문에 드루팔이 항상 무료라고 할 수만은 없다. 관련 도서를 구입하거나 교육을 받거나 컨설팅을 받아야

할 수도 있다. 잘 만들어진 드루팔 사이트는 몇 백부터 몇 억까지 비용이 소요될 수 있지만 드루팔을 도입하는 것 자체는 무료이다.

- **조립식 블록 같다** 드루팔 사이트에 특정 기능을 추가하고 싶다면 'http://drupal.org' 사이트에서 제공하는 20,000개 이상의 모듈을 활용하면 된다. 코드 작성 없이 다른 사람이 개발한 모듈을 전기 스위치를 켜고 끄듯이 조작할 수 있는 것은 드루팔 모듈이 조립식 블록처럼 공통 표준에 따라 설계되었기 때문이다. 하지만 한 가지 주의할 점은 가끔 불량한 블록도 있다는 것이다.

04 드루팔 비용

드루팔은 다운로드하거나 사용하는 것이 모두 무료이다. 그리고 수만 개의 무료 모듈을 사용할 수 있다. 다른 사람이 디자인해서 올린 테마도 고를 수 있다. 또한 결제 시스템, 쇼핑 카트, 달력표, 포토갤러리 등의 패키지도 찾아볼 수 있다.

▲ 램프(리눅스, 아파치, MySQL, php)

드루팔은 그 자체가 무료이지만 드루팔과 항상 함께 하는 운영체제, 웹 서버, 데이터베이스 관리 시스템 및 서버스크립트 인프라도 무료일까? 통계적으로 드루팔과 함께 가장 많이 사용되는 리눅스, 아파치, MySQL, PHP 등은 모두 오픈소스 소프트웨어 기반으로 무료이다.

반면에 드루팔과 관련한 서비스와 제품을 판매하는 기업들도 있다. 이는 디자인을 개선하거나 사이트를 포팅(다른 컴퓨터 환경에서 동작할 수 있도록 하는 과정)하거나 하는 모든 작업에 있어서 이들의 도움이 급하게 필요한 경우가 종종 발생하기 때문에 가능한 상황이 아닐까 생각한다.

　드루팔을 무료로 계속해서 사용하는 방법에는 두 가지가 있다. 문제가 생겼을 때 스스로 해결하느냐, 다른 사람이 해결할 때까지 기다리느냐이다. 이 두 가지 방법이 모두 마음에 들지 않는다면 비용을 지불하더라도 원하는 서드 파티(third party, 공식적으로 하드웨어나 소프트웨어를 개발하는 업체 외에 규격에 맞추어 제품을 생산하는 중소 규모의 개발자 또는 업체)를 선택하여 문제를 해결할 수 있다.

05 드루팔 의미

　뜻이 쉽게 이해되지 않는 이러한 이름은 처음에 어떻게 만들어졌을까? 드루팔 설립자 드라이스 바이태어트는 도메인 네임이 가능했기 때문이라고 말했는데, 어찌됐건 팩트는 드루팔이라는 이름이 세 번

▲ 드루팔 로고

의 변형을 거쳤다는 것이다. 첫 번째, 드라이스는 네덜란드어로 마을을 뜻하는 단어인 'dorp'로 프로젝트를 부르고자 하였다. 두 번째, 그가 도메인 네임을 등록할 때 실수로 'drop'이라고 하여 drop.org로 등록되었다. 마지막으로, 네덜란드어로 drop(방울)을 의미하는 'druppel'을 잘못 적어 'Drupal'이라는 이름으로 발표하게 되었다는 것이다.

　그림에서 보는 바와 같이 'drop'은 물방울 모양을 의미하는 것으로 드루팔의 상징이 되었다. 중앙에 위치한 두 개의 눈은 알고리즘의 무한(infinity) 루프의 기호(∞)를 닮았다. 추측하건대 설립자는 애초에 dorp로 마을을 의미하는 프로젝트를 하고자 했지만 도메인을 누군가가 선점했고, 의도하지 않게 dorp와 비슷한 drop을 등록하여 '마을'을 '물방울'로 바꾼 듯하다.

06 드루팔 버전

이 책에서는 기본적으로 드루팔 7을 사용한다. 현재 공식적으로 지원하는 버전은 드루팔 6에서 8까지 모두 3가지 종류가 있다.

- **드루팔 6** 2005년 9월에 발표되었으며 현재 수백만 개의 웹 사이트가 사용 중이다. drupal. org는 드루팔 8이 안정될 때까지 계속 지원(support)하고 업데이트할 예정이다. 드루팔 6을 위한 새로운 기능들도 예정되어 있다.

- **드루팔 7** 2008년 1월에 발표되었으며 최근의 가장 훌륭한 버전으로 이 책에서 사용하는 버전이다. 코어의 안정성과 모듈의 방대함이 장점으로, 당장 서비스할 안정적인 사이트를 만들려면 이 버전을 사용하면 된다.

- **드루팔 8** 2014년에 발표되었으며 코어가 기존의 코드와 상당히 다르고 최신 기능이 내장되어 있다. HTML5 기반의 모바일 호환 DNA를 지녔으며, WYSIWYG(What You See Is What You Get) 방식의 에디터, 뷰 내장 등의 특징이 있다.

일단 드루팔 버전을 선택하면 해당 사이트는 수년간 그 버전을 사용하게 된다. 버전 6에서 버전 7로, 또는 버전 7에서 버전 8로 업그레이드하는 것은 어렵다. 그러나 드루팔의 핵심 개념은 버전이 바뀌어도 크게 변화하지 않으며, 이 책에서는 그런 핵심 개념에 중점을 둔다. 드루팔 배우기는 자동차 운전 배우기와 유사하다. 한 가지 형태의 자동차에 대한 운전 방법을 익히면, 그 형태 이외의 자동차에도 빨리 적응할 수 있다.

어떤 드루팔 버전을 선택할 것인지를 고민하기 전에 먼저 시스템 환경을 확인해 보고 기술적 요구 사항을 살펴본다. 또한 목적하는 사이트에 꼭 필요한 모듈이 무엇이며, 그 모듈이 어떤 드루팔 버전을 지원하는지 점검해 보는 것도 중요하다.

이 책에서는 Openlayers 모듈을 필수 조건으로 사용할 것이므로 이를 안정적으로 지원하는 드루팔 7 버전을 사용할 것이다(엑스박스 발매 당시 '헤일로(HALO)'라는 킬러 콘텐츠가 플랫폼을 선택하게 만드는 결정적 이유였던 것처럼 킬러 모듈이 드루팔의 버전을 선택하는 트리거(방아쇠)가 될지도 모르겠다).

07 드루팔 구성 요소

　드루팔 구성 요소로는 필드, 콘텐츠 타입, 노드, 블록, 뷰, 분류 등이 있다. 필드가 모여 콘텐츠 타입을 이루고 콘텐츠 타입이라는 틀을 통해 콘텐츠를 생산한다.

　보통 콘텐츠는 바로 보이지 않고 뷰를 통해 보기 좋게 가공된 후 보이게 된다. 전체적인 화면 구성은 블록 레이아웃을 통해 배치된다.

- **필드** 드루팔에서는 콘텐츠 타입을 이루는 최소 단위로 필드라는 요소를 제공한다. 필드라는 단어는 데이터베이스 테이블을 이루는 필드와 그 의미가 비슷하다. 드루팔에서 필드는 각각 별도의 독립된 테이블로 관리되므로 필터링이나 검색을 위한 최적화 또는 성능 개선에 대한 고민은 많이 하지 않아도 된다. 드루팔은 기본적으로 설계된 DB 스키마 구조가 탄탄하고 대용량 검색에 맞게 최적화 되어 있다. 따라서 DB 튜닝을 위해서도 별도의 작업 없이 키가 되는 몇몇 인덱스만 추가하면 충분하다.

- **콘텐츠 타입** 필드가 모여 콘텐츠 타입이라는 틀을 구성한다. 콘텐츠 타입은 콘텐츠를 대량으로 만들어 내기 위한 콘텐츠의 정의라 할 수 있다.

- **노드** 각각의 콘텐츠를 이루는 기본 골격을 의미한다(개념 파악이 어려우면 콘텐츠를 다른 말로 노드라 부른다고 이해하면 쉽다).

- **블록** 블록은 메뉴를 포함할 수도 있고 안 할 수도 있으며, 뷰는 페이지 또는 블록을 생성하거나 포함할 수도 있다. 블록은 화면을 배치(layout)할 때 다루어지는 최소 단위로서 테마와 결합되며, css를 통한 별도 디자인 적용을 받는다.

- **뷰** 뷰는 콘텐츠 노드를 목록으로 나열하고 페이지를 나누는 등의 기능뿐 아니라 미리 정의된 다양한 디스플레이 틀을 통해 여러 모습으로 보일 수 있도록 돕는다. 뷰는 콘텐츠 타입을 이루는 각각의 필드를 보이게 하거나 가공하는 일에 광범위하게 관여한다. 이러한 점에서 뷰는 관점이라는 의미가 강하다 할 수 있다. 드루팔 6에서 모듈로 시작했던 뷰가 드루팔 7에서 코어 모듈에 포함된 것만 봐도 뷰가 얼마나 필요한지 가늠할 수 있다.

- **필터 조건** 뷰는 표시할 노드를 선택하기 위해 콘텐츠 타입별 필터링 기능을 기본으로 제공한다. 하지만 같은 콘텐츠 타입 내에서 표시할 노드를 구별하는 기능도 있는데 이것이 바로 필터 조건 기능이다. 가령, 특정 필드의 값이 5 이하인 노드만 뽑는다든지 최근 5건만 뽑는 등의 일이 가능하다. 필터 조건에는 정규식도 사용할 수 있다. 예를 들어 코드값 000004, 005007을 동시에 포함하는 하나의 필터 조건을 정규식으로 표현하면 00[0|5]00[4|7]이다.

▲ 드루팔 필터 – 정규식(예시)

● **테마** 드루팔 사이트는 테마라는 옷을 입는다. 테마가 드루팔 사이트의 시각적 효과에 미치는 영향은 절대적이다. 프로그래밍을 아무리 열심히 해도 테마가 좋지 않으면 사이트가 허접스럽다는 평가를 받게 된다. 하지만 테마만 잘 만들어도 무엇인가 있어 보이는 사이트가 되기도 한다. 드루팔은 사이트를 이루는 구성 단위로 블록을 정의한다. 테마는 블록을 조화롭게 재배치시키며, 블록별 배경 색상을 입히는 등 세부적인 css(Cassading Style Sheets)를 구성할 수 있도록 도와준다.

▲ 영역별 테마 설정 화면(예시)

● **메뉴&분류** 계층 구조형 카테고리의 대표적인 예로 메뉴를 들 수 있는데, 메뉴는 UI와 결합되는 특징이 있다. UI와는 별개로 계층 구조형 카테고리를 정의하거나 어떤 목록을 한정하거나 할 때 필요한 것이 바로 Taxonomy라고 불리는 분류이다.

오른쪽 그림은 동호회 게시판 구축 시 사용한 분류의 예이다. 각 동호회 명을 상단에 두고 동호회별 고유 게시판을 2단계 하위 분류로 구축하였다. 좀 더 깊게 들어가면 'Page-taxonomy-분류명.tpl.php' 파일 형태로 상위 카테고리별 웹 페이지의 디스플레이 방식을 후킹(hooking, 함수 호출, 메시지, 이벤트 등을 중간에서 바꾸거나 가로채는 것) 할 수도 있다. 각각의 분류 항목에는 고유번호가 부여 되는데

▲ 카테고리 분류(예시)

[도메인/?q=taxonomy/분류명/분류번호] 형식의 URL 경로로 접근할 수 있는 것이 특징이다.

08 드루팔 보안

드루팔은 보안이 잘 구현된 CMS라는 평가를 받고 있다. 이는 기본적으로 사용자 그룹을 역할이라는 보안 요소와 매칭시킬 수 있기 때문이다. 관리자는 권한과 역할을 정의할 수 있을 뿐 아니라 사용자 그룹별로 권한을 조합할 수도 있다. 드루팔의 보안 기능은 확장이 가능하여 보다 정교하고 높은 수준의 보안까지 설정 가능하다.

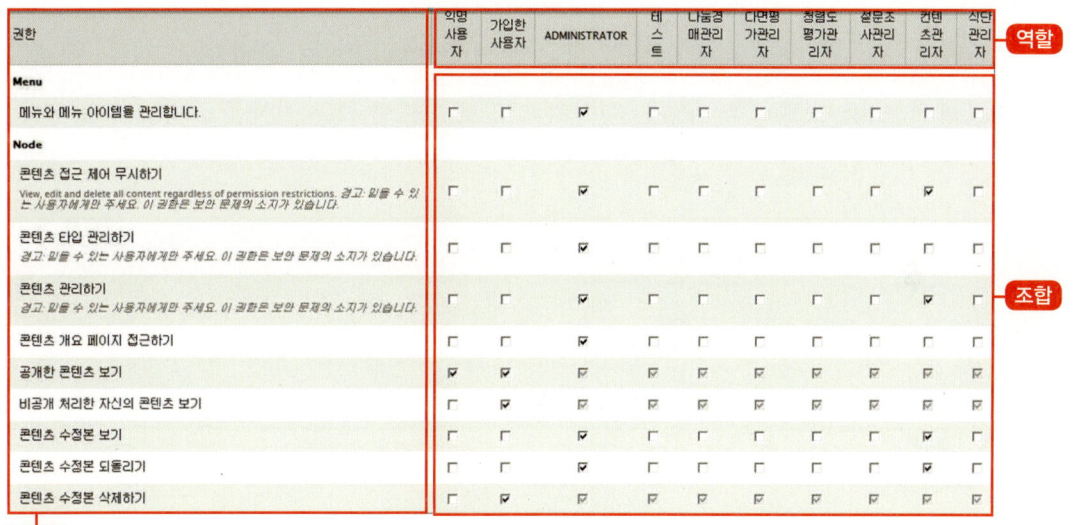

▲ 사용자 그룹 권한 설정(예시)

드루팔 CMS는 사이트에서 할 수 있는 일들, 즉 콘텐츠 관리하기, 공개한 콘텐츠 보기, 콘텐츠 수정본 삭제하기 등의 행위를 '권한'이라는 이름으로 정의한다. 권한은 테이블의 열을 이루는 역할(일종의 사용자 그룹 단위)과 결합하여 다양한 조합을 만들 수 있다. 예를 들면, 가입한 사용자 그룹은 읽기 권한만 가질 수 있고, 관리자 그룹은 모든 권한을 갖는 등의 설정이 가능하다.

　하지만 드루팔 코어가 기본적으로 제공하는 권한과 역할에 부족한 점이 없는 것은 아니다. 가령 노드별 권한 설정은 기본 기능으로는 구현이 불가능하다. 참고로 이럴 경우에는 Nodeaccess라는 서드 파티 모듈을 통하여 해결할 수 있다.

▲ Nodeaccess 사용자 그룹(예시)

　Nodeaccess를 설치하면 콘텐츠 타입별 기본 접근 권한을 설정할 수 있다. 그리고 [도메인/node/노드번호/grant] 형식의 URL로 노드별 접근 권한을 설정할 수도 있다.

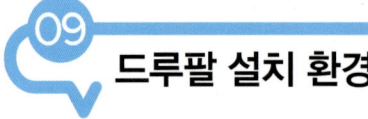

드루팔 설치 환경

　드루팔은 웹 서버상에서 동작하므로 다음의 요구 사항만 충족한다면 OS에 독립적이라 할 수 있다.

　드루팔 설치에 필요한 웹 서버와 데이터베이스 환경에 대한 기술적 요구 사항은 다음과 같다.

- **웹 서버** Apache, Nginx, 또는 Microsoft IIS
- **PHP 5.2 또는 그 이상 버전**
  - ▶ 드루팔 6 : PHP 5.2.x만 지원(PHP 4.x 버전은 더 이상 지원하지 않음). 드루팔 코어는 PHP 5.3.x에서 동작하지만 PHP 5.3.x 또는 그 이상 버전에서 일부 모듈이나 테마가 상황에 따라 오작동할 수 있음
  - ▶ 드루팔 7 PHP 5.2.5 또는 그 이상 버전(5.4 또는 그 이상 버전 권장)
  - ▶ 드루팔 8 PHP 5.4.5 또는 그 이상 버전
- **데이터베이스 서버**
  - ▶ 드루팔 6 : MySQL 4.1 또는 그 이상 버전, PostgreSQL 7.1
  - ▶ 드루팔 7 : MySQL 5.0.15 또는 그 이상 버전(PDO 지원 필수), PostgreSQL 8.3 또는 그 이상 버전(PDO 지원 필수), SQLite 3.3.7 또는 그 이상 버전
  - ▶ 드루팔 8 : MySQL 5.1.21, MariaDB, Percona 동일 버전 또는 그 이상 버전(PDO 지원 필수), InnoDB 호환 주 DB, PostgreSQL 8.3 또는 그 이상 버전(PDO 지원 필수), SQLite 3.3.7 또는 그 이상 버전, Microsoft SQL Server와 Oracle은 추가 모듈에 의해 지원된다(참고로 이것 때문에 드루팔 8을 사용하는 사람이 많다).
- **디스크 공간** 최소 설치는 16MB가 필요하며, 많이 사용하는 모듈을 포함하면 60MB 정도가 필요하다. 또한 데이터베이스와 파일 업로드를 위한 공간이 필요하다.

PHP : PHP는 HTML 전처리기를 의미하는 Personal Hypertext Preprocessor의 약자이다. 보통 웹 페이지에 포함되어 동작하는 서버 스크립팅 언어이다. Javascript, VBScript, JQuery 등이 클라이언트에서 동작하는 스크립팅 언어인데 비해, PHP는 ASP나 JSP처럼 서버에서 구동되는 스크립팅 언어이다. PHP는 개발 언어이므로 웹 서버에 독립적이기 때문에 IIS, 아파치 등 다양한 웹 서버에서 구동된다. 심플하지만 일종의 미들웨어 역할도 한다.

PDO : PDO는 PHP Data Object의 약자이다. PHP와 데이터베이스 관리 시스템 간에 연동하기 위해 PHP가 꼭 필요로 하는 확장 모듈을 의미한다. 물리적 관점에서 보면 PDO는 DLL이나 기타 라이브러리 확장자 파일로 존재한다. 각 데이터베이스 시스템 별로 특정 PHP 버전과 호환하는 pdo 라이브러리를 지원하는지 여부를 확인하는 것이 중요하다. PDO를 구했으면 PHP Extension을 저장하는 폴더에 복사하고 php.ini 파일에 같이 명시해야 한다.
에 extension=php_pdo_mysql.dll

10 드루팔 CMS

일반적으로 웹 사이트는 두 가지 버전으로 개발한다. 우리가 흔히 접속하여 보는 일반 네티즌용 사이트와 보이지는 않지만 사이트 뒤에 숨어있는 관리자용 사이트가 바로 그것이다. 웹 사이트가 커질수록 사이트 관리에 대한 필요성도 그만큼 많이 발생하기 때문에 관리자 페이지에 대한 계획 없이 사이트를 제작하면 나중에 관리가 어려워질 수 있다. 심지어는 관리자 페이지를 개편하는 것보다 사이트 전체를 새로 만드는 편이 차라리 나은 상황을 겪을 수도 있다. 그러므로 사이트 구축에 있어 관리 시스템에 대한 사전 기획은 매우 중요하다.

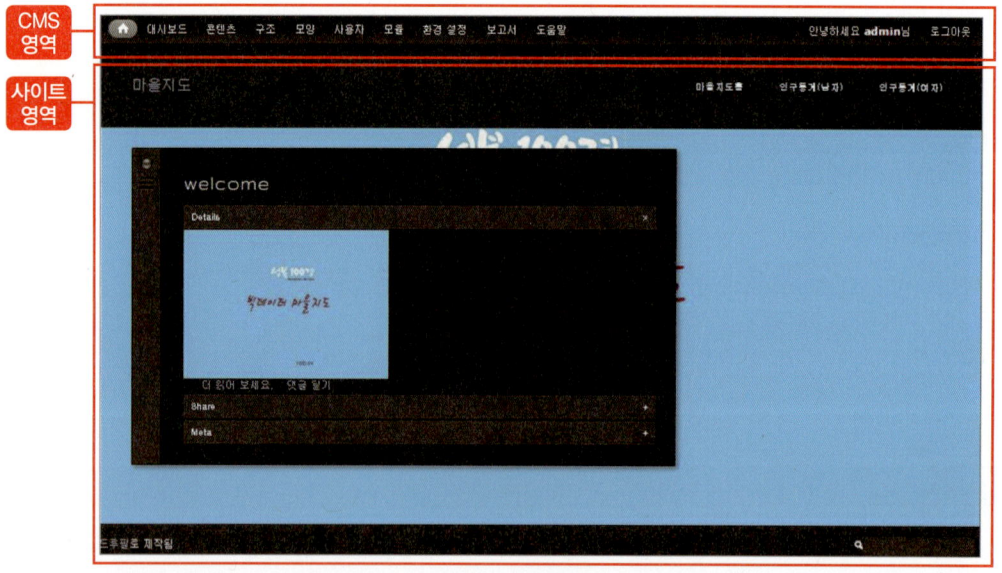

▲ 드루팔 CMS 화면(예시)

드루팔의 가장 큰 장점 중 하나는 콘텐츠 관리 시스템(CMS, Contents Management System)이 이미 만들어진 상태에서 사이트를 설계한다는 것이다. 드루팔을 사용하면 CMS 기획이나 제작에 대한 고민이 전혀 필요 없다. 이는 실제 프로젝트에서 공수를 줄이는 데 많은 도움이 된다. 게다가 드루팔 CMS는 대충 만든 무료 프로그램 수준이 아니므로 기대해도 좋을 것이다. 드루팔은 CMS에서 변경한 내용을 즉시 볼 수 있도록 CMS가 사이트를 품고 있는 형태를 취하고 있기 때문에 WYSIWYG(What You See Is What You Get) 방식이라 할 만큼 직관적으로 사이트를 관리할 수 있다.

▲ 일반 CMS vs 드루팔 CMS

　위 그림과 같이 아직도 많은 웹 사이트가 독립적인 별개의 CMS를 두고 사이트를 관리하고 있다. 하지만 드루팔로 제작된 웹 사이트는 직관적이면서 기능적으로도 막강한 CMS를 이미 가지고 출발한다고 할 수 있다.

　아래 그림은 2010년 자료이지만 얼마나 많은 사이트가 CMS 없이 구축되었는지를 잘 보여준다.

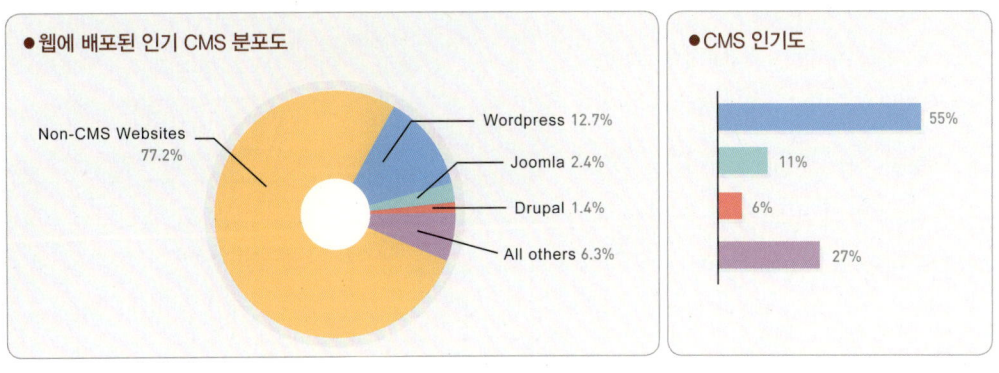

▲ CMS 구축 통계

11 드루팔 구축 사례

드루팔로 만든 해외 사이트는 일일이 열거할 수 없을 정도로 많다. 백악관 사이트를 비롯하여 많은 정부기관의 홈페이지가 드루팔로 구축됐다는 사실을 해외에서 드루팔의 인지도가 어느 정도인지 가늠할 수 있게 해준다. 국내에서는 오픈소스 중 워드프레스(Wordpress)가 먼저 소개되었으며, 최근 들어서는 드루팔로 공공기관이나 민간기업의 사이트가 구축된 사례가 늘고 있다.

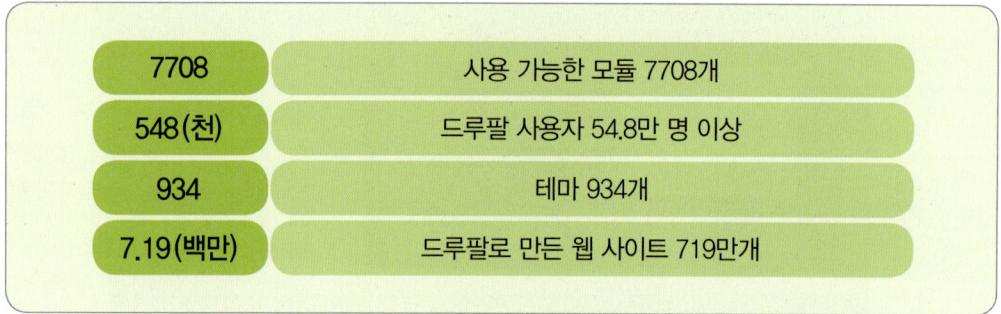

7708	사용 가능한 모듈 7708개
548 (천)	드루팔 사용자 54.8만 명 이상
934	테마 934개
7.19 (백만)	드루팔로 만든 웹 사이트 719만개

▲ 드루팔 주요 통계(2011년)

저자는 공공기관 업무 포털 사이트 구축과 관련된 드루팔 프로젝트를 진행한 바 있어 드루팔의 안정성에 관해서는 상당히 신뢰하는 편이다. 드루팔은 안정성과 확장성뿐만 아니라 비용 절감의 측면에서도 비교의 대상이 없는 독보적인 오픈소스 플랫폼 중의 하나이다. 국내에 드루팔 사이트를 도입하고자 하는 기관이 있다면 안정성을 믿어도 된다는 의견을 전달하고 싶다.

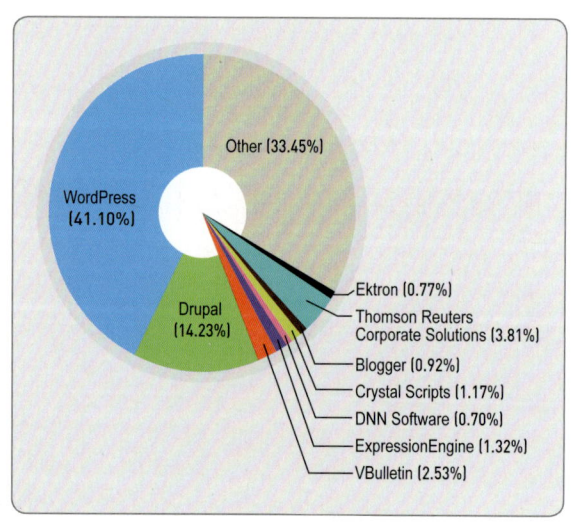

▲ 2013년 CMS 사용률 통계

아래 화면은 드루팔로 만든 기관 홈페이지와 업무용 홈페이지 사례이다.

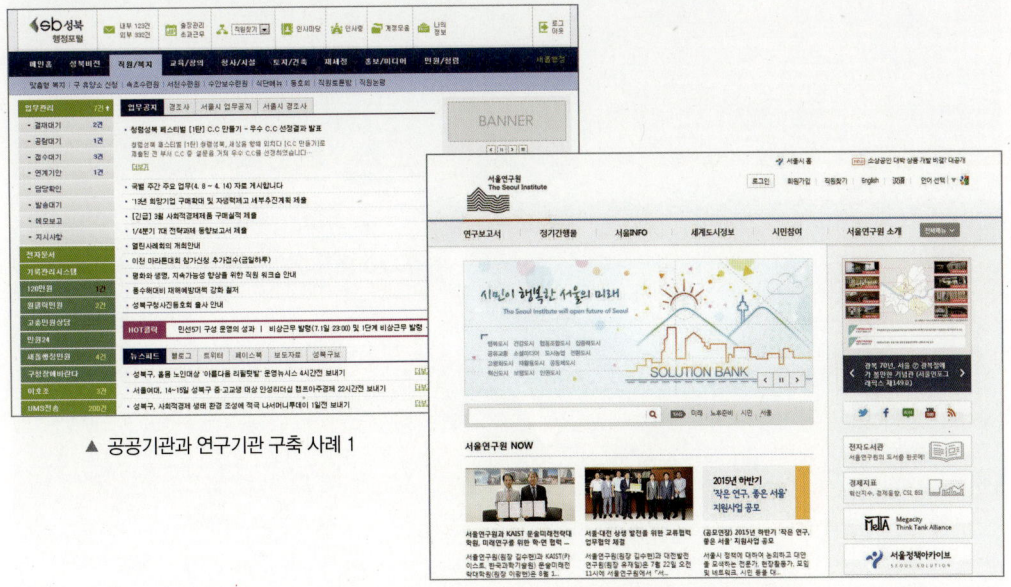

▲ 공공기관과 연구기관 구축 사례 1

▲ 공공기관과 연구기관 구축 사례 2

12 드루팔 개발

개발자 입장에서 드루팔을 평가하자면 한마디로 언어는 쉽고 구조는 복잡한 프로 그램이라고 할 수 있다. 드루팔은 PHP 문법으로 모든 것이 만들어졌지만 내부적으로 jQuery에 상당히 의존하고 있으며, 변수가 많고 프로시저의 흐름이 복잡하다. 하지만 개발을 돕는 모듈이 잘 갖추어져 있어서 이들을 알아갈수록 쉽게 개발할 수 있다.

'http://www.quicklycode.com/' 사이트에서는 드루팔 7의 핵심 템플릿 코드에서 사용하는 주요 변수에 대해 일목요연하게 정리한 배경화면(wallpaper)을 제공하고 있다. 다운로드하여 배경화면으로 깔아놓고 드루팔에서 자주 사용하는 변수명을 익혀 두자.

▲ 드루팔 주요 변수 배경화면

드루팔 개발의 첫걸음은 무엇보다도 'http://www.drupal.org'에서 제공하는 도큐먼트를 보는 것이다. 이 사이트에서는 드루팔을 처음 시작하는 사람들을 위한 다양한 가이드를 제공한다.

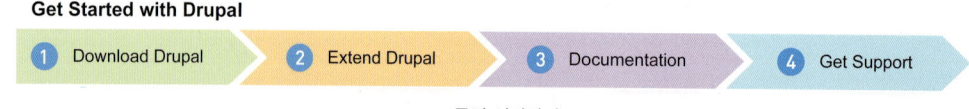

▲ 드루팔 시작하기

드루팔을 도입하면 기본적으로 제공되는 코어 모듈과 2만 개 이상의 확장 가능한 기여 모듈(contributed module, 네티즌 또는 서드 파티 벤더가 개발하여 드루팔 사이트에 기증한 모듈)을 결합시킴으로써 프로그래밍 한 줄 없이 높은 완성도의 베이스 프로그램을 갖게 된다. 이것이 바로 많은 드루팔 유저를 끌어들이는 힘이라고 할 수 있다. 하지만 드루팔을 익숙하게 사용하려면 틈틈이 다양한 모듈을 설치하여 익히는 것이 좋다.

공공 데이터 인기 목록 Top50(조회순)

	서비스	서비스 유형
1	서울시 유동인구 정보 | 2009년에 실시한 서울시 주요 지역 유동 인구 조사 결과 자료	File
2	공공 WiFi 위치 정보(좌표계 : GRS80TM) | 서울시와 이동 통신 3사가 공동으로 구축한 무선 인터넷 서비스 지역(AP)에 대한 위치 정보	Sheet/OpenAPI
3	시장마트 정보 | 시장마트의 주소, 전화번호, 홈페이지 등의 정보를 공유	Sheet/OpenAPI
4	공중 화장실 공간 정보(좌표계 : ITRF2000) | 서울시 공중 화장실 현황 정보	Sheet/OpenAPI/Map/File
5	개인 서비스 요금 정보 | 개인 서비스 요금 관리 대상 업소의 업소별 가격 정보 제공	Sheet/OpenAPI
6	생필품 가격 | 서울시 물가 모니터가 조사한 주2회 자치구별 전통시장과 대형마트의 농수축산물 16개 품목 가격 정보	Sheet/OpenAPI
7	호선별 지하철 첫차와 막차 정보 검색 | 호선별 첫차, 막차 시간 정보를 검색할 수 있도록 하는 API	Sheet/OpenAPI
8	금연 구역 정보 | 서울시 금연구역에 대한 정보(명칭, 위치(주소), 면적, 금연구역 지정일, 과태료 부과시작일, 과태료 금액, 담당부서 및 연락처 정보 등)	File
9	전통 시장 정보 | 서울시 전통 시장별 위치 정보 및 교통 정보	Sheet/OpenAPI
10	서울 안심 먹거리 정보 조회(좌표계 : ITRF2000) | '서울 안심 먹을거리' 인증을 받은 업체의 정보를 제공하는 OpenAPI	OpenAPI
11	역명 지하철역 검색 기능 | 역명으로 지하철역을 검색할 수 있도록 하는 API	Sheet/OpenAPI
12	서울 안심 먹거리 목록(좌표계 : ITRF2000) | '서울 안심 먹을거리' 인증을 받은 업체의 정보를 제공하는 OpenAPI	Sheet/OpenAPI
13	개별 공시지가 | 시군구명, 법정동명, 번지수를 변수값으로 입력받아서 해당 지역의 필지 구분명과 기준년월, 공시지가 정보를 제공하는 OpenAPI	File/OpenAPI
14	위치 기반 도시계획 정보 | 해당 위치에 대한 용도 지역, 용도 지구, 용도 구역, 지구 단위 계획, 도시 계획 사업에 대한 정보	OpenAPI
15	보관 분실물 목록 조회 | 버스, 지하철, 택시에서 분실한 물품의 목록 조회 API	Sheet/OpenAPI
16	노선별 지하철역 검색 기능 | 노선별 지하철역을 검색할 수 있도록 하는 API	Sheet/OpenAPI
17	서울시 강우량 정보 | 서울 시내 강우량 관련 정보(시단당 강우량, 최대 강우량, 일일누계 등)를 OpenAPI로 제공	Sheet/OpenAPI
18	2014년 서울 서베이 도시 정책 지표 조사 | 2014년 10월에 서울에 거주하고 있는 2만 가구의 15세 이상 가구원 약 4만 5천여 명을 대상으로 실시한 도시 정책 지표 조사 결과 자료	File
19	서울시 화장실 공공 정보 POI 정보 조회	Sheet/OpenAPI
20	2013년 서울 서베이 도시 정책 지표 조사	File
21	문화 행사 정보 | 서울에 있는 문화 행사에 대한 상세한 정보를 제공하는 API	Sheet/OpenAPI
22	역 코드로 지하철역별 열차 도착 정보 검색	OpenAPI
23	지하철별 승하차 인원 | 교통 카드를 이용한 지하철역별 승하차 인원을 나타내는 정보	Sheet/OpenAPI
24	열린 데이터 광장 서비스 목록 | 열린 데이터 광장에서 서비스하고 있는 목록의 메타 정보를 Sheet와 Open API로 제공	Sheet/OpenAPI
25	문화 공간 정보 | 서울에 있는 문화 공간에 대한 정보를 제공하는 API	Sheet/OpenAPI
26	열린 데이터 광장 카탈로그 서비스	Sheet/OpenAPI
27	방재 시설 현황(구호소)(좌표계 : ITRF2000) | 홍수 피해 발생 시 구호 물품을 배급하는 서울시 구호소 공간 정보 파일	Sheet/OpenAPI/File/Map
28	공영 주차장 주차 가능 대수 | 공영 주차장 중 자동화 주차장의 주차 가능 대수를 서비스	Sheet/OpenAPI/Chart
29	교통 돌발 상황 조회 | 교통 정보 중 공사, 단순 정보, 사고, 행사/집회 등 돌발 상황을 예고하거나 실시간으로 제공	Sheet/OpenAPI
30	노선 정보 조회 서비스 | 노선명, 기점, 종점, 첫차 시간, 막차 시간 등 검색	Link
31	역 코드로 지하철역 위치 조회	Sheet/OpenAPI
32	역 코드로 지하철역별 열차 시간표 정보 검색	OpenAPI
33	2011년 서울 서베이 도시 정책 지표 조사	File
34	5~8호선 역별 시간대별(일) 승하차 인원(2014)	Sheet/File
35	서울시 자전거 도로 공간 정보(좌표계 : ITRF2000) | 자전거 도로에 대한 위치 정보	Sheet/OpenAPI/File/Map
36	서울시 자전거 편의 시설 공간 정보(좌표계 : ITRF2000) | 자전거 편의 시설에 대한 위치 정보	Sheet/OpenAPI/File/Map
37	2005년 서울 서베이 도시 정책 지표 조사	File
38	도서관 공간 정보(좌표계 : ITRF2000) | 서울 시내 25개 자치구에 소재하고 있는 공공 도서관의 위치 정보를 안내하는 데이터	Sheet/OpenAPI/File/Map
39	공영 주차장 정기권 판매 현황	Sheet/OpenAPI
40	가격 안정 모범업소 상품 목록 | 가격이 저렴하고 서비스가 좋은 가격 안정 모범업소(착한 가게)들의 상품목록 정보에 대한 OpenAPI 서비스	Sheet/OpenAPI
41	보관 분실물 사진 이미지 | 버스, 지하철, 택시에서 분실한 물품의 이미지를 볼 수 있도록 하는 API	OpenAPI
42	버스 위치 정보 조회 서비스 | 차량 번호, 정류소 도착 여부, 종점 도착 소요 시간 등 조회	Link
43	보관 분실물 정보 | 버스, 지하철, 택시에서 분실한 물품에 대한 정보를 제공하는 API	OpenAPI
44	서울시 도로 분진 청소 현황 | 서울시 도로 분진 청소 차량의 작업 현황을 보여주는 OpenAPI 자료	Sheet/OpenAPI
45	역코드로 역 정보 검색	OpenAPI
46	보관 분실물 검색	OpenAPI
47	가격 안정 모범 업소 | 가격이 저렴하고 서비스가 좋은 가격 안정 모범 업소(착한 가게) 정보에 대한 OpenAPI 서비스	Sheet/OpenAPI
48	장애인 시설 정보 | 서울시 소재 장애인 관련 복지 시설에 대하여 시설 명칭, 소재지, 연락처, 설립 목적, 시설 내 프로그램 등의 정보를 제공	Sheet/OpenAPI
48	5678역 출구별 관광지 정보 | 서울도시철도공사에서 관리하는 5, 6, 7, 8호선의 역 출구별 관광지 정보를 제공	Sheet/OpenAPI/File
50	2012년 인터넷 쇼핑몰 평가 100 | 서울시에 소재한 인터넷 쇼핑몰에 대한 이용 평가 결과	Sheet

〈자료 제공〉 : 서울특별시 열린데이터광장(http://data.seoul.go.kr)

드루팔 설치

●●● 　서버 프로그램 설치는 항상 골치 아프다. 특히 유닉스나 HP 환경에서 서버 프로그램을 설치해 본 사람들은 시작 하기도 전에 두려움을 느끼기도 하는데 결코 한 번에 끝나본 적이 없는, 마치 무한 루프에 진입한 것과 같은 기분이 들기 때문이다. 이 CHAPTER에서는 윈도우 PC 환경에서 아파치 웹 서버와 PHP 미들웨어, 그리 고 MySQL 데이터베이스 서버를 기반으로 드루팔 코어와 드루팔 사이트를 한 번에 간단히 설치해 본다.

01 드루팔 설치 개요

드루팔을 설치할 수 있는 하드웨어 환경은 PC, 웹 호스팅, 자체 서버 등 세 가지가 있다. 이 중 하나의 하드웨어 환경을 선택하고 드루팔의 구동 기반이 되는 웹 서버를 설치해야 하는데, 보통 많이 쓰는 웹 서버로는 아파치와 마이크로소프트의 IIS가 있다. 웹 서버를 선택한 후에는 드루팔의 개발 언어인 PHP를 설치해야 한다. PHP 버전은 드루팔 버전에 따라 호환 여부가 다르므로 각 드루팔 버전에서 명시하는 기술적 요구 사항을 확인할 필요가 있다.

웹 서버 설치가 모두 완료되면 데이터베이스 서버를 설치해야 한다. 드루팔 7 이하의 버전을 사용할 경우에는 선택의 여지가 별로 없다. 안정성을 생각한다면 고민할 필요 없이 MySQL을 설치하면 된다. 하지만 드루팔 8에서는 MS SQL이나 오라클도 지원하므로 다른 DBMS를 선택할 수도 있다. PHP는 데이터베이스 서버와 통신하기 위해 PDO 라이브러리를 필요로 한다. 따라서 데이터베이스 서버를 선택하기 전에 반드시 해당 데이터베이스 서버를 지원하는 PDO 라이브러리가 있는지를 확인해야 한다.

웹 호스팅 서비스를 제공하는 드루팔 전문 기업을 통해 드루팔을 설치할 수도 있다. 이러한 기업들 중 하나인 판테온(https://pantheon.io/)에서는 무료 계정을 통하여 복잡한 설치 절차 없이 호스팅 서비스를 이용하도록 하고 있다.

02 리눅스 환경

리눅스에서 드루팔을 설치하기 위해서는 두 가지만 기억하면 된다. 첫째는 YUM (Yellow dog Updater, Modified)을 설치하는 것이고, 둘째는 드러시(drush)를 설치하는 것이다. 그러면 모든 복잡한 설치가 몇 줄의 명령어로 끝난다(단, YUM 리포지토리(repository, 여러 가지 수집된 자료나 정보를 모아서 관리하는 DB 응용 분야)가 제대로 설정되었다고 가정한다). YUM으로 MySQL, 아파치, PHP를 설치해 보자. 그리고 드루팔에서 제공하는 강력한 설치 도우미인 드러시(http://www.drupal.org/project/drush)를 설치해 보자. 향후 드루팔 모듈을 설치할 때 드러시 명령을 이용하는 것보다 더 편리한 방법은 없을 것이다. 왜냐하면 드러시는 A라는 모듈을 설치할 때 A 모듈이 B와 C 모듈을 필요로 할 경우 B, C를 먼저 설치하고 A를 설치하는 의존 모듈 설치 기능이 있기 때문이다.

YUM으로 드러시 설치하기

yum -y install php-drush-drush

드러시로 드루팔 설치하기

drush dl drupal-7.x

drush site-install standard --account-name=admin --account-pass=admin --db-url=mysql://
YourMySQLUser:RandomPassword@localhost/YourMySQLDatabase

03 윈도우 환경

윈도우 서버는 드루팔 전용 웹 서버로 사용하기에는 좋은 환경이 아니다. 개인적으로 저자는 드루팔의 주력 OS는 드러시가 지원되는 리눅스라고 생각한다. 드러시는 현 시점에 유닉스나 윈도우 버전으로는 존재하지 않고 오직 리눅스 버전으로만 존재한다. 그럼에도 불구하고 윈도우는 사용자 수가 가장 많고, PC의 경우 테스트 개발 환경으로는 상당히 저렴한 장점이 있는 운영체제이다.

Apache, MySQL, PHP를 윈도우 환경에서 설치하는 것은 상당한 인내가 필요한데, 이는 이 세트를 연계시키기 위한 설정이 번거롭기 때문이다. MS 윈도우 환경에서 이러한 수고와 고생을 한 사람이 우리나라에 많아서인지 한국에는 Apache · MYSQL · PHP를 한 번에 설치할 수 있는 APMSETUP이라는 프로그램이 있다.

04 APMSETUP 프로그램

여기에서는 PC에 드루팔을 직접 설치하는 방법을 살펴본다. 윈도우 환경이 대부분인 국내에서 Apache, PHP, MySQL을 쉽게 설치할 수 있도록 국내 벤더가 제작한 'APMSETUP'이라는 원클릭 설치 패키지를 이용하여 드루팔을 간편하게 설치해 보자.

❶ 'http://www.APMSETUP.com'에 접속하여 [Mirror Download]를 클릭하고 APMSETUP 7 버전을 다운로드한다. 현재 IIS7+PHP+MySQL 조합을 지원하는 PHP SETUP for IIS7 패키지도 존재하나 여기서는 Apache+PHP+MySQL 조합을 지원하는 APMSETUP 7 버전을 사용하고자 한다.

❷ 다운로드한 파일을 실행하여 APMSETUP 설치 화면이 나타나면 [다음] 버튼을 클릭한다.

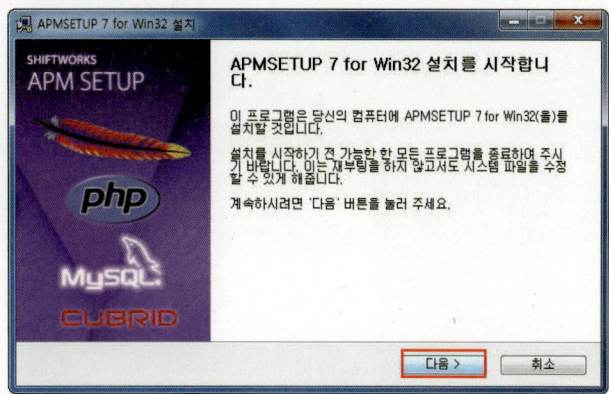

❸ 사용권 계약에 대한 화면에서 [동의함]을 클릭한 후 구성 요소 선택 화면에서 [CUBRID DBMS]의 체크를 해제하고 [다음] 버튼을 클릭한다.

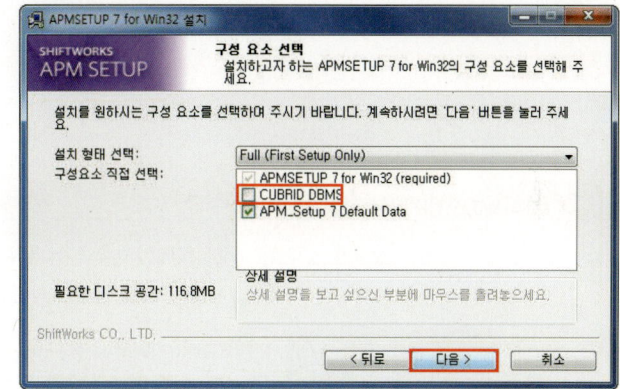

CUBRID는 네이버에서 만든 오픈소스 PHP로, 개발자들 사이에서 유명하지만 현시점에서는 PHP 연계 모듈인 PDO 라이브러리가 없으므로 PHP가 필수인 드루팔에서는 사용할 수 없다.

❹ APMSETUP 설치 화면으로 돌아와서 설치할 폴더 위치를 지정하고 [설치] 버튼을 클릭한다 (저자는 [C:\APM_Setup] 폴더에 설치하고자 한다).

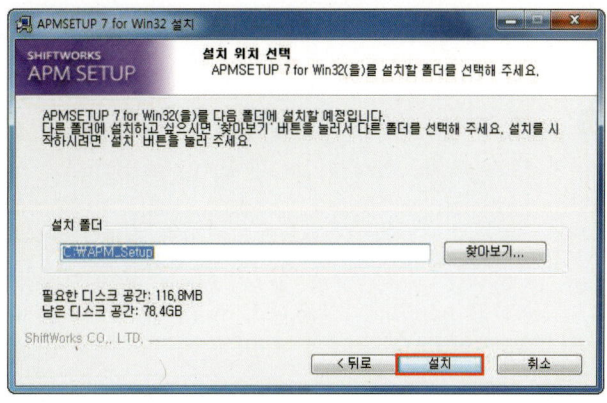

❺ 설치 완료 후 인터넷 브라우저를 띄우고 주소창에 로컬 PC를 뜻하는 'http://127.0.0.1' 또는 'http://localhost'를 입력한다. 다음과 같은 기본 페이지가 나오면 정상적으로 설치된 것이다.

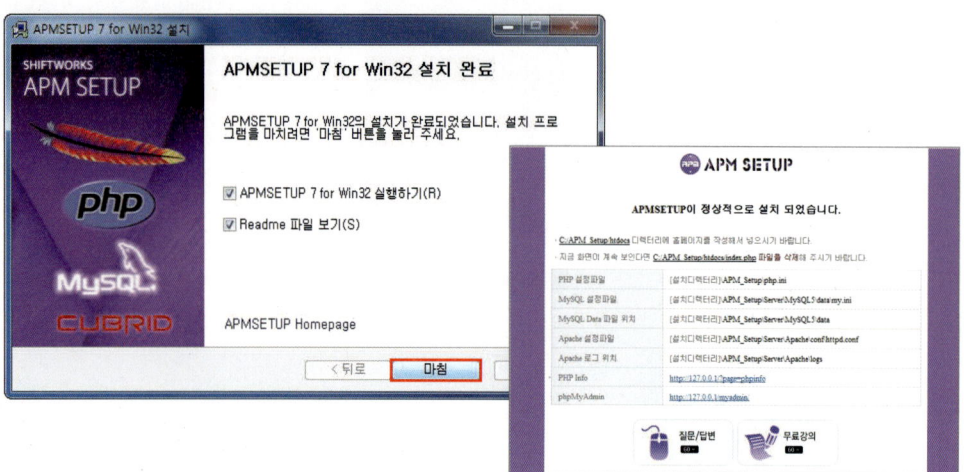

APMSETUP 기본 설정 안내

• ../APM_Setup/htdocs 디렉터리에 홈페이지를 작성해서 넣는다.
• 지금 화면이 계속 보인다면 C:/APM_Setup/htdocs/index.php 파일을 삭제한다.

PHP 설정 파일	[설치디렉터리]\APM_Setup\php.ini
MySQL 설정 파일	[설치디렉터리]\APM_Setup\Server\MySQL5\data\my.ini
MySQL Data 파일	[설치디렉터리]\APM_Setup\Server\MySQL5\data
Apache 설정 파일	[설치디렉터리]\APM_Setup\Server\Apache\conf\httpd.conf
Apache 로그 위치	[설치디렉터리]\APM_Setup\Server\Apache\logs
PHP Info	http://127.0.0.1/?page=phpinfo
phpMyAdmin	http://127.0.0.1/myadmin/

❻ [APM_Setup] 폴더에 있는 'php.ini' 파일을 열어 PDO 라이브러리를 설정한다. extension =php_pdo.dll과 extension=php_pdo_mysql. dll의 앞에 표시된 세미콜론(;)을 삭제하여 주석을 풀고 'php.ini' 파일을 다시 저장한다.

```
635  extension=php_pdo.dll
636  ;extension=php_pdo_firebird.dll
637  ;extension=php_pdo_mssql.dll
638  extension=php_pdo_mysql.dll
639  ;extension=php_pdo_oci.dll
640  ;extension=php_pdo_oci8.dll
641  ;extension=php_pdo_odbc.dll
```

❼ [모든 프로그램]-[APMSETUP 7 for Win32] -[APMSETUP Monitor]를 실행하거나 [제어판]-[시스템 및 보안]-[관리 도구]-[서비스]를 열고 [APM APACHE2]의 바로 가기 메뉴에서 [다시 시작]을 선택하여 아파치를 재가동한다.

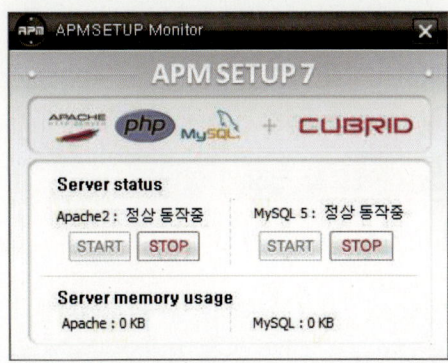

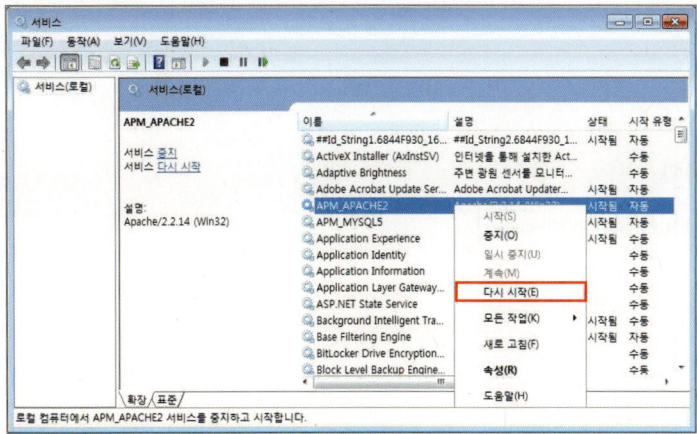

유닉스에서의 APM 설치

유닉스에 드루팔 7을 구동하기 위한 APM 설치가 가능할까? 저자가 HP 유닉스에 설치한 경험에 의하면 설치는 가능하지만 많은 문제를 겪을 수 있다. 특히 APM을 설치한 후 PDO를 포함한 PHP 익스텐션(extension)을 구하고 설치하느라 애를 먹었다. 사실 설치보다는 설치 후 안정성을 검증하는 것이 훨씬 힘들었다. 왜냐하면 필요도 없는 PHP 익스텐션 중 하나가 멀티쓰레딩 환경에 취약한 버그로 인해 다중 프로세서 환경에서의 원인 모를 데드락(deadlock)이 비정기적으로 발생했기 때문이다.

유닉스 환경에서는 APM 상호간 호환성을 맞추는 일과 더불어 PDO와 MySQL과 드루팔 간의 호환성을 확보해야 하고 스트레스 테스트(서버의 수용력 또는 한꺼번에 많은 사용자가 접속했을 때 얼마나 견딜 수 있는가 등을 점검하는 테스트)를 통해 모든 연계가 이상이 없는지를 검증해야 한다. php.ini에 나열된 익스텐션 하나하나 안정적인가를 검증해야 하는 것이다.

05 PHP 버전 업그레이드

오픈레이어나 특정 모듈의 설치 조건을 살펴보면 PHP 5.3 이상을 요구하는 경우가 종종 있다. 따라서 자신의 드루팔 웹 서버의 PHP 버전이 무엇인지 미리 확인할 필요가 있다. 만약 윈도우 환경에서 APMSETUP을 통해 PHP를 설치한 경우라면 버전이 5.2 이하일 것이므로 PHP 5.3 이상 버전으로 업데이트할 필요가 있다.

php 5.3 이상의 버전이 필요할 경우에는 다음의 과정을 진행한다.

❶ 'http://www.php.net'에 접속하여 php 5.3 이상 버전을 다운로드한다(이 책에서는 PHP 5.4.39 윈도우용 Thread Safe 버전 zip 파일을 다운로드하였으나 현 시점에서는 제공되는 버전이 다를 수 있다).

❷ 다운로드한 'php-5.4.39-Win32-VC9-x86.zip' 파일의 압축을 푼다. [APMSETUP Monitor]의 [STOP] 버튼을 클릭하여 아파치 서버를 중지시킨다.

❸ [APM_Setup\Server\PHP5] 폴더명의 'PHP5'를 'PHP5_ORG'로 변경한다(필요시에 다시 복구해야 한다). [PHP5] 폴더를 새로 만든 후 다운로드한 5.4.39 버전의 PHP 파일을

[APM_Setup\Server\PHP5] 폴더에 압축을 풀어서 복사한다.

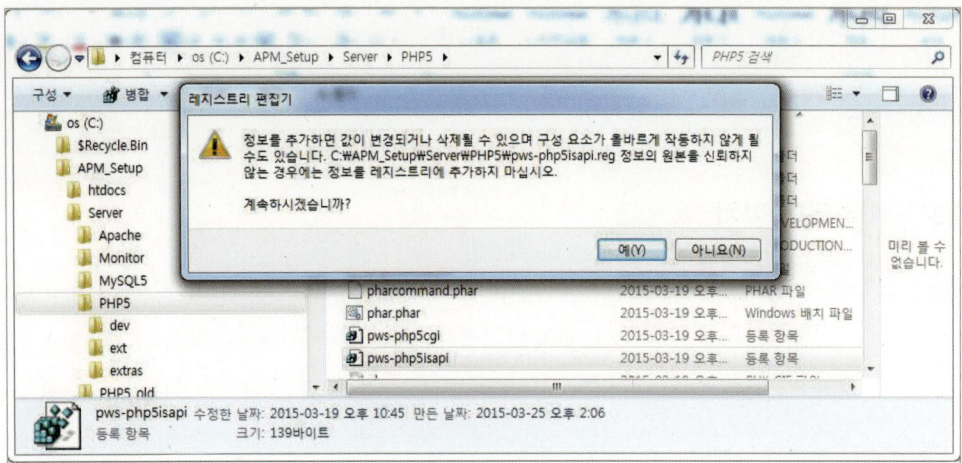

❹ [APMSETUP Monitor]의 [START] 버튼을 클릭하여 아파치를 다시 기동시킨다. [명령 프롬프트] 창을 띄우고 "php −v" 명령으로 php 버전을 확인할 수 있다.

```
C:\APM_Setup\Server\PHP5>php -v
PHP 5.4.39 (cli) (built: Mar 19 2015 22:16:19)
Copyright (c) 1997-2014 The PHP Group
Zend Engine v2.4.0, Copyright (c) 1998-2014 Zend Technologies

C:\APM_Setup\Server\PHP5>_
```

PHP Thread Safe vs Non Thread safe

윈도우용 PHP는 Thread Safe과 Non Thread safe 두 가지 버전으로 나온다. 본래 Thread safe라는 말은 Multi Thread safe의 줄임말로 같은 프로세스 내에서 여러 쓰레드가 이 프로그램을 실행시킨다 해도 데드락(deadlock) 등의 문제가 생기지 않도록 동기화(Synchronization) 처리를 한 버전을 의미한다. PHP를 IIS와 연동하기 위해서는 보통 프로세스 호출 방식의 CGI 또는 쓰레드풀(동시 접속 처리를 위해 한 프로세스 내에 미리 많은 쓰레드를 만들어서 요청이 올 때마다 빠르게 처리하도록 설계한 웹 서버 구현 방식) 운영 방식의 ISAPI(Internet Server Application Program Interface) 방식을 사용한다. 그런데 PHP와 관련된 모듈들이 대부분 멀티프로세스 방식으로 개발되었기 때문에 멀티쓰레드 방식으로 개발된 ISAPI로 연동하였을 경우 서버가 다운되는 현상이 나타난다. 이 문제를 개선하고자 Non Thread Safe 버전이 나왔다고 볼 수 있다.

06 드루팔 코어 설치

Apache, PHP, MySQL 설치가 모두 끝나면 이제 드루팔을 설치할 수 있다.

◼ 드루팔 코어 설치

❶ 주소창에 'http://www.drupal.org/download'를 입력한 후 [Downloads & Extend Home] 영역 하단의 [Other Release] 링크를 클릭하고 드루팔 7.35 버전을 찾아 zip 파일을 다운로드한다.

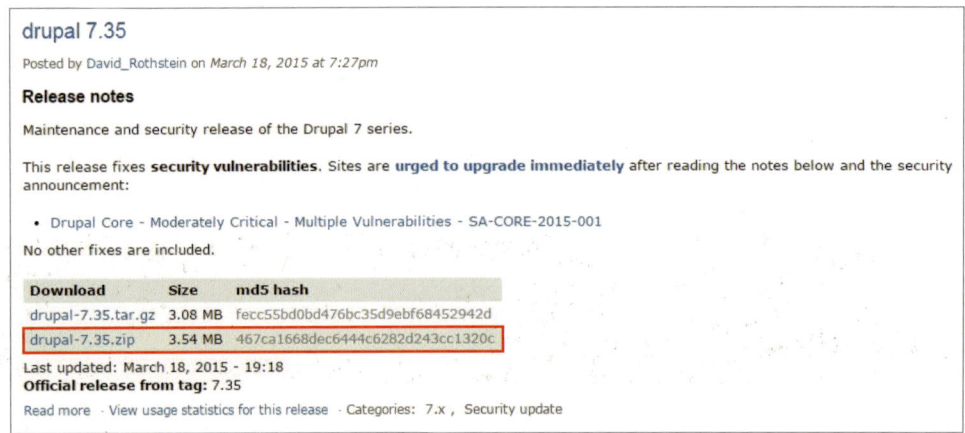

❷ 다운로드한 드루팔 압축 파일을 웹 서버 루트 폴더(예 ..\APM_Setup\htdocs)에 푼다.

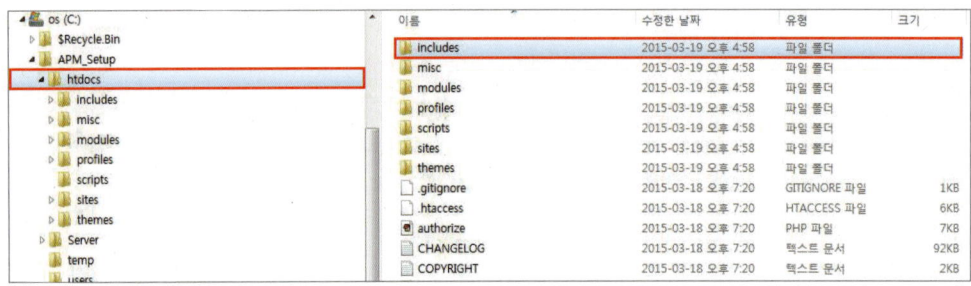

메인 사이트 vs 서브 사이트 구축

메인 사이트란 주소창에 대표 도메인(예 http://www.drupal.org)을 입력할 때 바로 구동되는 사이트를 말한다. 서브 사이트란 '도메인/서브 폴더' 형식(예 http://www.drupal.org/download)으로 구동되는 사이트를 말한다. 메인 사이트를 구축하고자 할 경우에는 [htdocs] 폴더 밑에 바로 index.php가 보이도록 드루팔을 설치하면 되고, 서브 사이트를 구축하고자 할 경우에는 [htdocs] 폴더 밑에 서브 폴더를 생성한 후 그 폴더에 드루팔을 설치하면 된다.

❸ 주소창에 'http://127.0.0.1/myadmin/'을 입력하면(URL 맨 마지막에 "/"를 반드시 입력해야 한다.) phpMyAdmin이라는 MySQL 관리 페이지가 나타난다('http://www.phpmyadmin.net'에 접속하면 최신 버전의 phpMyAdmin 파일을 다운로드할 수 있으니 참고하기 바란다).

❹ phpMyAdmin에 로그인하기 위해 아이디에 "root"를, 비밀번호에 "APMSETUP"을 입력하고 [실행] 버튼을 클릭한다(APMSETUP의 기본 비밀번호는 어디나 동일하므로 보안에 취약하다). phpMyAdmin 상단의 [사용권한] 탭을 누르고 [권한 수정]을 클릭한다. [암호 변경]에서 암호를 변경하고 [실행] 버튼을 클릭한다.

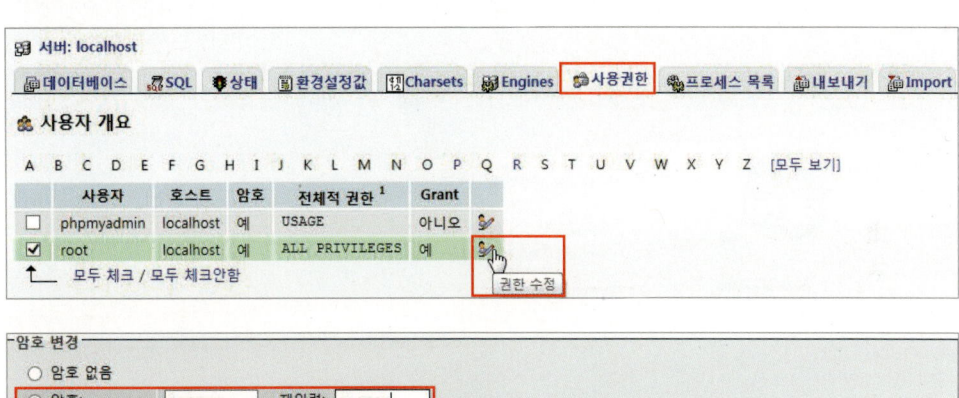

❺ phpMyAdmin 상단의 [데이터베이스] 탭을 누르고 [새 데이터베이스 만들기] 필드에 "datamap"을 입력한다. [만들기] 버튼을 클릭하여 데이터베이스를 만든다. 데이터베이스에 테이블이 없지만 그냥 넘어간다.

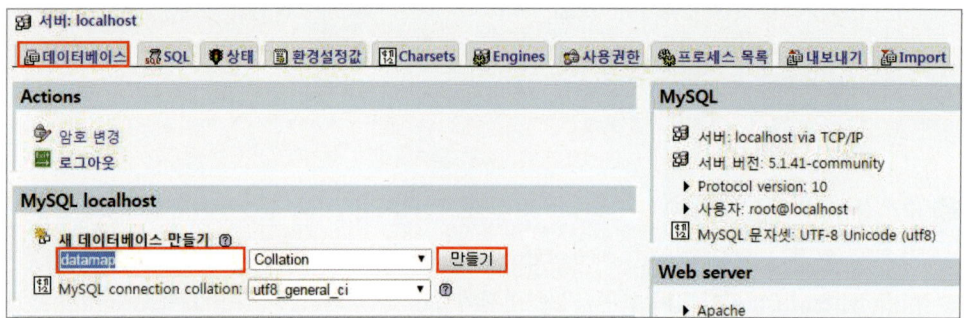

② 드루팔 사이트 설치

이제 주소창에 'http://127.0.0.1'을 입력하고 드루팔 사이트를 설치하자. 드루팔 사이트에 처음 접속하면 자동으로 드루팔 사이트 설치 프로세스가 작동한다. 이후에 동일한 주소로 접속하면 설치 프로세스가 아닌 정상적인 드루팔 기본 페이지가 열릴 것이다.

❶ 설치 프로파일 설정에서 [Standard]를 선택하고 [Save and continue] 버튼을 클릭한다.

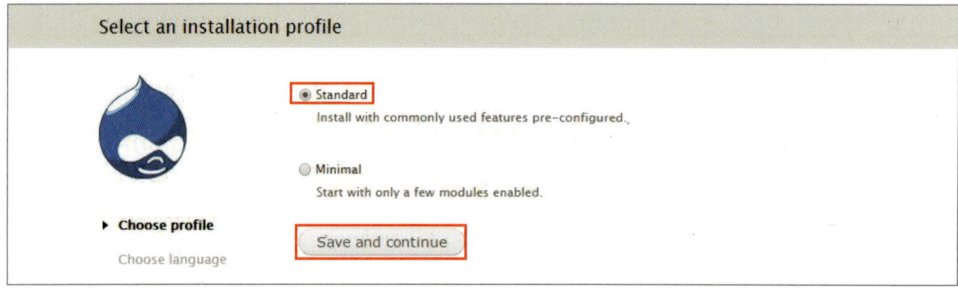

❷ 언어 설정에서 [English(built-in)]을 선택하고 [Save and continue] 버튼을 클릭한다.

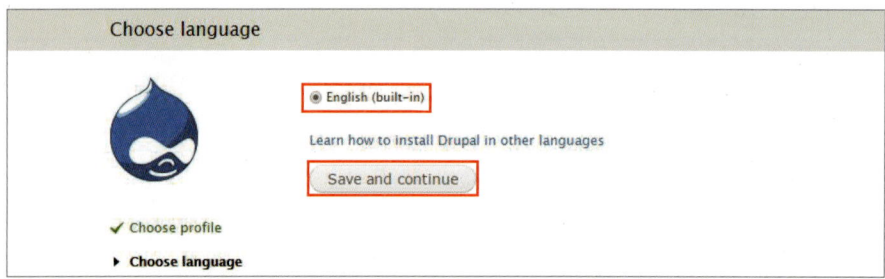

❸ [Verify requirements]에서 이상이 없는지 확인한다. 다음과 같이 ⊗ 표시가 있으면 PDO 설정이 제대로 안 된 것이므로 앞에서 다룬 'php.ini' 설정이 제대로 되었는지 확인한다. 만약 여기서 아무 문제가 없다면 자동으로 다음 단계로 넘어갈 것이다.

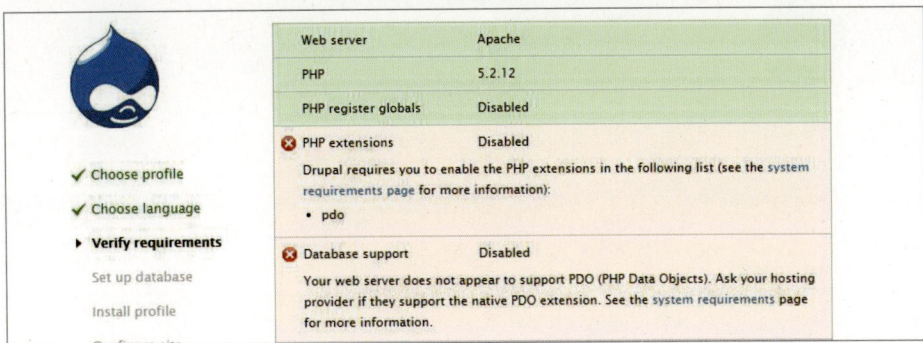

❹ [Verify requirements]를 무사히 통과하면 [Set up database]로 넘어간다. [Database name]에 앞에서 미리 준비한 "datamap"을 입력하고 "root" 계정과 앞에서 변경한 비밀번호를 입력한다. 데이터베이스 서버가 웹 서버와 다른 곳에 있을 경우에는 [ADVANCED OPTIONS]를 클릭하고 서버 IP, 포트 등을 입력하면 된다. 입력을 마쳤으면 [Save and continue] 버튼을 클릭한다.

❺ [Installing profile] 과정은 자동으로 진행된다. 100% 완료되면 [Configure site]로 넘어간다.

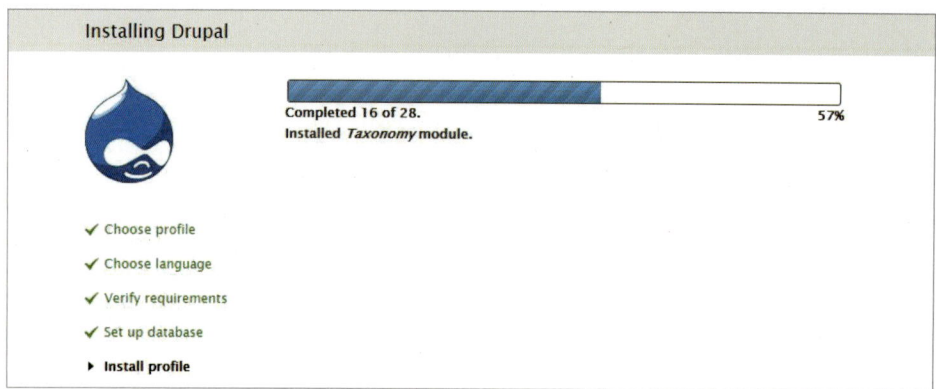

❻ [Configure site]에서는 사이트 명, 사이트 대표 이메일, 관리자 계정, 관리자 이메일 주소, 관리자 계정 비밀번호 국가, 시간대, 업데이트 옵션 등을 자율적으로 설정한다(나중에 변경할 수 있으므로 너무 신중할 필요는 없다).

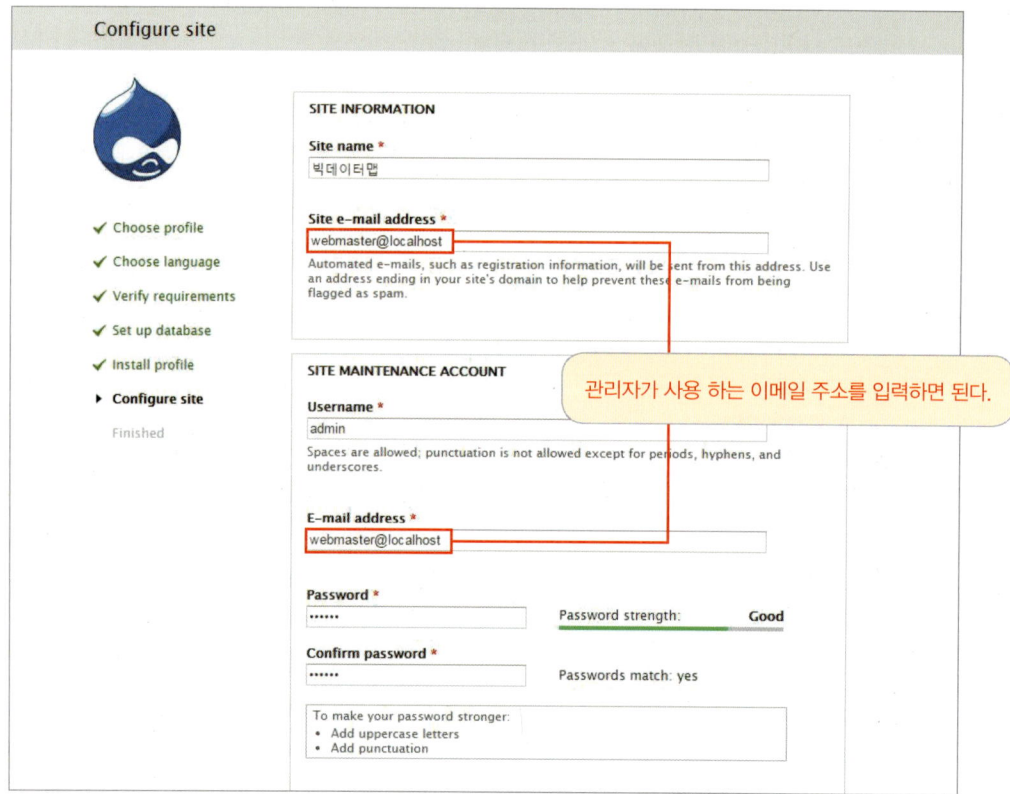

❼ [UPDATE NOTIFICATIONS]는 사이트의 안정을 위해 체크를 해제하고 [Save and con tinue] 버튼을 클릭한다.

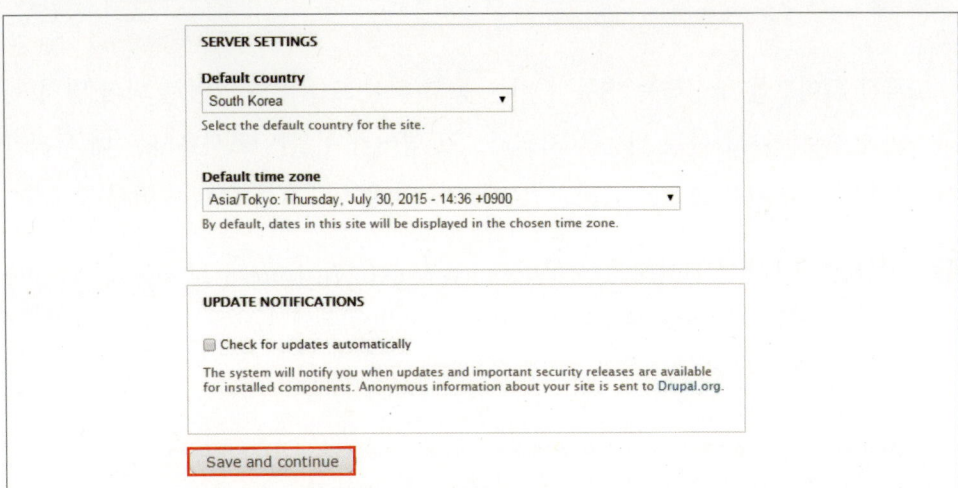

❽ 모든 설치가 완료된 후 주소창에 'http://127.0.0.1' 또는 'http://localhost'를 입력하면 다음과 같이 드루팔 기본 페이지를 볼 수 있다.

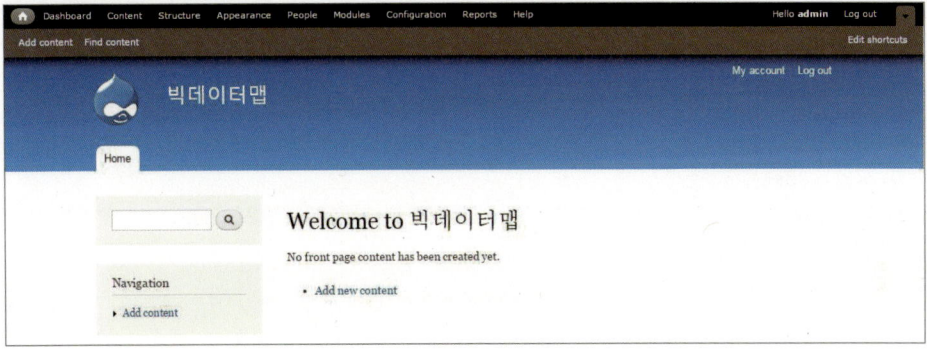

드루팔 한글화

드루팔 사이트를 구성하는 메뉴나 버튼 등의 핵심 요소들은 영어로 되어 있지만, 각 국가의 언어로 현지화하는 기능을 지원하므로 영어가 서툴러도 사용하는 데 무리가 없다. 예를 들어 현지화 과정을 거치면 [Save]라는 버튼이 [저장]으로 번역될 것이다.

❶ 드루팔 한국어 번역 사이트(https://localize.drupal.org/translate/languages/ko)에 접속하여 다운로드 영역에서 자신의 드루팔 코어 버전(이 책에서는 드루팔 7.35)과 호환하는 po 파일을 다운로드한다.

Project	Version	Downloads	Date created	Up to date as of
Drupal core	5.23	Download (227.18 KB)	2011-Apr-28	2011-Jul-14
Drupal core	6.35	Download (545.66 KB)	2015-Mar-18	2015-Mar-18
Drupal core	7.35	Download (696.23 KB)	2015-Mar-18	2015-Mar-18
Drupal core	8.0.0-beta7	Download (351.67 KB)	2015-Mar-10	2015-Mar-18

❷ 관리자 메뉴에서 [Modules]를 클릭한다. [Locale] 모듈을 찾아 [ENABLED]를 체크하고 하단의 [Save configuration] 버튼을 클릭하여 저장한다.

ENABLED	NAME	VERSION	DESCRIPTION	OPERATIONS
			Options (enabled)	
☑	Locale	7.35	Adds language handling functionality and enables the translation of the user interface to languages other than English. Required by: Content translation (disabled)	

❸ 관리자 메뉴에서 [Configuration]를 클릭하고 [REGIONAL AND LANGUAGE] 그룹에서 [Translate interface] 링크를 클릭한다. [IMPORT] 탭을 클릭하고 [Language file] 필드에 다운로드한 드루팔 한국어 번역 po 파일을 선택한다. 이어서 [Import into]에서 'Korean(한국어)'를 선택하고, [Mode]에서 'Strings in the uploaded file replace existing one, new one added⋯'을 선택한 후 하단의 [Import] 버튼을 클릭한다.

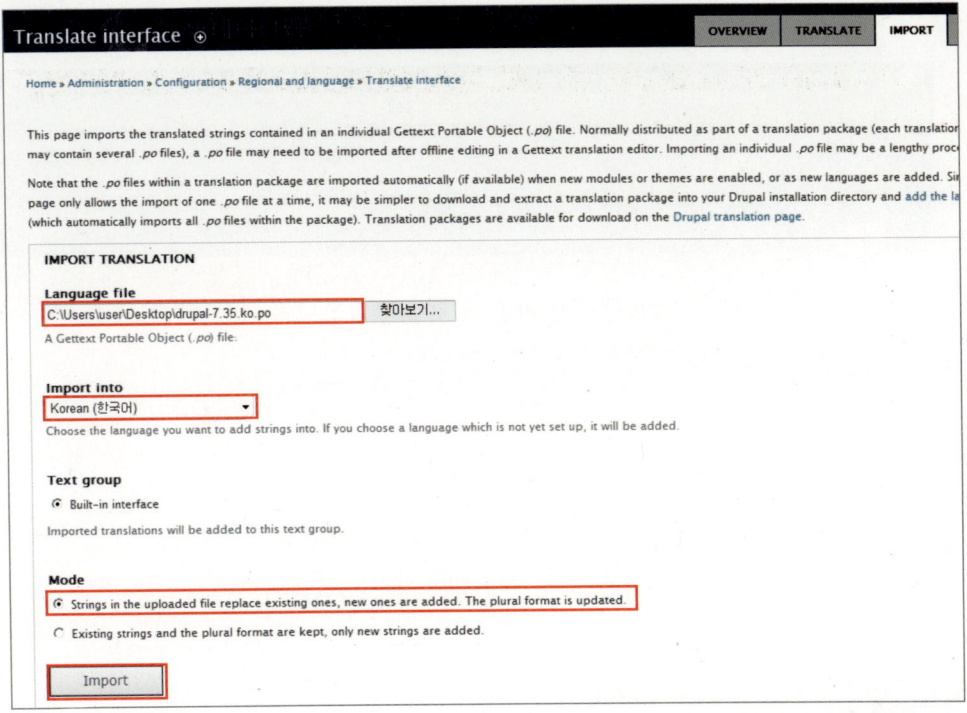

❹ 다시 관리자 메뉴에서 [Modules]를 클릭한다. [Locale] 모듈의 [OPERATIONS] 필드에서 [Configure] 링크를 클릭한다.

ENABLED	NAME	VERSION	DESCRIPTION	OPERATIONS		
☑	**Locale**	7.35	Adds language handling functionality and enables the translation of the user interface to languages other than English. Required by: Content translation (disabled)	❓ Help	🔍 Permissions	⚙ Configure

❺ 환경 설정 화면에서 [Korean]의 [ENABLED]를 체크하고 [DEFAULT]를 선택한 후 [Save Configuration] 버튼을 클릭한다.

ENGLISH NAME	NATIVE NAME	CODE	DIRECTION	ENABLED	DEFAULT	OPERATIONS
✛ **English**	English	en	Left to right	☑	○	edit
✛ **Korean**	한국어	ko	Left to right	☑	◉	edit delete

❻ 이제 홈으로 이동하면 다음과 같이 초기 화면이 한글로 바뀐 것을 볼 수 있을 것이다.

 ## 08 드루팔 모듈 설치

    드루팔 모듈을 설치할 때는 일반적으로 드루팔 다운로드 사이트(http://www.drupal.org/download)에 접속해서 [modules] 탭을 클릭하거나 드루팔 프로젝트 모듈 사이트(http://www.drupal.org/project/project_module)에 바로 접속해서 자신의 드루팔 코어 버전과 호환하는 모듈을 검색하고 해당 모듈 압축 파일을 다운로드 한 후 모듈을 설치하는 절차를 밟는다. 이런 모듈 설치 절차를 영어식 약어로 FITS 워크플로라고 부른다.

FITS 워크플로

F : 모듈을 찾는다(Find the module).

I : 모듈을 설치한다(Install module).

T : 모듈을 켠다(Turn on the module).

S : 모듈을 설정한다(Set up the module).

■1 모듈 찾기

프로젝트 모듈 사이트(http://www.drupal.org/project/project_module)로 이동한다. [Core compatibility]에 자신의 드루팔 코어 버전을 선택하는데, 이 책에서는 드루팔 7.35를 사용하므로 [7.×]를 선택하면 된다. [Search Modules] 필드에 모듈의 키워드로 "ckeditor"를 입력하고 하단의 [Search] 버튼을 클릭한다.

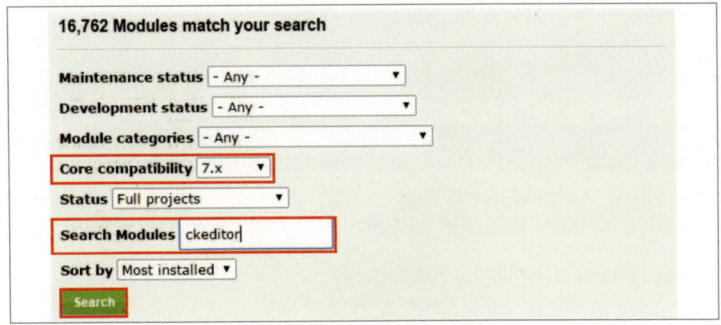

검색 화면 하단에서 해당 모듈에 대한 검색 결과를 찾아 다운로드한다.

적절한 다운로드 파일을 찾는 방법

[Downloads] 영역에서 초록색 그룹은 추천 버전을 의미하며, 붉은색 그룹은 개발 중인 버전을 의미한다. 추천 버전은 어느 정도 안정성을 확보한 버전이라 볼 수 있지만 그 의미는 해당 모듈에 국한하여 적용된다. 해당 모듈이 추천 버전이라 해도 타 모듈과의 호환성은 별개의 문제이므로 만약 모듈을 설치하고 문제가 생길 경우 다른 모듈들과 호환이 잘 되는 버전을 직접 찾는 수밖에 없다. [Downloads] 영역 하단의 [View all releases] 링크를 클릭하면 전체 버전을 볼 수 있다. 결국 자신에게 가장 적절한 버전은 직접 찾는 수밖에 없으며 설치한 모듈들과 에러 없이 실행되는 버전이 가장 적합한 버전이라고 할 수 있다.

2 모듈 설치

드루팔 모듈 설치는 사실상 압축을 푸는 작업이라고 할 수 있다. 다운로드한 해당 모듈의 압축 파일을 [APM_SetupWhtdocsWsitesWallWmodules] 폴더 밑에 풀면 작업이 완료된다. [modules] 폴더 밑에 해당 모듈의 대표명으로 폴더를 만들어 압축을 풀거나 서브 폴더를 만들어 사용해도 된다. 단, 폴더 안에 '모듈명.install', '모듈명.module', '모듈명.info' 파일이 반드시 존재해야 한다.

● 모듈 파일의 형식과 기능

파일 형식	설명
.info	• 모듈명, 버전, 설명 등 모듈에 대한 설명을 제공하는 역할 • 모듈 관리자 목록에 표시되는 내용을 구현하는 부분
.install	• 모듈의 [사용]을 체크했을 때 실행되는 초기화 작업 수행 • 모듈 전용 데이터베이스 테이블 생성 및 데이터 초기화 등이 수행
.module	• 모듈이 운영되기 위해 필요한 실시간 동작 코드를 구현하는 부분 • 모듈이 존재하기 위한 가장 중요한 파트

3 모듈 사용

관리자 메뉴에서 [모듈]을 클릭하고 [사용자 환경]의 해당 모듈명 왼쪽의 [사용]을 체크한다. 하단의 [설정 저장] 버튼을 클릭한다. 모듈이 정상적으로 기동되면 아무 에러 없이 모듈 관리자 화면이 갱신될 것이다. 만약 에러가 발생하면 해당 모듈을 [APM_SetupWhtdocsWsitesWallWmodules] 폴더에서 찾아 지우고 문제없는 버전을 찾아 다시 설치한다.

▼ 사용자 환경

사용	이름	버전	설명	작업
☐	**CKEditor**	7.x-1.16	Enables CKEditor (WYSIWYG HTML editor) for use instead of plain text fields.	
☐	*jQuery Update*	7.x-2.5	Update jQuery and jQuery UI to a more recent version.	

설정 저장

4 모듈 설정

모듈에 따라서는 추가 설정이 필요할 때도 있다. 해당 모듈 목록으로 가서 오른쪽에 [구성하기] 버튼이 있는지 살펴보고 만약 있다면 클릭하여 추가 설정 작업을 한다. 관리자 메뉴의 [환경 설정]에 들어가면 [구성하기] 버튼을 제공하는 모듈의 목록을 볼 수 있다.

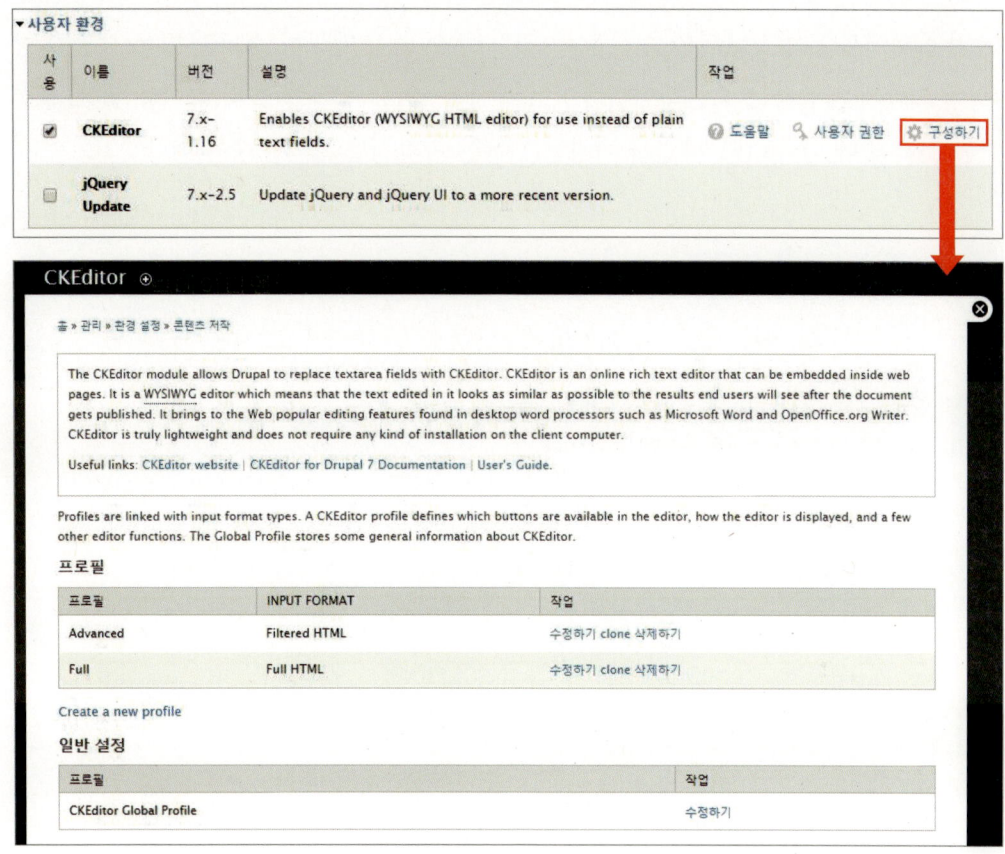

09 PHP 환경 설정

사이트의 특성이나 상황에 따라 PHP 환경 설정을 변경해야 하는 경우가 있다. 이 때는 'php.ini' 파일을 열고 설정을 변경해 주어야 한다. 자신의 서버에 있는 'php.ini' 파일을 열고 아래의 예를 참고하여 적절한 값으로 바꿔준다. 리눅스 환경의 경우에는 [etc] 폴더에서 'php.ini' 파일을 찾을 수 있다. 사이트가 메모리 소모가 많은 상황일 경우(이 책에서 사용하는 오픈레이어 등) memory-limit 항목을 늘려서 여유 있게 설정하는 것이 좋다. 'php.ini' 파일을 변경한 후에는 아파치를 재가동해야 한다.

```
;;;;;;;;;;;;;;;;;;;;;;;;;;;;
; Resource Limits ;
;;;;;;;;;;;;;;;;;;;;;;;;;;;;

; Maximum execution time of each script, in seconds
; http://php.net/max-execution-time
; Note : This directive is hardcoded to 0 for the CLI SAPI
max_execution_time = 60

; Maximum amount of time each script may spend parsing request data. It's a good
; idea to limit this time on productions servers in order to eliminate unexpectedly
; long running scripts.
; Note : This directive is hardcoded to -1 for the CLI SAPI
; Default value: -1 (Unlimited)
; Development Value: 60 (60 seconds)
; Production Value: 60 (60 seconds)
; http://php.net/max-input-time
max_input_time = 60

; Maximum input variable nesting level
; http://php.net/max-input-nesting-level
; max_input_nesting_level = 64

; How many GET/POST/COOKIE input variables may be accepted
; max_input_vars = 1000

; Maximum amount of memory a script may consume (128MB)
; http://php.net/memory-limit
memory_limit = 4096M
```

10 드루팔 뷰

뷰(Views)는 드루팔에서 가장 인기 있는 모듈이다. 드루팔 사이트의 75퍼센트 이상이 뷰를 사용하는 것으로 추정될 정도로 필수적인 모듈이나 다름없기 때문에 드루팔 8부터는 코어에 포함되었다. 뷰가 이렇게 인기가 있는 이유는 무엇일까? 기본적인 드루팔 7 코어로는 할 수 없는 여러 가지 일을 가능하게 하기 때문이다. 다음은 그 기능에 대한 일부 예시이다.

● 드루팔 뷰의 여러 가지 기능

기능	설명
디스플레이(Display)	뷰는 자신만의 페이지와 블록, RSS feeds 등을 만들 수 있게 해준다.
포맷(Format)	기본 드루팔에서는 콘텐츠를 블로그 형태만으로 디스플레이할 수 있다. 뷰는 테이블과 그리드, 리스트, 슬라이드, 캘린더 등의 다양한 형태로 정보를 디스플레이할 수 있다.
필드(Fields)	뷰를 이용하면 원하는 필드만 디스플레이할 수 있다. 선택한 필드를 보이거나, 숨기거나, 재정렬하거나, 변경할 수 있다.
필터(Filter)	기본 드루팔에서는 특정 콘텐츠만 선택하여 보여주는 것이 어려웠다. 예를 들면, 단일 콘텐츠 타입에서 한 개의 콘텐츠만 보여주기 위하여 선택할 수 없었다. 뷰를 이용하면 콘텐츠 타입, **분류(taxonomy) 용어, 공개 날짜 등 여러 기준에 의하여 필터링이 가능하다.
정렬(Sort)	기본 드루팔에서는 최근 공개된 콘텐츠가 먼저 보이도록만 정렬이 가능했다. 뷰를 이용하면 철자순, 인기순, 글쓴이 이름순 등 다양한 기준으로 정렬이 가능하다.

뷰 모듈에서 제공하는 기능이 워낙 많다 보니 뷰를 한마디로 정의하기는 어렵지만, 저자는 뷰의 의미가 SQL문의 뷰와 유사하다고 말하고 싶다. 뷰는 콘텐츠의 생성과 수정에는 직접 상관하지는 않지만 기존 콘텐츠의 디스플레이와 관련된 필드의 변환이나 노드 필터링 내지는 페이지 구현과 관련이 있기 때문이다.

분류(taxonomy) 분류란 드루팔의 구조를 이루는 요소 중 하나로서 조직도나 목차처럼 계층 또는 깊이(depth)가 있는 카테고리를 정의하기 위해 사용한다.

CHAPTER **4**

오픈레이어

●●● 네이버, 구글, 다음 등 대형 포털 사이트에서 제공하는 지도 서비스는 표준이 없어 상호 연계가 불가능하고 사용법도 제각각이다. 오픈레이어는 이러한 각각의 지도 서비스에 일종의 표준 및 가이드라인을 제시하는 자바스크립트 라이브러리로 만들어진 오픈소스 프로그램이다.

이 CHAPTER에서는 오픈레이어 뷰, 오픈레이어 맵의 정의와 특징, 설치 환경 등을 알아보고 예제를 익힌 후 실제로 다음 지도 맵을 작성해 본다.

01 오픈레이어 소개

　스티커 사진을 찍을 때 액자처럼 보이는 다양한 틀을 고르거나 얼굴 부분만 없는 캐릭터 프레임 뒤에 서서 얼굴을 내밀고 사진을 찍어 본 경험이 있을 것이다. 이렇게 원본 사진에 액자같은 프레임을 겹치는 것처럼 서로 다른 시각적 요소가 동시에 겹쳐지도록 표현하는 것을 그래픽 분야의 용어로 "레이어를 겹친다."라고 한다. 우리가 이 책에서 다룰 오픈레이어라는 용어는 오픈소스 소프트웨어의 앞 단어 '오픈'과 겹칠 수 있는 시각적 프레임을 의미하는 단어 '레이어'를 결합하여 만든 신조어로서, 웹상에 지도를 포함한 다양한 시각적 요소를 겹겹이 중첩시킬 수 있도록 도와주는 무료 자바스크립트 라이브러리를 의미한다.

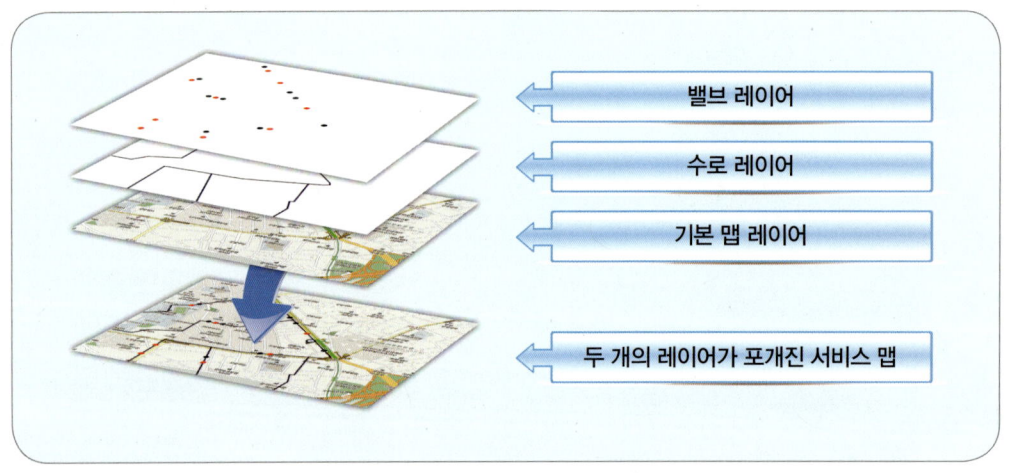

▲ 오픈레이어 개념도 : 레이어와 지도의 결합(예시)

　흔히 온라인 지도라고 하면 구글이나 네이버 지도처럼 특정 벤더 중심의 지도를 떠올리기 쉽다. 하지만 오픈레이어는 특정 벤더의 지도가 아닌 여러 벤더의 지도를 사용하기 위해 범용적으로 설계되었다. 오픈레이어에서 사용되는 지도와 지도 위에 표시되는 정보는 아이들이 가지고 노는 종이 인형 놀이와 구조가 유사한데, 이 때 종이인형은 지도라 할 수 있고 종이 옷은 지도 위에 표시되는 각종 부가 정보라 할 수 있다. 오픈레이어는 범용적 설계 방식에 따라 종이 인형 놀이를 할 때 여러 인형을 바꾸어 가면서 각각의 인형 위에 다양한 종이 옷을 입힐 수 있는 것과 유사한 호환성을 제공한다.

오픈레이어 라이브러리는 구글이나 네이버에서 제공하는 각 벤더별 지도 API의 호환성과는 비교할 수 없을 정도로 막강한 호환성과 확장성을 제공한다. 오픈레이어에서는 지도나 지리 정보 등을 담을 수 있는 최소 단위인 레이어가 특정 벤더에 종속되지 않고 서로 연계되도록 설계되었기 때문이다. 다음 지도 서비스에서 지도 위에 표시되는 약국, 주유소, 할인마트 등의 지리 정보가 네이버 지도 서비스에서도 그대로 표시될 거라고 기대하는 프로그래머는 없을 것이다. 하지만 오픈레이어로 구축된 지도 서비스라면 이러한 지리 정보 간의 호환성을 기대할 수 있다. 단, 지리 정보가 오픈레이어가 제공하는 레이어 속으로 들어와야 가능하다.

오픈레이어는 가장 밑에 깔리는 베이스 맵을 실시간으로 변경하고 각 맵에 맞는 좌표계를 그때그때 적용하며, 그 위에 각종 지리 정보가 담긴 레이어를 보여 주기도 하고 감추기도 할 수 있을 뿐 아니라, 개별 레이어에 적용되는 폰트·색상·타이틀 등 UI 스타일도 실시간으로 변경할 수 있다. 다시 말해 맵, 좌표계, 레이어, 스타일 등 4대 영역이 호환이 되면서 독립적으로 구동되는 것이다.

시간 여유가 날 때 'http://openlayers.org'에 접속하여 [Examples] 메뉴를 클릭하고 오픈레이어 라이브러리로 만든 방대한 자바스크립트 예제를 접해보기를 권장한다. 여기서 제공되는 예제만 보더라도 게임 제작이 가능할 정도라는 것이 개인적인 의견이다.

▲ 오픈레이어 지도 샘플(예시)

오픈레이어 뷰

오픈레이어를 구성하는 4대 요소는 맵, 레이어, 스타일, 좌표계이다. 먼저 맵이란 지도를 의미하는데 구체적으로 어떤 지도인지는 다음 기회에 설명하고자 한다. 레이어는 지도를 포함하여 지도 위에 겹겹이 표시되는 디스플레이 단위를 말한다. 스타일은 각 레이어에 적용되는 css 묶음이라고 생각하면 간단하다. 좌표계는 지도나 레이어에 각각 적용되는 좌표 표시 규약이다.

레이어에는 지도처럼 맨 바닥에 깔리는 베이스 레이어와 그 위에 여러 종류를 겹쳐서 표시할 수 있는 일반 레이어가 있다.

드루팔에서 뷰는 콘텐츠의 디스플레이와 필터링, 그리고 필드 변환과 관련된 다양한 기능을 제공하는데, 오픈레이어를 설치하면 오픈레이어 데이터 오버레이(Openlayers Data Overlay)라는 새로운 뷰 타입을 만들 수 있다. 오픈레이어는 지리 정보가 담긴 콘텐츠를 드루팔의 뷰를 통해서 레이어로 변환하도록 오픈레이어 데이터 오버레이라는 특별한 뷰 타입을 제공한다.

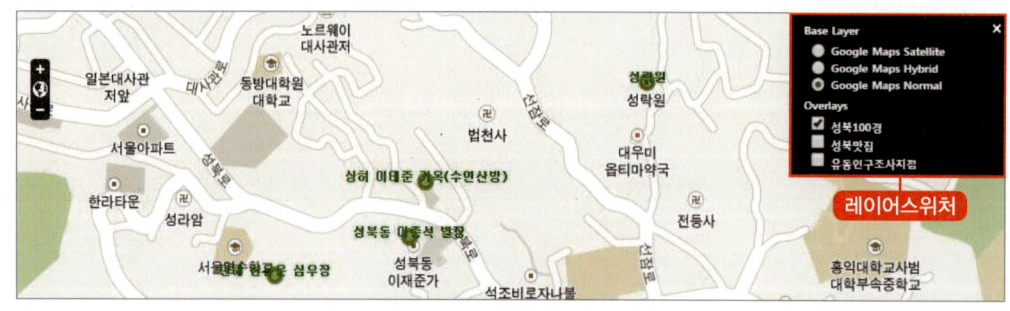

▲ 오픈레이어 맵과 레이어스위처 화면(예시)

오픈레이어에서 레이어는 각 맵마다 독립적으로 선택할 수 있는데, 이때 레이어스위처(Layer Switcher)라는 지도의 범례 혹은 리모컨처럼 생긴 특별한 옵션 모음 UI가 사용된다. 사용자가 레이어스위처를 통해 표시된 레이어 목록을 체크하면 레이어가 실시간으로 보이도록(혹은 숨겨지도록) 반응한다.

다시 한번 오픈레이어 뷰에 대해 정리해 보자. 드루팔에서 콘텐츠를 작성하면 보통은 뷰를 통해 바로 외부에 노출되지만, 지리 정보가 담긴 콘텐츠는 오픈레이어 데이터 오버레이를 통해 레이어로 변환되고, 이 레이어가 맵에 포함되어 화면에 보이게 된다.

따라서 오픈레이어 데이터 오버레이라는 특별한 뷰는 콘텐츠를 맵에 디스플레이하기 위해 레이어로 가는 중간 단계(일종의 변환 어댑터)라고 할 수 있다.

03 오픈레이어 맵

오픈레이어에서의 맵 제작은 단순히 한 장의 지도를 만드는 것이 아니다. 우리가 아는 온라인 지도, 예를 들면 구글(google) · 빙(bing) · 클라우드메이드(cloudmade) · 네이버(naver) 등 벤더가 제공하는 지도는 오픈레이어에서 베이스 레이어라는 용어로 불린다. 그럼 오픈레이어에서 맵이란 무엇일까?

오픈레이어에서의 맵은 베이스 레이어와 일반 레이어(오버레이 레이어라고도 한다)가 결합된 겹겹이 쌓인 레이어의 조합과 좌표계 및 스타일과의 결합, 그리고 비헤이비어(behaviors)라 불리는 다양한 동작을 정의한 것이라 할 수 있다. 우리가 아는 지도에 해당하는 베이스 레이어뿐만 아니라 여러 고급 정보가 표시되는 오버레이 레이어를 입맛에 따라 다양하게 포함할 수 있도록 한 것이 바로 오픈레이어 맵이다.

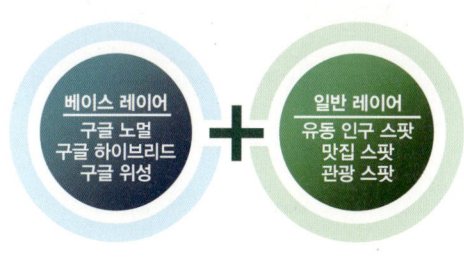

▲ 오픈레이어 맵 구조

▲ 베이스 레이어 목록

구글이나 빙 지도와 같은 베이스 레이어는 타일 이미지를 제공하는 맵 서버의 URL 패턴을 등록하고 좌표계를 정의하는 등의 과정이 필요하다. 하지만 베이스 레이어 제작은 개인이 쉽게 할 수 있는 규모의 일이 아니기 때문에 이 책에서는 주로 오버레이 레이어를 제작하는 방법을 다루고자 한다.

우리가 진행하려는 프로젝트처럼 베이스 레이어가 아닌 일반 레이어를 제작하고 이를 사용하여 맵 서비스를 구축하는 경우에는 보통 [Openlayers Test Example Feature] 모듈을 가동하고, 여기서 미리 생성된 맵 예제 목록 중 적당한 맵 예제를 택하여 복제(Clone)한 후 일부 항목만 수정하는 등 보다 간편한 방법을 사용하면 된다.

오픈레이어 설치

주소창에 'http://drupal.org/project/openlayers'를 입력한 후 오픈레이어 안정 버전을 다운로드한다. 이 책에서는 Openlayers 7.×-2.0 beta11 버전을 기준으로 설명하고자 한다. 오픈레이어를 설치하기 위해서는 먼저 [dependencies and requirements]에 명시된 요구 사항과 의존 모듈을 확인할 필요가 있다.

❶ 의존 모듈은 또 다른 의존 모듈을 필요로 하는 경우가 있기 때문에 모듈을 설치할 때는 얽힌 실타래를 풀듯이 순서에 따라 설치해야 한다. [dependencies and requirements]에 나오는 의존 모듈 목록의 링크를 따라 각각의 모듈로 이동하여 다운로드한다.

Openlayers 2: dependencies and requirements
- **PHP: version 5.2 or greater**
- Libraries (>= 2.1)
- Proj4js
- CTools
- Views
- geoPHP

Version	Download	Date
7.x-3.0-beta3	tar.gz (326.25 KB) | zip (477.19 KB)	2015-Jun-25

Other releases

Version	Download	Date
7.x-2.0-beta11	tar.gz (201.14 KB) | zip (305.57 KB)	2014-Oct-17

Development releases

Version	Download	Date
7.x-3.x-dev	tar.gz (642.69 KB) | zip (846.62 KB)	2015-Aug-19
7.x-2.x-dev	tar.gz (202.94 KB) | zip (308.19 KB)	2015-May-08

❷ 다운로드한 모듈의 압축을 푼 후 [APM_Setup₩htdocs₩sites₩all₩modules] 폴더에 붙여 넣는다. 다음은 오픈레이어를 설치하기 위해 다운로드한 의존 모듈의 전체 목록이다. [Views] 모듈 같은 경우 CTools를 의존하므로 가급적 목록에 나열된 순서대로 설치하는 것이 좋다.

● 의존 모듈 목록

모듈명	버전	설명
Libraries	7.×-2.2	사이트와 모듈이 공통으로 사용하는 함수 모음
Proj4js	7.×-1.2	지도 투영을 위한 다양한 좌표계 간 변환 함수 모음
CTools	7.×-1.7	플러그인, AJAX, 패널, 대화상자, 위저드, 캐싱 등 여러 가지 기능의 툴 모음
Views	7.×-3.10	콘텐츠 정렬, 필터링, 형식 변환 등 SQL의 뷰 테이블과 같은 역할과 페이지 기능 등의 모음
geoPHP	7.×-1.7	형상을 표현하는 WKT, GeoJson, KML 등 다양한 형식의 문법을 인식하는 PHP 라이브러리

❸ 관리자 메뉴에서 [모듈] 메뉴를 선택한 후 [OTHER] 목록에 나열된 [geoPHP], [Libraries], [Proj4JS] 모듈의 [사용]을 체크하고 [설정 저장] 버튼을 클릭하여 모든 설정을 저장한다.

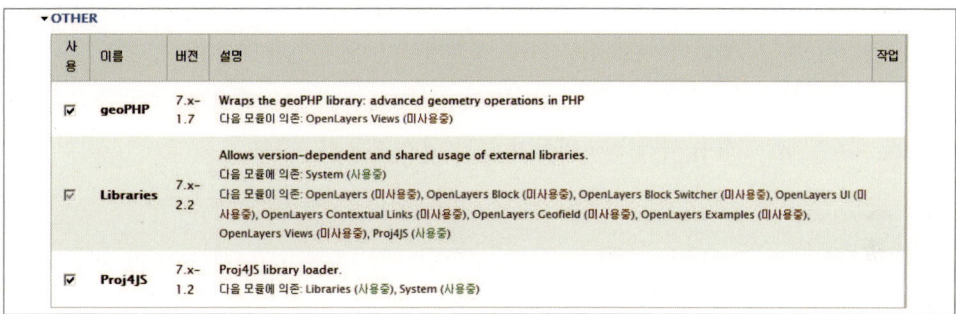

드루팔은 모듈 재사용성이라는 강력한 장점이 있지만 모듈 간 의존 관계가 복잡하게 얽혀있다. 가령 A라는 모듈이 B, C, D라는 모듈을 이용할 경우 A 모듈을 설치하기 위해서는 우선 B, C, D 모듈을 설치해야 하는 것이다. 만약 어떤 모듈을 활성화시키고자 할 때 Requires 항목에 disabled로 표시된 항목이 한 개라도 있을 경우에는 모듈 체크 박스가 비활성화된다. 이럴 경우 Requires 항목에 표시된 모듈을 먼저 설치하면 모듈 체크 박스가 활성화된다.

때로는 힘들게 모듈을 설치했는데 그 모듈이 또 다른 모듈을 의존하고 있어서 설치한 모듈을 활성화시키지 못하는 경우가 있다. 이럴 때는 정말 드러시 없는 OS 환경의 서러움을 톡톡히 느끼게 된다. 드루팔이 리눅스 친화적이라는 얘기가 여기서 나오는 듯하다. 드러시를 사용하면 의존 모듈이 자동으로 설치됨으로써 오픈레이어뿐 아니라 복잡한 모듈 설치가 단 한 줄의 명령으로 끝나기 때문이다.

❹ [Chaos tools] 모듈의 [사용]을 체크하고 [설정 저장] 버튼을 누른다.

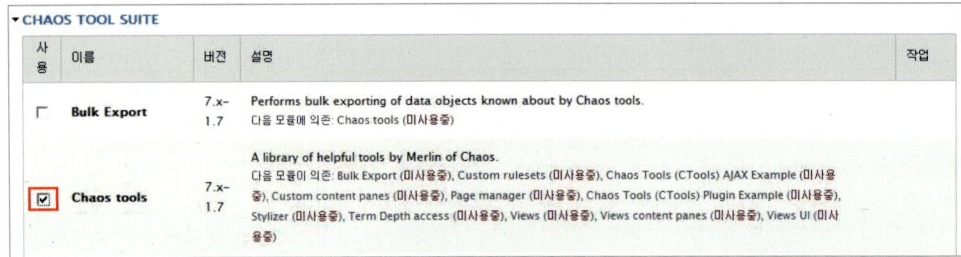

❺ [Views], [Views UI] 모듈의 [사용]을 체크하고 [설정 저장] 버튼을 누른다.

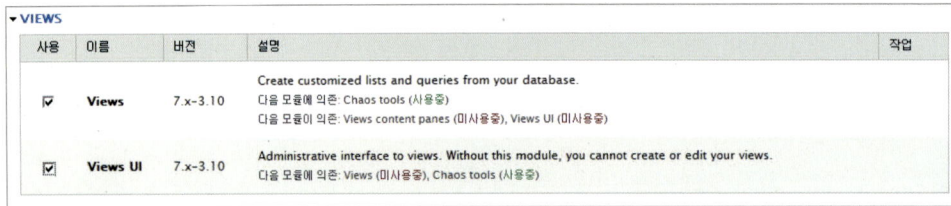

❻ 이제 [OpenLayers] 모듈의 [사용]을 체크하여 활성화시킨다. 만약 에러가 발생한다면 PHP
버전을 체크하기 바란다(PHP 5.3 이하 버전에서는 에러가 발생할 수 있다). PHP 버전이
5.3 이상임에도 에러가 발생하면 [APM_Setup₩htdocs₩sites₩all₩modules] 폴더로 이
동한 후 추가한 모듈을 삭제하여 이상이 있기 전 상태로 복원한다.

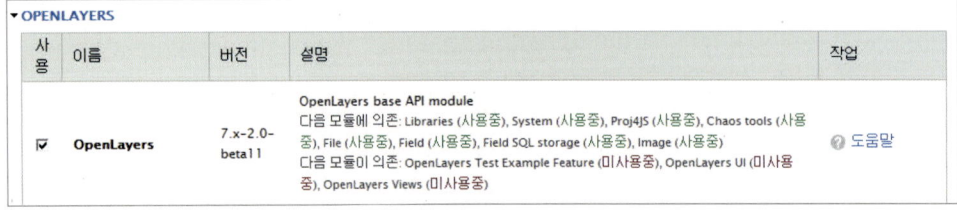

❼ [OpenLayers] 모듈이 성공적으로 올라오면 [OpenLayers UI], [OpenLayers Views] 모듈
의 [사용]을 체크한다.

사용	이름	버전	설명
☑	**OpenLayers UI**	7.x-2.0-beta11	Provides a user interface to manage OpenLayers maps. 다음 모듈에 의존: OpenLayers (사용중), Libraries (사용중), System (사용중), Proj4JS (사용중), Chaos tools (사용중), File (사용중), Field (사용중), Field SQL storage (사용중), Image (사용중)
☑	**OpenLayers Views**	7.x-2.0-beta11	Provides OpenLayers Views plugins. 다음 모듈에 의존: OpenLayers (사용중), Libraries (사용중), System (사용중), Proj4JS (사용중), Chaos tools (사용중), File (사용중), Field (사용중), Field SQL storage (사용중), Image (사용중), Views (사용중), geoPHP (사용중)

❽ 관리자 메뉴에서 [구조]를 클릭하면 [OpenLayers] 항목이 추가된 것을 볼 수 있다. [Open layers] 항목을 클릭하여 아래와 같이 "Valid library found with a javascript client check"라는 메세지가 나오면 성공적으로 설치된 것이다.

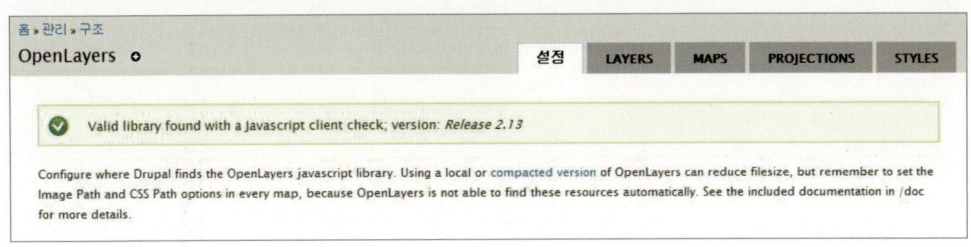

05 오픈레이어 예제

오픈레이어의 4가지 요소인 맵, 레이어, 스타일, 좌표계(프로젝션)에 대한 각각의 기본 샘플 예제가 들어있는 [Openlayers Test Example Feature] 모듈을 활성화시키기 위해서는 지오필드(Geofield) 모듈과 피처(Features) 모듈이 추가로 필요하다.

지오필드(Geofield)는 지리 정보 데이터를 저장하기 위해 특별히 제작된 모듈로 필드 타입의 일종이다. 지리 정보 데이터 필드는 우리가 아는 위도·경도 좌표 형식뿐 아니라 Geojson, WKT(Well Known Text) 등 다양한 형식으로 저장할 수 있다. 이렇게 저장한 지리 정보는 점·선·면으로 구성된 각종 2차원 도형을 지도상에 그리기 위해 쓰인다. 지오필드는 데이터를 저장하는 필드의 역할만 하는 것이 아니라, 필드에 지리 정보 데이터를 입력하기 위해 사용자가 직접 개체를 그려 넣을 수 있도록 지도와 그리기 도구가 결합된 입력 도구(위젯이라 불린다)를 제공하기도 한다.

▲ 위젯을 통해 마우스 클릭과 드래그로 그린 사각형

'http://www.drupal.org/download'에서 'Geofield' 모듈을 '찾아서→설치하고→
사용하고→설정하는' 이른바 FITS(Find→Install→Turn on→Set up) 스텝을 진행해
보자. 이 책에서는 Geofield 7. × -2.3 버전을 설치한다. 지오필드의 [사용]을 체크하
면 이후에 콘텐츠 타입 제작 시 지오필드 형식의 필드를 추가할 수 있게 된다.

Geofield

Posted by phayes on *March 9, 2011 at 11:24pm*

Geofield is a module for storing geographic data in Drupal 7. It supports all geo-types (points,
lines, polygons, multitypes etc.)

Widgets (Data Input)

Latitude and Longitude
Supports entering data as both Decimal Degrees (122.340932) and Degrees-Minutes-Seconds
(-123° 49' 55.2" W). The Degrees-Minutes-Seconds input is very tolerant of inconsistent
input.

Bouding Box
Four textfields where lat / lon can be entered

Recommended releases

Version	Download	Date	Links
8.x-1.0-alpha1	tar.gz (22.85 KB)	zip (39.75 KB)	2014-Oct-28	Notes
7.x-2.3	tar.gz (56.16 KB)	zip (79.45 KB)	2014-Sep-21	Notes

Other releases

Version	Download	Date	Links
7.x-1.2	tar.gz (32.59 KB)	zip (41.75 KB)	2013-Jul-02	Notes

Development releases

Version	Download	Date	Links
8.x-1.x-dev	tar.gz (22.86 KB)	zip (39.81 KB)	2015-Jan-01	Notes
7.x-2.x-dev	tar.gz (56.18 KB)	zip (79.47 KB)	2014-Sep-21	Notes

❶ 관리자 메뉴에서 [모듈] 메뉴를 선택한 후 [Geofield] 모듈의 [사용]을 체크한다. 하단의 [설정 저장] 버튼을 클릭한다.

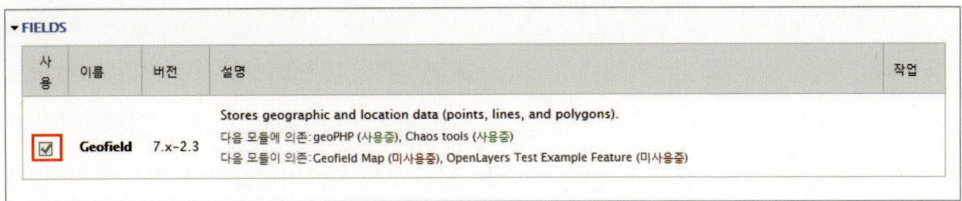

❷ Features 7.×−2.4 버전을 다운로드하여 설치하고 [사용]을 체크한다. [Features] 모듈은 다양한 Openlayer 예제를 보기 위해 필요하다.

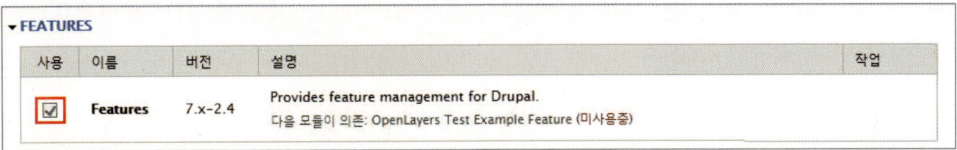

❸ 오픈레이어 모듈을 설치하면 보이는 [OpenLayers Test Example Feature] 모듈의 [사용]을 체크한다. [OpenLayers Test Example Feature] 모듈은 오픈레이어 맵이나 뷰와 관련한 다양한 예제를 제공하는데 이를 복제한 후 재정의하면 향후 맵 제작 작업을 손쉽게 할 수 있다.

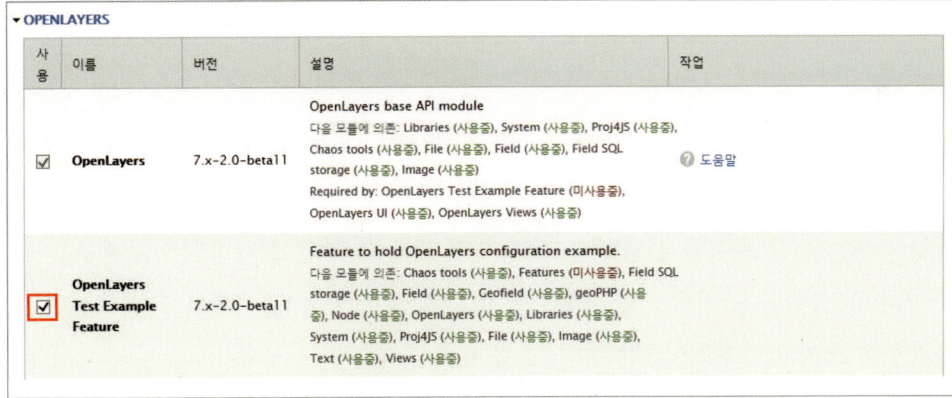

오픈레이어 맵 위젯

지오필드는 지리 정보를 입력할 수 있도록 기본적인 텍스트 필드를 지원하지만 보다 직관적인 입력 수단으로 오픈레이어 맵 위젯을 지원한다. 지리 정보를 입력할 때 WKT 형식과 좌표값을 정확히 알면 단순 텍스트 필드로도 데이터 입력이 가능하지만, 그렇지 않은 경우에는 지도 위에 직접 점을 찍거나 선을 그리는 것이 더 나을 수도 있다. 이때 필요한 것이 오픈레이어 맵 위젯이다.

오픈레이어 맵 위젯을 사용하기 위해서는 콘텐츠 타입을 만들 때 지오필드 타입의 필드를 추가하고 [필드 관리]에서 위젯으로 OpenLayers Map을 선택하면 된다. 이후에 [콘텐츠 추가하기]를 누르면 지오필드 데이터를 입력하는 부분에 단순 텍스트 입력기가 아닌 지도가 보일 것이다.

홈 » 관리 » 구조		
✦ 콘텐츠 타입 추가		
이름		**작업**
Article (기계명: article) Use *articles* for time-sensitive content like news, press releases or blog posts.	수정하기	필드 관리
Basic page (기계명: page) Use *basic pages* for your static content, such as an 'About us' page.	수정하기	필드 관리
OpenLayers Example Content (기계명: openlayers_example_content) This is an example content type for the OpenLayers module.	수정하기	필드 관리
geocomercial (기계명: geocomercial)	수정하기	필드 관리
geocontent (기계명: geocontent)	수정하기	필드 관리

[필드 관리]에서 지오필드 위젯 세부 설정으로 들어가면 점·선·다각형 도구를 선택할 수 있다. 각 옵션을 선택하면 지도 위젯 오른쪽 상단에 각각의 버튼이 나타난다. 각 버튼을 클릭하고 지도상에 마우스를 클릭하면 도형이 눈앞에서 그려지는 것이다. 다각형을 그리고 마무리할 때는 마우스를 더블클릭한다.

Available Features
☑ Point
☑ 경로
☑ Polygon
Select what features are available to draw.

☑ Allow shape modification
    Can you edit and delete shapes.

Optionally, install the Geocoder module and add an Address field to enable mapping by address.

마이크로소프트 인터넷 익스플로러를 사용하여 지도상에 도형(features)을 그릴 경우 각종 버튼이 보이지 않고 아래와 같은 에러가 발생하는 경우가 있다. 이때는 다음과 같이 조치한다.

❶ 드루팔 사이트 루트 폴더로 이동하여 지오필드 모듈이 설치된 폴더를 찾는다(데 APM_Setup ₩htdocs₩sites₩all₩modules₩geofield₩includes₩behaviors₩js).

❷ 'openlayers_behavior_geofield.js' 파일을 열고 다음과 같이 수정한다.

원본	tool = options.feature_types[i][0].toUpperCase( ) + options.feature_types[i].slice(1);
수정본	tool = options.feature_types[i].toString( ); tool = tool.toUpperCase( ).charAt(0) + tool.slice(1);

수정 내용은 별것 아니지만 인터넷 익스플로러에서는 위 소스가 스크립트 오류를 일으켜 지도가 뜨지 않는 심각한 사태가 발생하는 것이다. 드루팔 커뮤니티에 가면 IE 오류에 대한 질문이 많은데 그 중 하나가 지금 우리가 해결하고자 하는 문제에 관한 것이다. 영어가 되는 부지런한 독자가 있으면 위의 솔루션을 올려주기 바란다.

❸ 관리자 메뉴에서 [환경 설정〉개발]로 이동하여 [성능]을 클릭하고 [모든 캐시 비우기] 버튼을 클릭한다. 자바스크립트 파일을 수정할 경우 캐시를 지워야 수정 사항이 반영되는 경우가 있다.

다음(Daum) 지도 만들기

다음 지도를 사용하기 위해서는 베이스 레이어를 새로 만들어야 한다는 것은 오픈레이어를 조금이라도 아는 사람이면 예상할 수 있을 것이다. 오픈레이어는 표준이 되는 몇 가지 레이어 타입을 지원하는데 다음 지도 사용을 위해서 기존 레이어 타입을 수정할 필요가 있다. 이를 위해 기존의 xyz 레이어 타입을 수정하고자 한다.

❶ [APM_Setup₩htdocs₩sites₩all₩modules₩Openlayers₩plugins₩layer_types₩ openlayers_layer_type_xyz.js] 파일을 열면 다음과 같은 소스 코드를 볼 수 있다.

```
01
02  /**
03   * @file
04   * Layer handler for XYZ layers
05   */
06
07  /**
08   * Openlayer layer handler for XYZ layer
09   */
10  Drupal.openlayers.layer.xyz = function(title, map, options) {
11    if (OpenLayers.Util.isArray(options.maxExtent)) {
12     options.maxExtent = OpenLayers.Bounds.fromArray(options.maxExtent);
13    }
14
15    // Legacy goodnes
16    if (typeof options.base_url == 'string' && typeof options.url == 'undefined') {
17    options.url = options.base_url;
18    }
19
20    // Server resolutions are very particular in OL 2.11
21    var r = options.serverResolutions;
22    If (r == null || typeof r == 'undefined' || r.length == 0) {
23     options.serverResolutions = null;
24    }
```

```
25
26    // Wrap Date Line does not seem to work for 2.10.  This may
27    // have something to do with our extent definitions.
28    if (OpenLayers.VERSION_NUMBER.indexOf('2.10') >= 0) {
29     options.wrapDateLine = null;
30    }
31
32    options.projection = new OpenLayers.Projection(options.projection);
33
```

❷ 기존의 코드에 다음과 같이 코드를 추가한다. if문을 두어 베이스 레이어의 타이틀이 daum
일 경우에 처리하도록 하였다. 따라서, 베이스 레이어를 만들 때 이름을 daum으로 설정해
야 한다.

```
34    //다음지도 베이스 레이어를 위한 코드추가
35    if (title == 'daum')
36    {
37    options.resolutions = [2048, 1024, 512, 256, 128, 64, 32, 16, 8, 4, 2, 1, 0.5, 0.25];
38    options.attribution = '<a target="_blank" href="http://local.daum.net/map/index.
      jsp"'
39       + 'style="float: left; width: 38px; height: 17px; cursor: pointer; background-i
         mage: '
40       + 'url(http://i1.daumcdn.net/localimg/localimages/07/2008/map/n_local_img_
         03_b.png); '
41       + 'background-repeat: no-repeat no-repeat; title="Daum 지도로 보시려면 클릭하
         세요."></a>'
42       + '2015 Daum';
43    options.sphericalMercator = false;
44    options.transitionEffect = "resize";
45    options.buffer = 1;
46
47    options.numZoomLevels = 14;
48    options.minResolution = 0.25;
49    options.maxResolution = 2048;
50
```

```
51    options.units = "m";
52    options.maxExtent = new OpenLayers.Bounds(-30000, -60000, 494288, 988576);
53    options.getXYZ = function(bounds) {
54        var res = this.getServerResolution();
55        var x = Math.round((bounds.left - this.maxExtent.left) /
56            (res * this.tileSize.w));
57        var y = Math.round((bounds.bottom - this.maxExtent.bottom) /
58            (res * this.tileSize.h));
59        var z = 21 - this.getServerZoom() - 1;
60
61        return {'x': x, 'y': y, 'z': z}; };
62
63    }
64
65    return new OpenLayers.Layer.XYZ(title, options.url, options);
66  };
```

❸ 다음 지도에서 사용할 좌표계 EPSG 5181(중부원점)을 추가해보자(참고로 다음 지도는 국내 지도만 제공한다). 관리자 메뉴에서 [구조〉OpenLayers〉PROJECTIONS]를 선택하고 [추가] 버튼을 클릭한다.

❹ [Projection Authority]에 "EPSG", [Projection Code]에 "5181", [proj4 Definition]에 "+proj=tmerc +lat_0=38 +lon_0=127 +k=1 +x_0=245000 +y_0=600000 +ellps=GRS80+units=m +no_defs", [Left Extent Boundary]에 "-30000", [Bottom Extent Boundary]에 "-60000", [Right Extent Boundary]에 "494288", [Top Extent Boundary]에 "988576"을 입력하고 [저장] 버튼을 클릭한다.

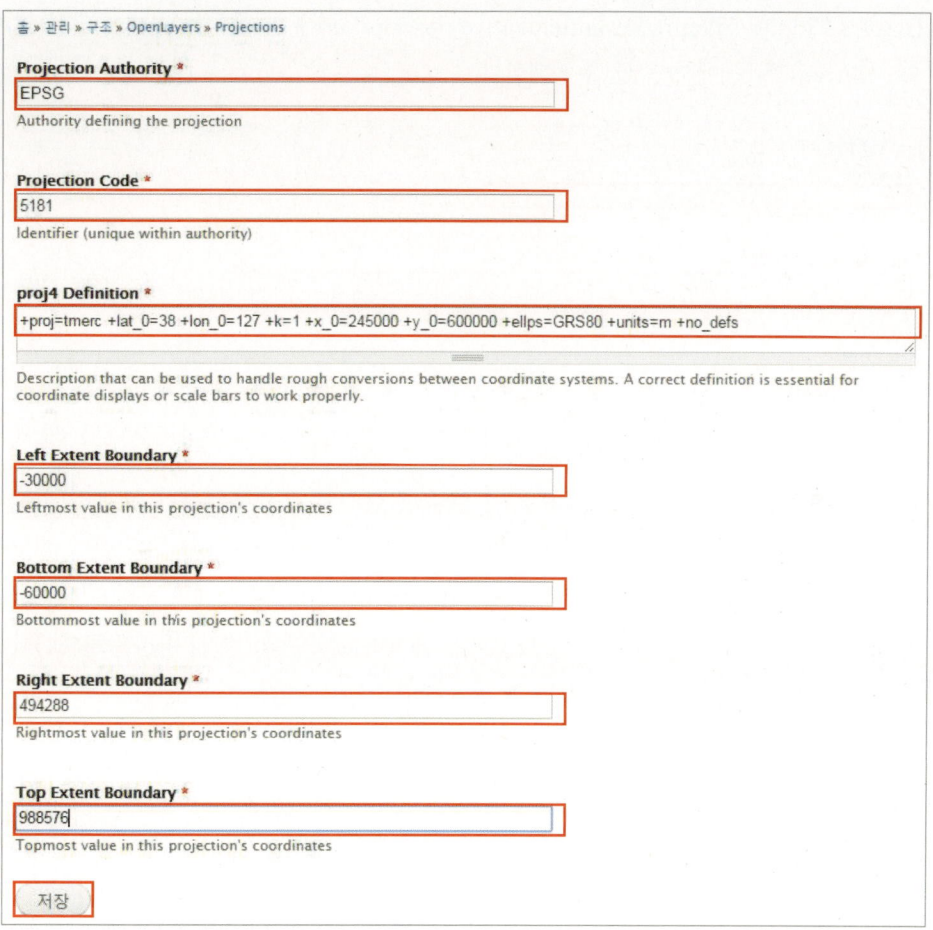

❺ 이제 관리자 메뉴에서 [구조〉OpenLayers〉LAYERS]를 선택하고 [추가] 버튼을 클릭한다.

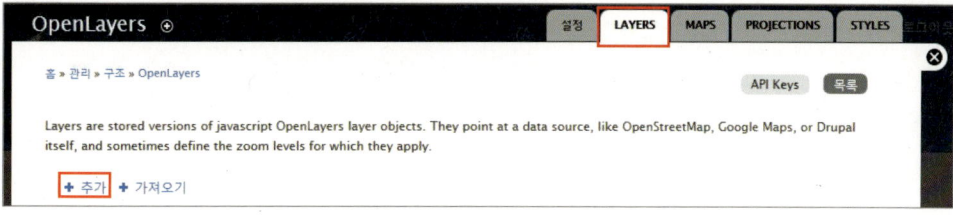

❻ [Layers Title]에 "daum", [Administrative description]에 "다음 베이스레이어"를 입력하고, [Layers Type]에서 'XYZ'를 선택한다.

❼ [LAYER SPECIFIC OPTIONS FOR XYZ]의 추가 옵션 설정 그룹에서 [Base URL]에는 다음 맵 서버로부터 지도를 표시할 타일 이미지를 가져올 템플릿 주소를 입력한다. [Server Zoom Level Range]와 [Zoom Level Range], [Zoom offset]은 그대로 둔다. [Projection]은 'EPSG:5181'을 선택한다. [Base Layer]를 체크하고 하단의 [저장] 버튼을 클릭한다.

❽ 관리자 메뉴에서 [구조〉OpenLayers〉MAPS]를 선택한다. 맵 목록 중에서 [example_
google]을 찾아 오른쪽의 화살표 버튼을 클릭하고 [Clone]을 선택한다.

example_google	Example Google Map	Google Maps Hybrid,Google Maps Normal,Google Maps Physical,Google Maps Satellite	An example map using Google Maps API layers.	기~	수정하기 ▲ 비활성화 Clone 내보내기
example_kml	Example KML Map	KML Example Layer,MapQuest OSM	A simple map with a KML layer.	기본값	수정하기 ▼

❾ 먼저 [Infos] 탭에서 [Map Title]에 "daum_map", [기계명]의 [수정하기]를 클릭한 후 [이
름]에 "daum_map"을 입력하고 [너비]는 "auto", [높이]는 "800px" 또는 적당한 픽셀을 입
력한다.

Infos	**Map Title** * daum_map This is the descriptive title of the map and will show up most often in the interface.
Center & Bounds	
Layers & Styles	**이름** * daum_map The unique ID for this map.
Behaviors	
Displays	**Administrative description** daum_map
	너비 * auto The map's width. "auto" will make the map fill the space it is given; otherwise, enter a value in pixels, like 400px.
	높이 * 800px The map's height. Enter a value in pixels, like 400px.

❿ [Center & Bounds] 탭에서 지도 왼쪽 상단의 방향이동 버튼을 사용하여 우리나라를 찾고 지도를 적당히 확대시킨다. 여기서 제공하는 지도는 드래깅이 되지 않으므로 불편하더라도 방향이동 버튼을 사용해야 한다.

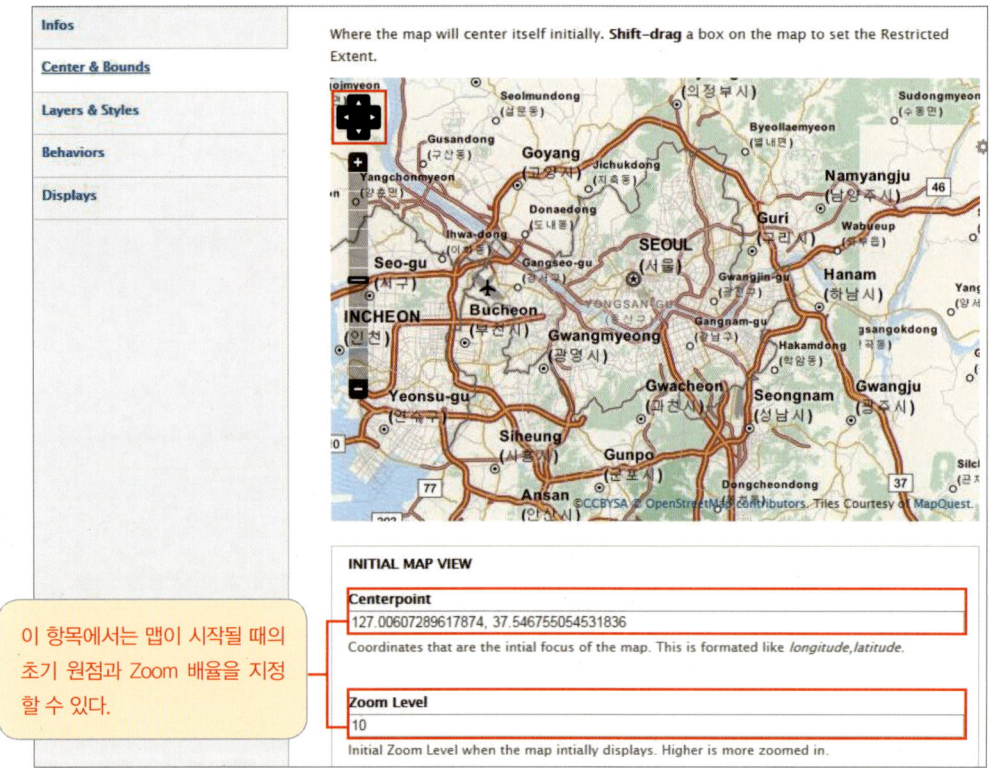

이 항목에서는 맵이 시작될 때의 초기 원점과 Zoom 배율을 지정할 수 있다.

⓫ [Layers & Styles] 탭의 [Map Projection]에서 'EPSG:5181'을 선택한다.

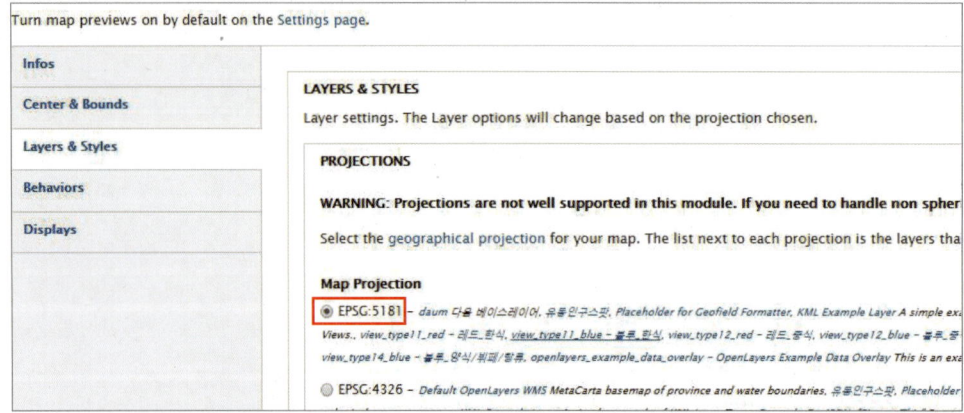

⓬ 하단의 [BASE LAYERS] 목록에서 [daum_map]의 [ENABLED] 필드를 체크하고 [DEFAULT]를 선택한다. 하단의 [저장] 버튼을 클릭하면 오픈레이어 다음 맵이 완성된다.

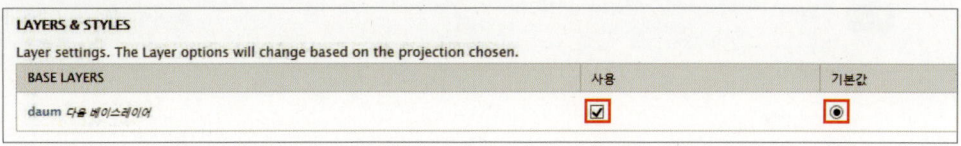

이제 오픈레이어 다음 맵을 화면에 표시하기 위한 뷰 페이지를 만드는 과정을 진행하자.

❶ 관리자 메뉴에서 [구조〉뷰]를 선택하고 [Add new view]를 클릭한다.

❷ [View name]에 "daumview"를 입력하고 [Create a page]를 체크한다. [페이지 제목]에 "daumview"라고 입력하고 [경로]에도 "daumview"를 입력한다. 하단의 [Continue & edit] 버튼을 클릭한다.

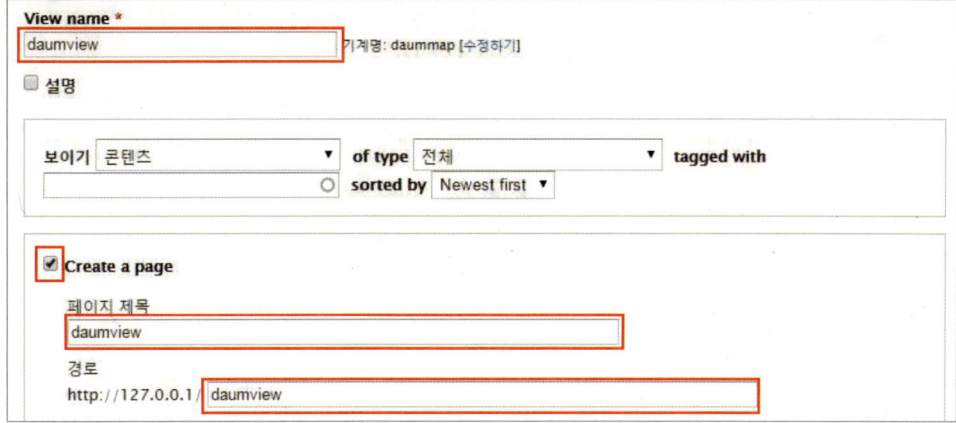

❸ 이어지는 설정에서 [양식 : OpenLayers Map]의 오른쪽에 있는 [설정] 링크를 클릭한다.

❹ [Page: Style options] 설정의 [Map]에서 'daum_map'을 선택하고 [Apply (all displays)] 버튼을 클릭한다.

❺ 다시 [Displays] 설정으로 돌아와서 화면 상단에 보이는 [저장] 버튼을 클릭한다.

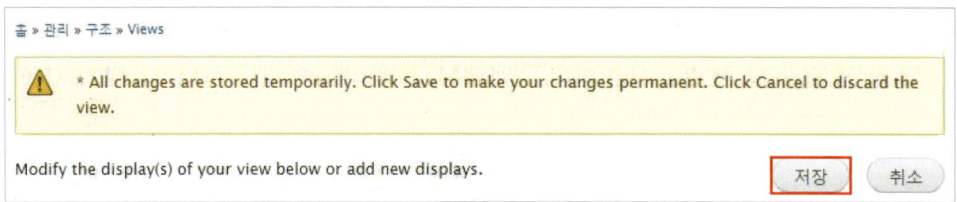

❻ 이제 주소창에 'http://127.0.0.1/daumview'를 입력하면 다음과 같이 지도 맵이 나타난다.

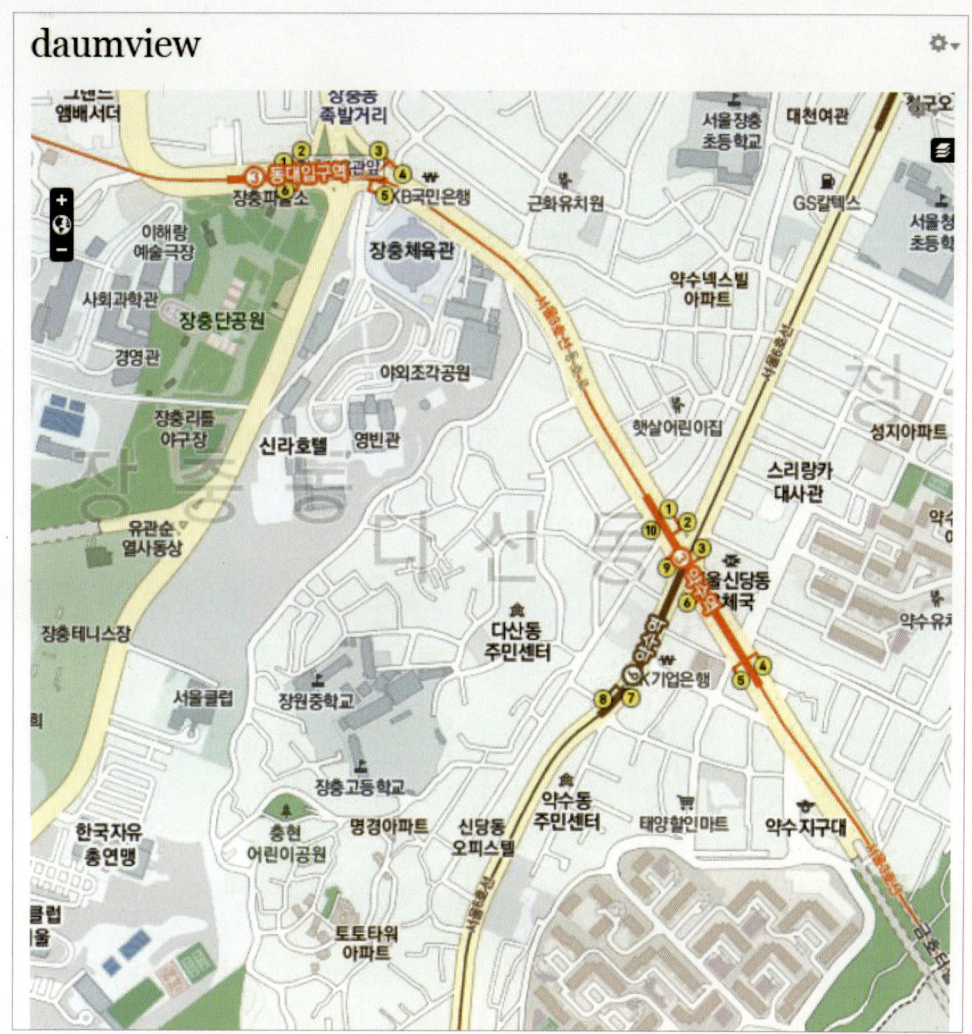

참고로 어느 벤더가 제공한 지도이든 개인적·학술적 차원의 매시업은 가능하나 상업적 이용은 불법이다.

5

유동 인구 맵 프로젝트

●●● 　 유명 관광지에 가면 대형 지도 위에 주요 관광 지점을 강조하여 표시하고 자세한 현장 사진과 함께 간단한 설명이 붙여진 지도를 본 경험이 한 번쯤은 있을 것이다. 이 CHAPTER에서는 공공 데이터 포털에서 제공하는 시간대별 유동 인구수를 조사한 보고서를 이용하여 나만의 지도 제작에 필수 기능인 주요 지점을 마킹하는 방법과 디테일한 현장 콘텐츠 간의 연계를 다룬다. 또한 대용량 지리 정보 콘텐츠를 생성하는 배치 프로그램을 만드는 방법을 배워본다.

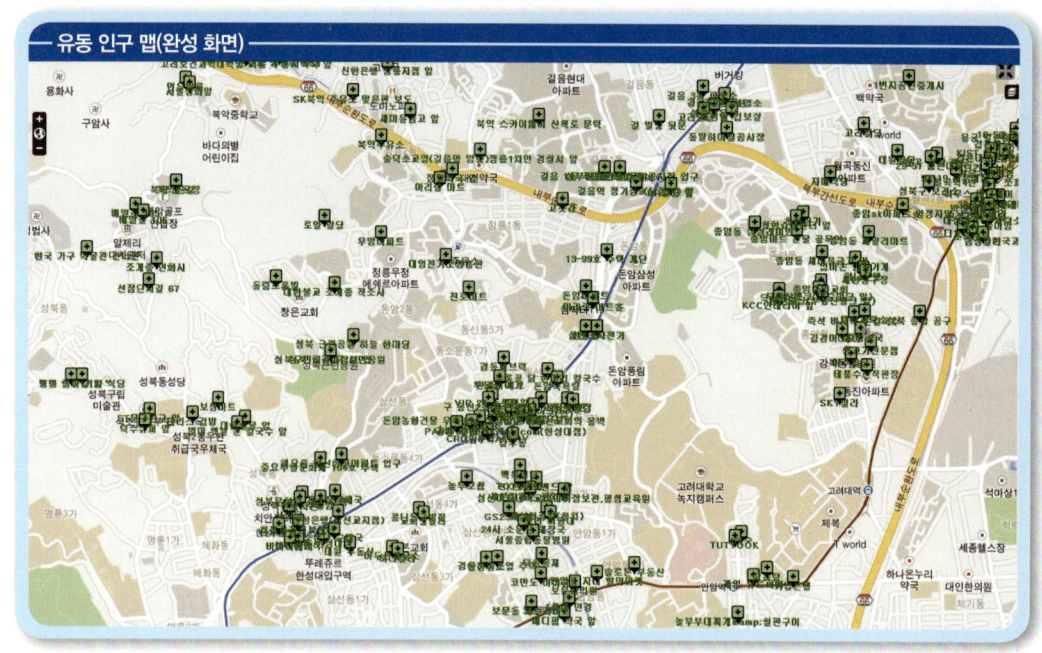

유동 인구 맵(완성 화면)

01 데이터 가져오기

열린 데이터 광장 홈페이지(http://data.seoul.go.kr)에 접속하여 '유동인구정보'로 검색하면 2009년도에 조사한 유동 인구 조사 데이터를 찾을 수 있다. 유

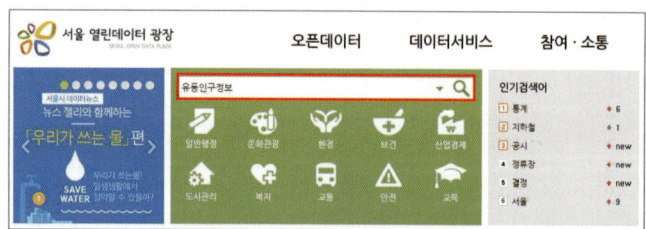

▲ 서울 열린 데이터 광장 홈페이지

동 인구 조사 데이터는 서울시 25개 구청 1만 개 주요 지점에서 조사한 시간대별 유동 인구 통계 및 보고서 자료를 포함한다.

'DB공개데이터.zip'과 25개 자치구명으로 된 압축 파일 중 원하는 파일을 다운로드한다. DB 공개 데이터에는 유동 인구 조사(결과) 원(raw) 데이터와 지점 정보 데이터 등 엑셀 자료가 있다. 지점 정보 데이터에는 유동 인구를 조사한 지점의 주소와 각 지점에 대한 코드 정보(추후 유동 인구 조사 보고서 파일명과 연계됨)가 있으니 반드시 확보하고 있어야 한다.

No	파일명세서	파일크기(KB)	마지막수정일	최초공개일	다운로드수
	File				
	유동인구정보에 대한 파일 명세서를 제공합니다. 명세서를 다운로드 하세요.				
1	유동인구 공개용 파일설명서.zip	77	2009.12.10	2009.12.10	418

유동인구정보관련 파일을 제공합니다. 다운로드 하세요.

No	파일명세서	파일크기(KB)	마지막수정일	최초공개일	다운로드수
1	2009유동인구조사_백서.zip	57,635	2009.12.10	2009.12.10	378
2	DB공개데이터.zip	49,654	2009.12.10	2009.12.10	340
3	관찰조사보고서.zip	537,696	2009.12.10	2009.12.10	149
4	속성조사보고서.zip	601,168	2009.12.10	2009.12.10	145
5	야간-유동인구보고서.zip	24,074	2009.12.10	2009.12.10	143
6	일요일-유동인구보고서.zip	176,194	2009.12.10	2009.12.10	110
7	한강변-유동인구보고서.zip	41,795	2009.12.10	2009.12.10	73
8	한강변주차장-유동인구보고서.zip	5,440	2009.12.10	2009.12.10	65
9	01종로구.zip	364,011	2009.12.10	2009.12.10	217
10	02중구.zip	388,238	2009.12.10	2009.12.10	113
11	03용산구.zip	292,560	2009.12.10	2009.12.10	68
12	04성동구.zip	191,187	2009.12.10	2009.12.10	62
13	05광진구.zip	225,428	2009.12.10	2009.12.10	65
14	06동대문구.zip	287,255	2009.12.10	2009.12.10	69
15	07중랑구.zip	266,394	2009.12.10	2009.12.10	57

▲ 유동 인구 정보 검색 결과

지점 정보 데이터 엑셀 파일('DB공개데이터.zip' 압축 파일 안에 있는 'data_지점정보.xlsx' 파일)을 열면 전 자치구에서 조사한 자료가 뒤섞여 있다. 엑셀의 정렬 기능을 사용하여 GU_CODE와 D_CODE로 정렬하면 구별, 동별로 일목요연하게 자료를 볼 수 있다. GU_CODE는 자치구 코드를, D_CODE는 자치구 내 행정동 코드를 의미한다.

▲ 지점 정보 데이터 엑셀 파일(예시)

각 자치구명으로 네이밍된 압축 파일에는 유동 인구 보고서가 들어있다. '성북구.zip' 파일의 압축을 풀면 PDF 파일 형태의 보고서가 나오는데 각 보고서의 파일명은 다음과 같은 네이밍 규칙을 따른다.

보고서 파일 네이밍 규칙	OO_XXXX_SPOT.PDF · OO : GU_CODE 자치구 코드 2자리 · XXXX : AREA_SUB 자치구 내 지점 코드 3~4자리

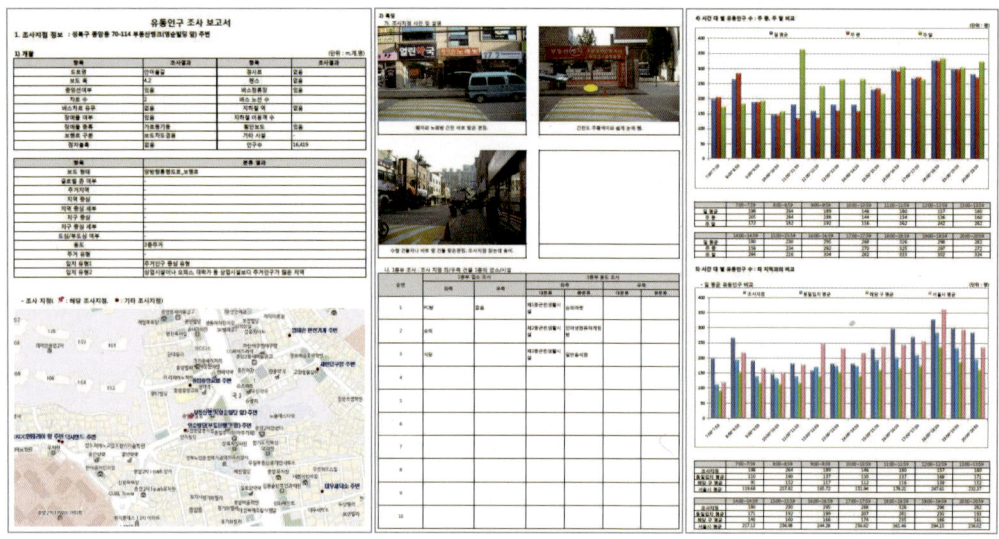

▲ 유동 인구 조사 보고서(예시)

이 책에서는 25개 자치구 중 성북구를 대상으로 유동 인구 지도를 만들고자 한다.

❶ 성북구 유동 인구 보고서 압축 파일인 '성북구.zip' 파일을 다운로드한 후 드루팔 루트 밑에 [pdf] 폴더를 만들어 압축을 푼다.

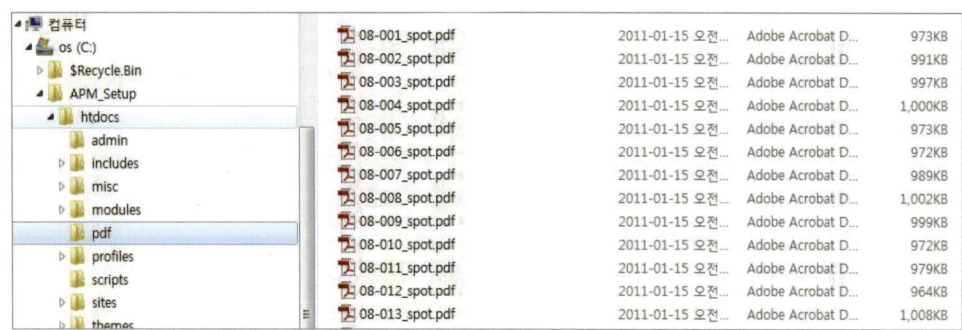

❷ 지점 정보 엑셀 파일(data_지점정보.xlsx)로 다시 돌아와서 GU_CODE를 기준으로 데이터를 오름차순 정렬시킨다. 정렬 후 GU_CODE가 08인 데이터만 따로 복사하여 새 파일에 붙여넣기를 한다. 새 파일의 이름을 "성북구_지점정보.xlsx"와 같이 변경하여 저장한다. 이제 성북구 지점 정보 데이터에 있는 동 코드(D_CODE)를 행정동명으로 치환하는 작업을 진행하자. 저자는 성북구의 D_CODE와 매칭하는 행정동명을 다음 표와 같이 미리 파악하였다. 참고로 유동 인구 보고서 파일 몇 개를 열어보는 일을 반복하면 D_CODE가 의미하는 행정동이 어디인지 알 수 있을 것이다.

● **행정동명별 코드 번호**

801	길음1동	811	동선동5가	826	삼선동1가	836	안암동2가	847	정릉2동
802	길음2동	812	동소문동1가	827	삼선동2가	838	안암동4가	848	정릉3동
803	길음동	813	동소문동2가	828	삼선동3가	839	안암동5가	849	정릉4동
804	돈암1동	816	동소문동5가	829	삼선동4가	840	월곡1동	850	정릉동
805	돈암2동	817	동소문동6가	830	삼선동5가	841	월곡2동	851	종암동
806	돈암동	819	보문동1가	831	상월곡동	842	장위1동	852	하월곡동
807	동선동1가	820	보문동2가	832	석관동	843	장위2동		
808	동선동2가	821	보문동3가	833	성북동	844	장위3동		
809	동선동3가	824	보문동6가	834	성북동1가	845	장위동		
810	동선동4가	825	보문동7가	835	안암동1가	846	정릉1동		

❸ 점 정보 데이터 엑셀 파일을 열고 앞의 표를 참고하여 GU_CODE와 D_CODE를 변환해 보자. GU_CODE 필드의 08값은 "성북구"로 바꾸고, D_CODE 필드의 3자리 코드값은 행정동명으로 치환한다.

다음으로 성북구 지점 정보 엑셀 자료를 드루팔 datamap 데이터베이스 테이블로 이동시키는 작업을 하고자 한다. 참고로 MYSQL에서 테이블 생성이나 데이터 내보내기/가져오기 등의 작업을 수행할 때는 PHPMYADMIN과 같은 웹 기반 관리 툴을 사용하거나 Navicat과 같은 클라이언트-서버 기반 애플리케이션을 사용하는 것이 편리하다.

드루팔에 유용한 프로그램

- Navicat : MySQL 전용 DBMS 관리 툴이며 DDL을 처리하기 위한 편리한 UI를 제공한다. 'http://www.navicat.com'에 접속하면 시험판 버전을 다운로드할 수 있다.
- Editplus : PHP나 각종 소스코드를 작성하고 편집하는 데 사용한다. 'http://www.editplus.com/kr/'에 접속하면 시험판 버전을 다운로드할 수 있다.

Navicat을 사용하면 테이블 [Import Wizard]를 통해 엑셀이나 텍스트 파일을 쉽게 데이터베이스 테이블로 변환할 수 있다. 성북구 지점정보 엑셀 파일을 'tbspot'이라는 이름의 테이블로 가져오는 작업을 수행해 보자.

❶ Navicat을 실행한 후 [local]에 있는 datamap 데이터베이스에 접속한다.

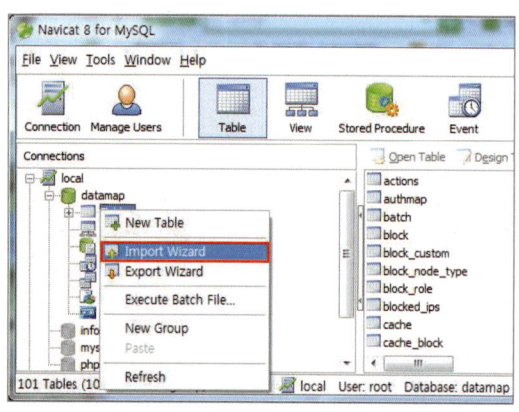

❷ Tables 노드 위에서 마우스 오른쪽 버튼을 클릭한 후 바로 가기 메뉴에서 [Import Wizard]를 선택한다.

❸ [Import Type]에서 'Excel 2007 file(*.xlsx)'를 선택한 후 [Next] 버튼을 클릭한다.

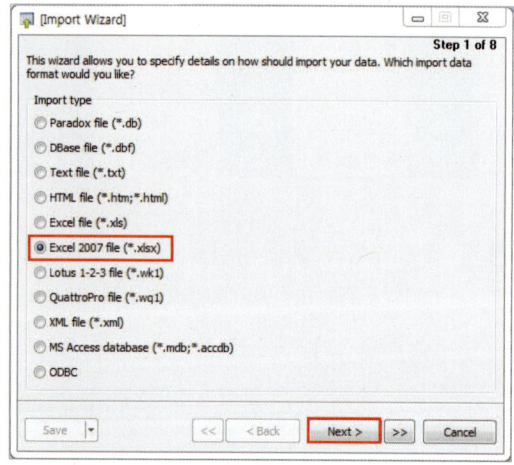

❹ [Import from]에 '성북구_지점정보.xlsx' 파일을 선택하고 [Tables]에는 데이터가 들어있는 'Sheet1'을 체크한 후 [Next] 버튼을 클릭한다.

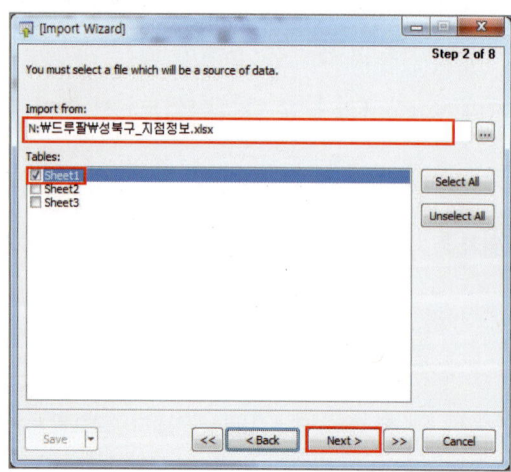

❺ 만약 첫 행이 필드명이라면 [Field name row]에 "1", [First data row]에 "2"를 입력하고 [Next] 버튼을 클릭한다(첫 행이 필드명이 아니면 둘 다 "1"을 입력한다.).

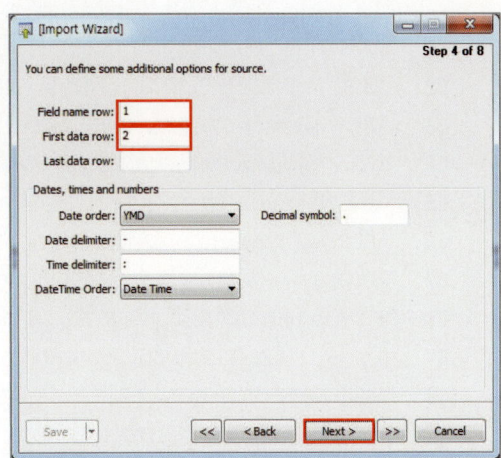

❻ [Source Table]에서 'Sheet1'을 선택하고 [Target Table]에 "tbspot"을 입력한다. [New Table]을 체크한 후 [Next] 버튼을 클릭한다.

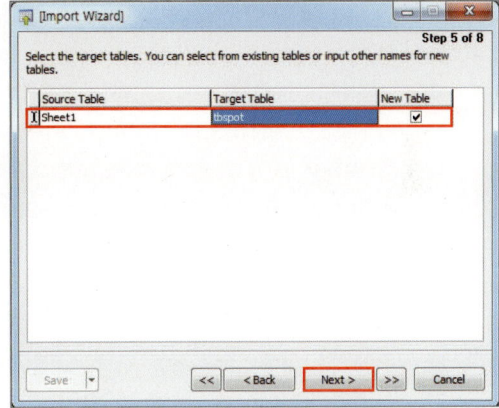

❼ [tbspot] 테이블의 DDL을 참조하여 각 [Target Field]의 [Type] 및 [Length]를 변경하고 [Next] 버튼을 클릭한 후 [Import mode]은 [기본 선택(Append)] 그대로 두고 [Next] 버튼을 클릭한다. 이어지는 화면에서 [Start] 버튼을 클릭하여 가져오기 작업을 수행한다.

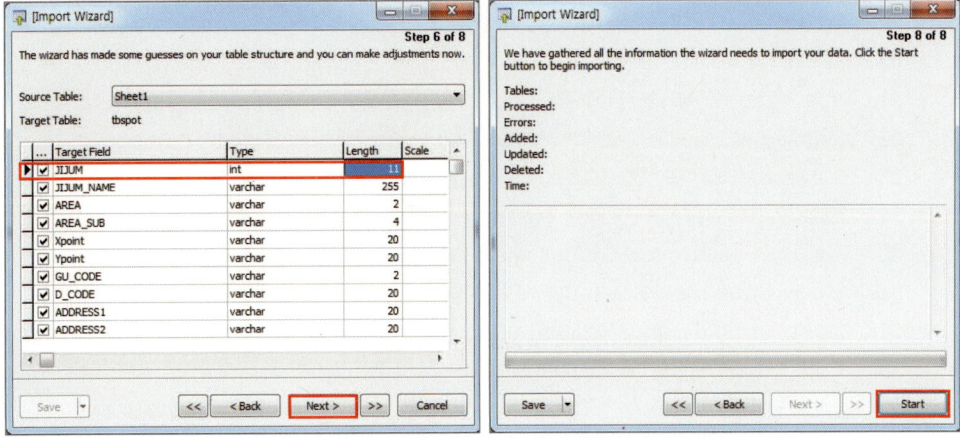

```
01    CREATE TABLE 'tbspot' (

02    'JIJUM' int(11) DEFAULT NULL, 'JIJUM_NAME' varchar(255) DEFAULT NULL,

03    'AREA' varchar(2) DEFAULT NULL, 'AREA_SUB' varchar(4) DEFAULT NULL,

04    'Xpoint' varchar(20) DEFAULT NULL, 'Ypoint' varchar(20) DEFAULT NULL,

05    'GU_CODE' varchar(2) DEFAULT NULL, 'D_CODE' varchar(20) DEFAULT NULL,

06    'ADDRESS1' varchar(20) DEFAULT NULL, 'ADDRESS2' varchar(20) DEFAULT NULL,

07    'ADDRESS' varchar(255) DEFAULT NULL, 'W_NAME' varchar(255) DEFAULT NULL,

08    'B_1' float DEFAULT NULL, 'CENTER_YN' int(11) DEFAULT NULL,

09    'B_2' int(11) DEFAULT NULL, 'BUS_CHORO' int(11) DEFAULT NULL,

10    'TAKCLE_YN' int(11) DEFAULT NULL, 'TAKCLE_NUMBER' int(11) DEFAULT NULL,

11    'ETC_TAKCLE' varchar(20) DEFAULT NULL, 'B_3' int(11) DEFAULT NULL,

12    'B_SISUL1' int(11) DEFAULT NULL, 'B_SISUL2' int(11) DEFAULT NULL,

13    'B_SISUL3' int(11) DEFAULT NULL, 'B_SISUL4' int(11) DEFAULT NULL,

14    'B_SISUL5' int(11) DEFAULT NULL, 'B_SISUL6' int(11) DEFAULT NULL,

15    'B_SISUL7' int(11) DEFAULT NULL, 'SURVEY_1' int(11) DEFAULT NULL,

16    'population' int(11) DEFAULT NULL, 'STIME_H' int(11) DEFAULT NULL,

17    'STIME_M' int(11) DEFAULT NULL, 'ETIME_H' int(11) DEFAULT NULL,

18    'ETIME_M' int(11) DEFAULT NULL, 'S_MEMO1' varchar(255) DEFAULT NULL,

19    'S_MEMO2' varchar(20) DEFAULT NULL, 'S_ITEM_LEFT1' varchar(20) DEFAULT NULL,

20    'S_ITEM_LEFT2' varchar(20) DEFAULT NULL, 'S_ITEM_LEFT3' varchar(20) DEFAULT NULL,

21    'S_ITEM_LEFT4' varchar(20) DEFAULT NULL, 'S_ITEM_LEFT5' varchar(20) DEFAULT NULL,

22    'S_ITEM_LEFT6' varchar(20) DEFAULT NULL, 'S_ITEM_LEFT7' varchar(20) DEFAULT NULL,

23    'S_ITEM_LEFT8' varchar(20) DEFAULT NULL, 'S_ITEM_LEFT9' varchar(20) DEFAULT NULL,

24    'S_ITEM_LEFT10' varchar(20) DEFAULT NULL, 'S_ITEM_RIGHT1' varchar(20) DEFAULT NULL,

25    'S_ITEM_RIGHT2' varchar(20) DEFAULT NULL, 'S_ITEM_RIGHT3' varchar(20) DEFAULT NULL,

26    'S_ITEM_RIGHT4' varchar(20) DEFAULT NULL, 'S_ITEM_RIGHT5' varchar(20) DEFAULT NULL,

27    'S_ITEM_RIGHT6' varchar(20) DEFAULT NULL, 'S_ITEM_RIGHT7' varchar(20) DEFAULT NULL,

28    'S_ITEM_RIGHT8' varchar(20) DEFAULT NULL, 'S_ITEM_RIGHT9' varchar(20) DEFAULT NULL,

29    'S_ITEM_RIGHT10' varchar(20) DEFAULT NULL, 'ETC_MEMO' varchar(255) DEFAULT NULL,

30    'SURVEY_YN' int(11) DEFAULT NULL, 'BUSNUMBER' varchar(255) DEFAULT NULL,

31    'BUS_STOP1' varchar(255) DEFAULT NULL, 'BUS_STOP2' varchar(255) DEFAULT NULL,

32    'TwoJijum' varchar(255) DEFAULT NULL, 'filed_weeks' varchar(255) DEFAULT NULL,

33    'etc' varchar(255) DEFAULT NULL, 'sok_sung_weeks' varchar(255) DEFAULT NULL,

34    'bodo_type' varchar(255) DEFAULT NULL, 'josa_type' varchar(255) DEFAULT NULL,

35    'josa_type2' varchar(255) DEFAULT NULL, 'josa_type3' varchar(255) DEFAULT NULL,

36    'josa_type4' varchar(255) DEFAULT NULL, 'josa_type5' varchar(255) DEFAULT NULL,

37    'global_zone' varchar(255) DEFAULT NULL, 'jukeo_area' varchar(255) DEFAULT NULL,

38    'jiyeok_jungsim_se' varchar(255) DEFAULT NULL, 'jiku_jungsim_se' varchar(255) DEFAULT NULL,

39    'jiyeok_jungsim' varchar(255) DEFAULT NULL, 'jiku_jungsim' varchar(255) DEFAULT NULL,
```

40	'dosim_budosim' varchar(255) DEFAULT NULL, 'yongdo' varchar(255) DEFAULT NULL,
41	'r_left01' int(11) DEFAULT NULL, 'r_left02' int(11) DEFAULT NULL,
42	'r_left03' int(11) DEFAULT NULL, 'r_left04' int(11) DEFAULT NULL,
43	'r_left05' int(11) DEFAULT NULL, 'r_left06' int(11) DEFAULT NULL,
44	'r_left07' int(11) DEFAULT NULL, 'r_left08' int(11) DEFAULT NULL,
45	'r_left09' int(11) DEFAULT NULL, 'r_left10' int(11) DEFAULT NULL,
46	'r_right01' int(11) DEFAULT NULL, 'r_right02' int(11) DEFAULT NULL,
47	'r_right03' int(11) DEFAULT NULL, 'r_right04' int(11) DEFAULT NULL,
48	'r_right05' int(11) DEFAULT NULL, 'r_right06' int(11) DEFAULT NULL,
49	'r_right07' int(11) DEFAULT NULL, 'r_right08' int(11) DEFAULT NULL,
50	'r_right09' int(11) DEFAULT NULL, 'r_right10' int(11) DEFAULT NULL,
51	'r_g_left01' int(11) DEFAULT NULL, 'r_g_left02' int(11) DEFAULT NULL,
52	'r_g_left03' int(11) DEFAULT NULL, 'r_g_left04' int(11) DEFAULT NULL,
53	'r_g_left05' int(11) DEFAULT NULL, 'r_g_left06' int(11) DEFAULT NULL,
54	'r_g_left07' int(11) DEFAULT NULL, 'r_g_left08' int(11) DEFAULT NULL,
55	'r_g_left09' int(11) DEFAULT NULL, 'r_g_left10' int(11) DEFAULT NULL,
56	'r_g_right01' int(11) DEFAULT NULL, 'r_g_right02' int(11) DEFAULT NULL,
57	'r_g_right03' int(11) DEFAULT NULL, 'r_g_right04' int(11) DEFAULT NULL,
58	'r_g_right05' int(11) DEFAULT NULL, 'r_g_right06' int(11) DEFAULT NULL,
59	'r_g_right07' int(11) DEFAULT NULL, 'r_g_right08' int(11) DEFAULT NULL,
60	'r_g_right09' int(11) DEFAULT NULL, 'r_g_right10' int(11) DEFAULT NULL,
61	'amenitor' varchar(255) DEFAULT NULL, 'jukeo_type' varchar(255) DEFAULT NULL,
62	'ipji_type' varchar(255) DEFAULT NULL
63	) ENGINE=InnoDB DEFAULT CHARSET=euckr

▲ [tbspot] 테이블 DDL

[tbspot] 테이블을 만들었으면 주소를 변환하여 지리 정보를 저장할 새로운 테이블 [tbspotgis]를 만들어보자.

❶ Navicat에서 data map 데이터베이스를 클릭한 후 [Query] 버튼 아래에 보이는 [New Query] 버튼을 누른다.

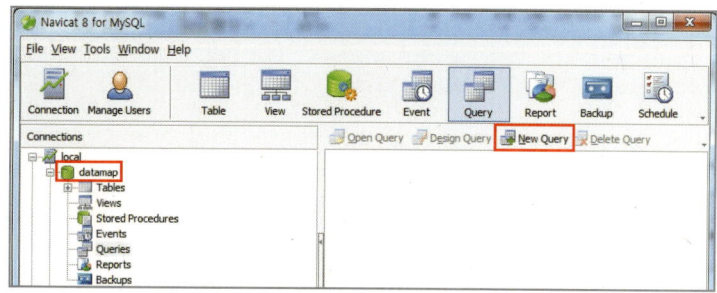

❷ [New Query] 편집창에 [tbspotgis] 테이블의 DDL을 참고하여 작성한 후 [Run] 버튼을 클릭하고 쿼리를 실행한다.

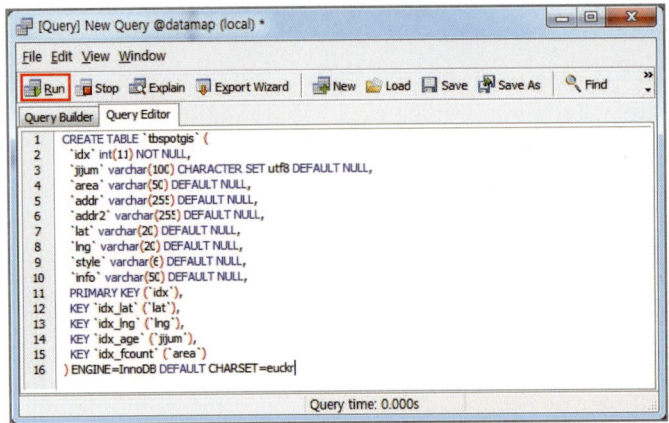

콘텐츠 타입 추가

유동 인구 조사 보고서라는 콘텐츠를 표현하기 위해 필요한 필드 구성 요소는 무엇인가? 우리가 갖고 있는 정보는 PDF 보고서 파일, 조사 지점 주소, 조사 지점 명칭 등이 있다. 우리는 이러한 정보를 담을 수 있는 콘텐츠의 틀, 즉 콘텐츠 타입을 구성해야 한다.

❶ 드루팔 관리자 메뉴에서 [구조〉콘텐츠 타입〉콘텐츠 타입 추가]를 선택한다. 콘텐츠 타입의 [이름]에 "geocontent"를 입력하고, 기계명도 같은 이름을 입력한다. 하단의 [필드 추가 및 저장하기] 버튼을 클릭하여 필드를 추가한다.

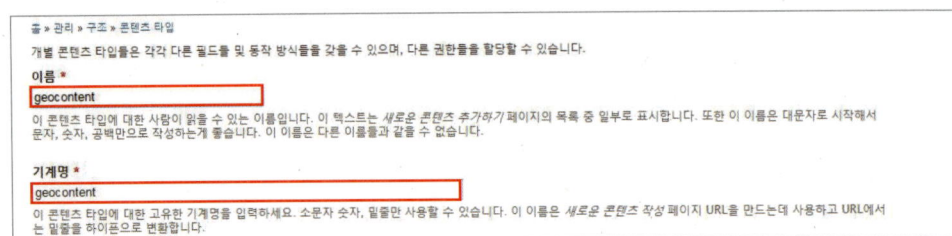

❷ 'geocontent' 콘텐츠 타입의 [필드 관리] 설정에서 [Title], [Body] 필드는 특별히 만들지 않아도 기본으로 존재하는 필드들이다.

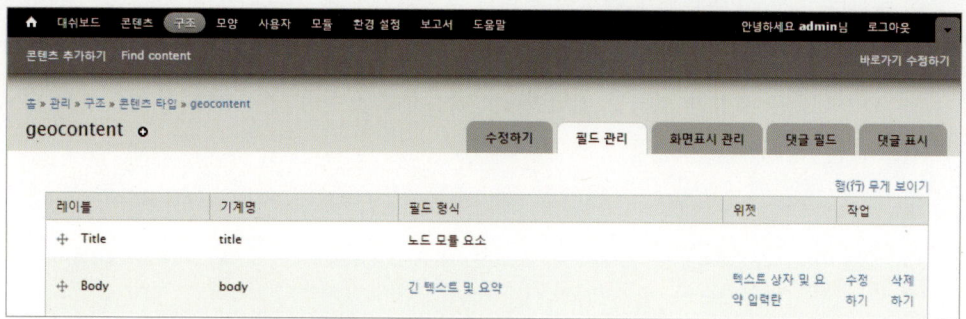

우리는 이를 그대로 사용할 계획인데 [Title]에는 유동 인구 조사 지점명을 넣고 [Body]에는 유동 인구 조사 보고서를 보여주는 HTML을 넣을 예정이다.

❸ [새로운 필드 추가]로 이동하여 [필드 형식 선택하기]를 클릭하고 'Geofield'를 선택한다. 필드명은 "lonlat"으로 하고 [데이터를 수정할 폼 요소]는 'Well Known Text(WKT)'를 선택한다. WKT는 지리 정보 데이터를 표현하는 누구나 알기 쉬운 텍스트 형식 문법을 지원하는데 이를 사용하면 프로그래밍할 때에 적합하고 유저가 직접 콘텐츠를 만들 때도 입력하기 간편한 장점이 있다. 만약 [데이터를 수정할 폼 요소]로 'OpenLayers Map'을 선택하면 지오필드가 포함된 콘텐츠 작성 시 지도상에 점·선·면을 그릴 수 있도록 그리기 도구를 지원하는 지도 위젯이 실행된다. 지오필드 타입의 lonlat을 설정하고 [저장] 버튼을 클릭한다.

❹ 앞의 [geocontent] 필드 목록을 참고하여 나머지 필드를 추가한다. [image] 필드는 향후 대표 이미지나 썸네일 뷰를 지원할 경우에 대비하여 [기존 필드 추가] 영역을 통해 미리 만들어 놓는다. [Type] 필드는 콘텐츠의 종류를 구분하기 위해 사용되는데 목록(텍스트) 형식을 선택하고 목록(텍스트) 링크를 클릭하여 유동 인구 보고서임을 뜻하는 report와 자치구 코드 001~025를 결합한 코드를 입력한다. 가령 성북구 유동 인구 보고서 콘텐츠의 [Type] 필드 값은 report008이 된다.

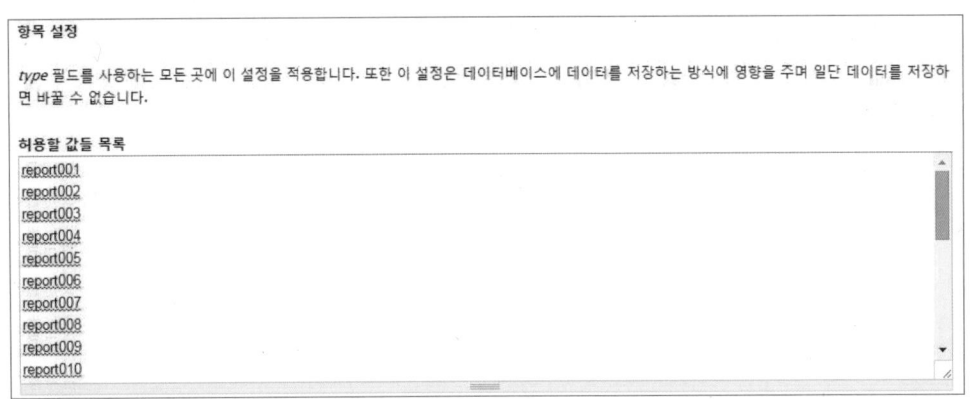

[summary] 필드는 향후 콘텐츠 요약보기 뷰를 지원할 경우를 위해 미리 만들어 놓는다. 이렇듯 콘텐츠의 용도에 따라 필드를 준비하고 이를 콘텐츠의 필터링에 적절히 활용하면 좋다.

레이블	기계명	필드 형식	위젯	작업	
✛ Title	title	노드 모듈 요소			
✛ Body	body	긴 텍스트 및 요약	텍스트 상자 및 요약 입력란	수정하기	삭제하기
✛ lonlat	field_loglat	Geofield	Well Known Text (WKT)	수정하기	삭제하기
✛ type	field_type	목록(텍스트)	선택 목록	수정하기	삭제하기
✛ image	field_image	이미지	이미지	수정하기	삭제하기
✛ summray	field_summray	텍스트	텍스트 필드	수정하기	삭제하기

▲ [geocontent] 필드 목록

03 WKT(Well Known Text)

WKT는 점, 선, 면을 그릴 수 있도록 간단한 문법을 제공한다. 예를 들어 점은 POINT(위도·경도), 선은 LINESTRING(시작지점 위도·시작지점 경도, 끝지점 위도·끝지점 경도)이다. POLYGON은 다각형 각 지점을 넣는데 여기서 주의할 것은 맨 마지막에 처음에 넣은 지점을 한 번 더 반복해서 넣음으로써 다각형을 마무리 해준다는 것이다.

● 단일 도형(2D)

형태		예시
점		POINT (30 10)
선		LINESTRING (30 10, 10 30, 40 40)
다각형		POLYGON ((30 10, 40 40, 20 40, 10 20, 30 10))
		POLYGON ((35 10, 45 45, 15 40, 10 20, 35 10), (20 30, 35 35, 30 20, 20 30))

● 집합 도형(2D)

형태		예시
점 집합		MULTIPOINT ((10 40), (40 30), (20 20), (30 10))
		MULTIPOINT (10 40, 40 30, 20 20, 30 10)
선 집합		MULTILINESTRING ((10 10, 20 20, 10 40), (40 40, 30 30, 40 20, 30 10))
다각형 집합		MULTIPOLYGON (((30 20, 45 40, 10 40, 30 20)), ((15 5, 40 10, 10 20, 5 10, 15 15)))
		MULTIPOLYGON (((40 40, 20 45, 45 30, 40 40)), ((20 35, 10 30, 10 10, 30 5, 45 20, 20 35), (30 20, 20 15, 20 25, 30 20)))

04 오픈 API 사용하기 - 네이버 지도

주소를 지리 정보 좌표로 변환하는 방법은 여러 가지가 있지만 가장 쉬운 방법은 대형 포털의 오픈 API를 사용하는 것이다.

❶ 네이버 개발자 센터(http://dev.naver.com) 사이트에 접속하여 [오픈 API]를 선택하고 [지도 API] 링크를 클릭한다. 지도 API 페이지에 오른쪽 상단의 [키 발급/관리]를 클릭한다.

❷ [키 발급/관리] 페이지에서 [검색 API] 카테고리 옆에 있는 [키 추가] 버튼을 눌러 오픈 API에 필요한 키를 발급받는다. 발급받은 키는 복사하여 따로 보관해 둔다.

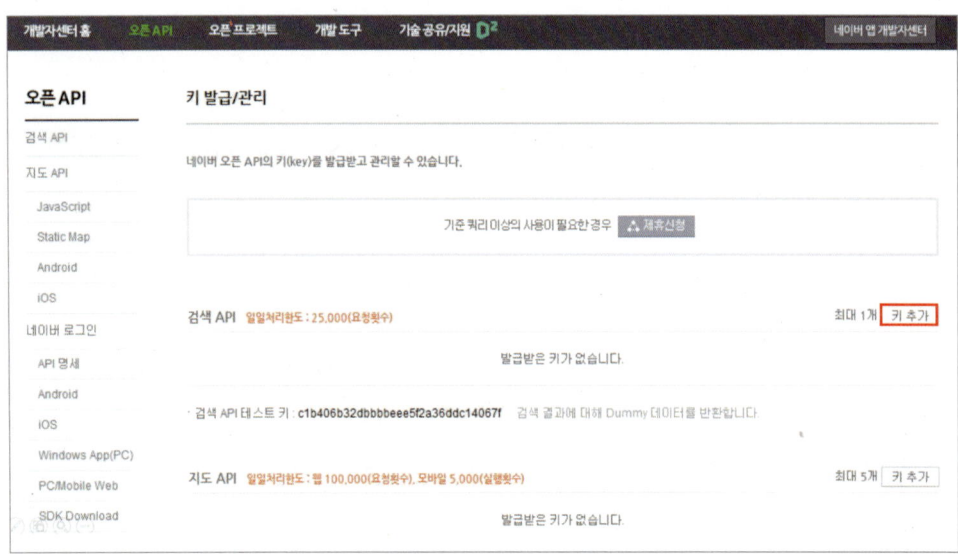

❸ [오픈 API〉지도 API〉JavaScript] 메뉴를 클릭하면 네이버 지도 API에서 제공하는 예제 목록을 다음과 같이 볼 수 있다. 9번 목록에는 우리가 찾는 주소 좌표 변환에 관한 예제도 볼 수 있다.

- Table of Contents

- 지도 API 〉 JavaScript 2.0

1. Map API 2.0 기본개념	· 사용 좌표계	· 이벤트 전파	· 제공 클래스 종류	· 스크립트 경로
2. Map Main Classes	· nhn.api.map.Map			
3. Overlay Classes	· nhn.api.map.Marker · nhn.api.map.GroupOverlay · nhn.api.map.MarkerLabel · nhn.api.map.Polyline · nhn.api.map.Polygon · nhn.api.map.MultiPolygon · nhn.api.map.InfoWindow · nhn.api.map.SpriteMarker · nhn.api.map.DraggableMarker · nhn.api.map.Circle			
4. Control Classes	· nhn.api.map.ZoomControl · nhn.api.map.MapTypeBtn · nhn.api.map.TrafficMapBtn · nhn.api.map.ThemeMapBtn · nhn.api.map.TrafficGuide · nhn.api.map.BicycleGuide · nhn.api.map.CustomControl			
5. Data Classes	· nhn.api.map.Size · nhn.api.map.Icon · nhn.api.map.LatLng · nhn.api.map.TM128 · nhn.api.map.UTMK · nhn.api.map.SpriteIcon			
6. Option Values	· ZoomOptions · PolylineOptions · PolygonOptions · PositionOptions · CircleOptions			
7. Public Values	· Public Methods · Public Events · Public Properties			
8. Static Methods	· nhn.api.map.setDefaultPoint · nhn.api.map.setEasyConvention			
9. 주소 좌표 변환	· 요청 URL (request url) · 요청 변수 (request parameter) · 출력 결과 필드 (response field) · 샘플 페이지 · 비고/에러 메시지			
10. 좌표 주소 변환	· 요청 URL (request url) · 요청 변수 (request parameter) · 출력 결과 필드 (response field)			

주소 좌표 변환 기능은 지도 API 및 다른 Class들이 클라이언트 스크립트로 동작하는 것과는 달리 서버측 스크립트로 동작한다. 그러므로 다음과 같이 제공되는 URL로 매개변수와 함께 주소 변환을 요청한 후, 획득한 결과 XML 파일을 파싱(분석)하여 좌표 정보를 구해야 한다. 우리는 앞으로 진행할 프로젝트에서 geocode.php라는 프로그램을 통해 주소를 위도 · 경도 좌표로 변환할 것이다. 따라서 네이버 예제에서 제공하는 주소 좌표 변환의 설명을 숙지하기 바란다.

● RL(request url)

> http://openapi.map.naver.com/api/geocode.php

● 요청 변수(request parameter)

요청 변수	값	설명
key	string(필수)	이용 등록을 통해 받은 key 스트링을 입력한다.
query	string(필수)	좌표 변환을 원하는 주소를 입력한다.
encording	string	· 출력 결과 인코딩을 지정한다. · 'utf-8', 'euc-kr'의 두 가지 값이 있으며, 각각 출력 결과 인코딩을 지정한다.
coord	string	· 출력 좌표 체계를 지정한다. · 'latlng', 'tm128'의 두 가지 값이 있으며, 각각 출력 좌표계를 지정한다. · 디폴트 값은 'tm128'이다.

● 출력 결과 필드(response field)

요청 변수	값	설명
geocode	–	전체 주소 목록을 포함하는 컨테이너
userquery	string	사용자가 질의한 주소
total	integer	사용자가 질의한 주소에 해당되는 주소 목록의 개수
item	–	전체 주소 목록에 포함되는 개별 주소를 포함하는 컨테이너
point	–	개별 주소의 x, y 좌표값을 포함하는 컨테이너
x	integer	개별 주소의 x 좌표값
y	integer	개별 주소의 y 좌표값
address	string	개별 주소 전체를 제공
addrdetail	–	개별 주소를 분리하여 제공하는 항목들을 포함하는 컨테이너
sido	string	개별 주소가 속한 특별시/광역시/도 정보
sigugun	string	개별 주소가 속한 일반시/구/군 정보
dongmyun	string	개별 주소가 속한 동/면 정보
rest	string	개별 주소의 나머지 정보

05 주소로부터 좌표 변환

지도에 어떤 지점을 표시하거나 도형을 그리는 등의 작업을 할 경우, 지구 위 공간상에서 위치를 인식할 수 있도록 표시하는 체계를 좌표계라고 한다. 우리가 보유한 지번주소는 지도에서 인식할 수 있는 좌표로 변환하는 작업이 필요한데 네이버 지도 오픈 API를 사용하면 웹 함수 호출을 통해 주소를 위도 · 경도 좌표로 쉽게 변환할 수 있다. 웹 브라우저를 띄우고 주소창에 다음과 같은 URL을 입력하면 아래와 같은 XML 결과를 확인할 수 있다.

주소 [데이터]

1264   태극당 빌딩   08   207   동선동4가   119 10

[URL 입력]

http://openapi.map.naver.com/api/geocode.php?key=d83ec1f3cfef62feebff4089c4c71685&encoding=utf-8&coord=latlng&query=성북구 동선동4가 119-10

[XML 결과]

```
<?xml version="1.0" encoding="utf-8" ?>
<geocode xmlns="naver:openapi">
    <userquery><![CDATA[성북구 동선동4가 119-10]]></userquery>
    <total>1</total>
        <item>
                <point>
                        <x>127.0186424</x>
                        <y>37.5935990</y>
                </point>
                <address>서울특별시 성북구 동선동 119-10</address>
                <addrdetail>
                        <sido><![CDATA[서울특별시]]>
                                <sigugun><![CDATA[성북구]]>
                                        <dongmyun><![CDATA[동선동]]>
                                                <rest><![CDATA[119-10]]></rest>
                                        </dongmyun>
                                </sigugun>
                        </sido>
                </addrdetail>
        </item>
</geocode>
```

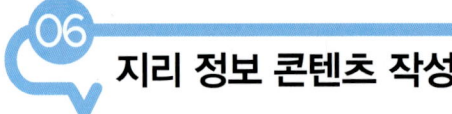

지리 정보 콘텐츠 작성

앞의 단원에서 'geoconent'라는 콘텐츠 타입을 만들었다. [콘텐츠 추가하기]를 눌러 geocontent 노드를 만들어 보자. 필드 입력 화면이 나오면 아래 데이터를 참고하여 필드를 채운다.

> **[원본 데이터]**
> 1264 태극당빌딩   08   207   동선동4가 119   10

❶ 관리자 메뉴에서 [콘텐츠〉콘텐츠 추가하기〉geocontent] 메뉴를 선택한다. [Title]에는 "태극당빌딩"을 입력한다.

❷ [Body]에는 다음과 같이 유동 인구 보고서 PDF 파일이 웹 페이지에 로딩되도록 소스 형식의 HTML을 추가한다. 하단의 [텍스트 양식]에 'Full HTML'을 선택하고 CKEditor 왼쪽 상단의 [소스] 버튼을 누른 후 아래의 HTML 소스 코드를 입력한다.

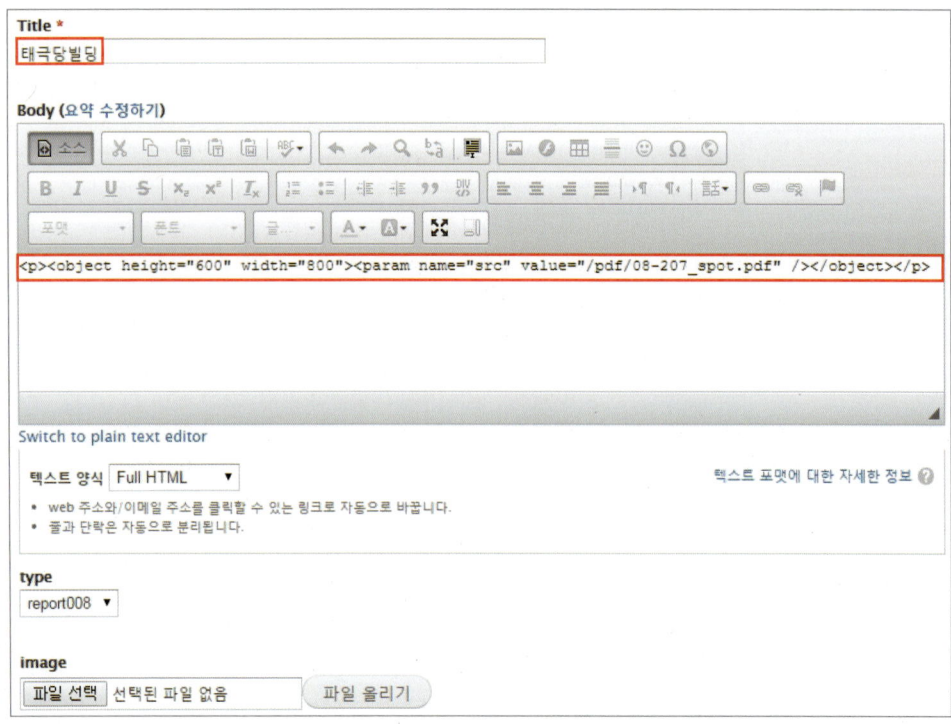

❸ [lonlat]에는 원본 데이터 주소를 변환한 지리 정보 데이터 값 "POINT(127.0186424 37.593 599)"를 입력한다. [Type]에는 성북구 자치구 코드 'report008'을 선택한다.

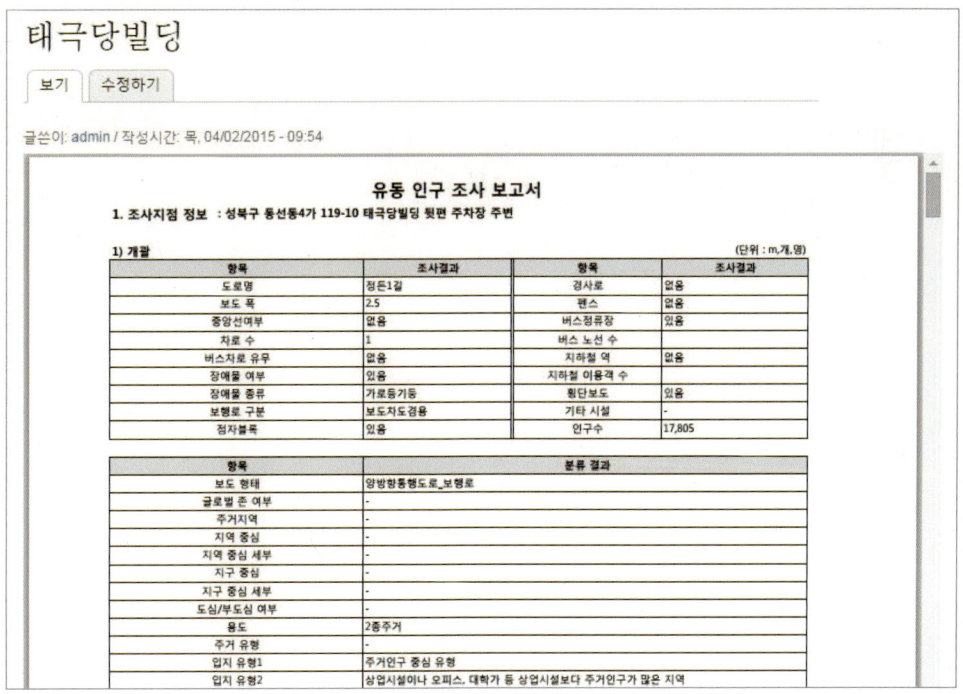

❹ 위와 같이 입력을 마친 후 [저장] 버튼을 눌러 콘텐츠 작성을 완료한다. 관리자 메뉴에서 [콘텐츠]를 클릭하면 등록된 콘텐츠 목록을 볼 수 있는데, 여기서 방금 작성한 '태극당빌딩'을 클릭하면 다음과 같이 해당 지점 유동 인구 조사 보고서를 확인할 수 있다.

07 유동 인구 조사 지점 – 데이터 오버레이

지리 정보가 담긴 콘텐츠는 오픈레이어 데이터 오버레이를 통해 오픈레이어 맵에 표시할 수 있는 상태가 된다. 오픈레이어 뷰라고도 불리는 오픈레이어 데이터 오버레이를 제작해보자.

❶ 콘텐츠 관리자 메뉴에서 [구조〉뷰〉Add new view]를 선택하여 오픈레이어 뷰를 만들어보자. [View Name] 필드에 "spotview"라고 입력하고 [보이기]는 '콘텐츠', [of type]은 'geocontent'를 선택한다. 이는 여러 콘텐츠 타입이 있을 경우 'geocontent' 콘텐츠만 이 뷰에서 보여주겠다는 의미이다.

❷ [Create a page]의 체크를 해제한다. 오픈레이어 데이터 오버레이는 일반 뷰처럼 콘텐츠 묶음을 표시할 페이지를 별도로 만들 필요가 없다. 왜냐하면 오픈레이어에서 레이어는 맵이 바로 뷰 역할을 해 주기 때문이다. 따라서 나중에 오픈레이어 맵이 완성되면 이를 보여주기 위한 뷰 페이지 제작이 필요하지만 현재는 필요 없다. 하단의 [Continue & edit] 버튼을 클릭하여 설정을 계속한다.

❸ 뷰 설정 화면에서 [Displays] 설정으로 이동하여 [Master]의 오른쪽에 보이는 [추가] 버튼을 클릭하고 [OpenLayers Data Overlay]를 선택한다.

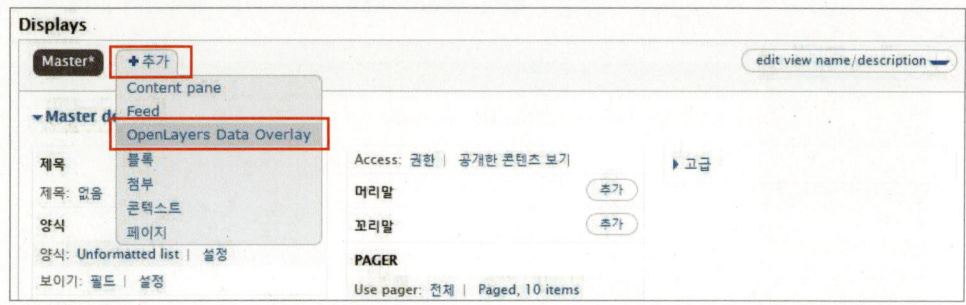

❹ 입력 폼이 [OpenLayers Data Overlay] 형식에 맞게 변경된 것을 확인할 수 있다. [Display name] 필드의 [OpenLayers Data Overlay] 링크를 클릭한다.

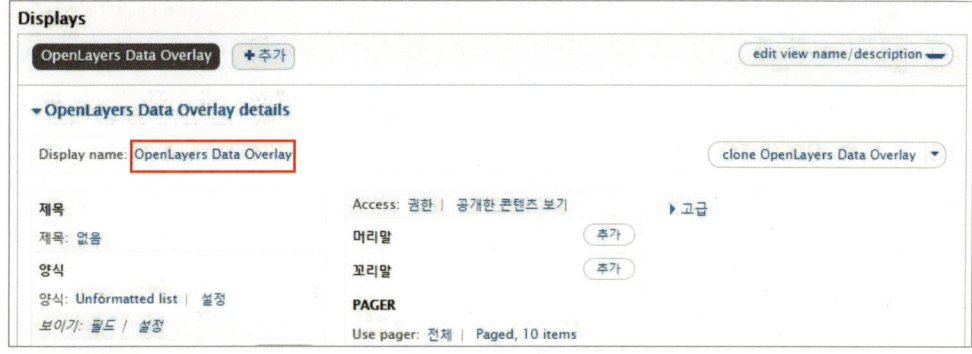

❺ [Display name] 필드 오른쪽의 [OpenLayers Data Overlay] 링크를 클릭하여 [이름]을 "유동인구스팟"으로 변경한다. 여기서 설정한 명칭은 지도상의 레이어스위처에 표시될 이름이므로 짧으면서 인지하기 쉬운 이름을 권한다.

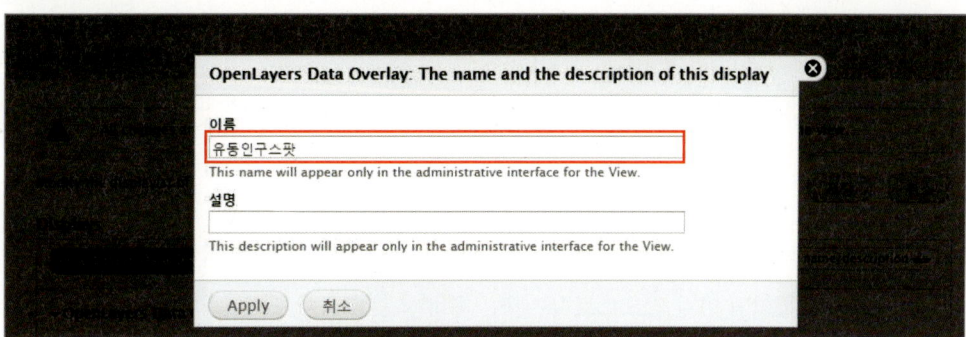

❻ 제목 필드 오른쪽에 [없음] 링크를 클릭하여 제목도 "유동인구스팟"으로 변경한다. 양식 필드 오른쪽에 [Unformatted list] 링크를 클릭하여 양식을 [OpenLayers Vector Data Overlay]로 선택한다(오픈레이어 이전 버전은 [OpenLayers Data Overlay]로 표시되어 있다).

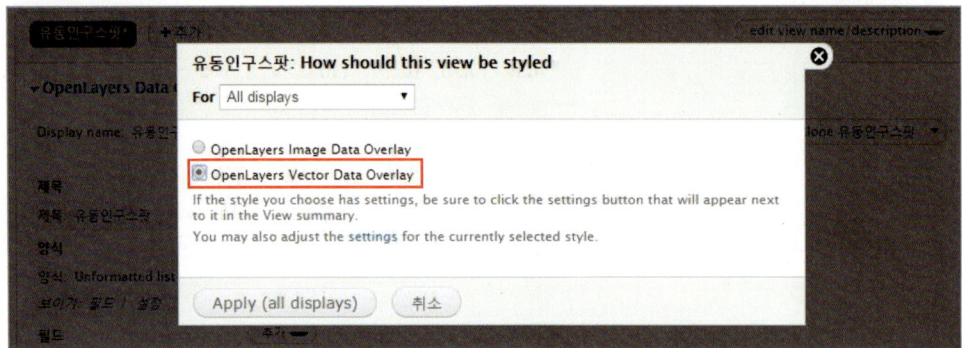

> Vector Data는 Image Data와 상대되는 개념으로 시각적 데이터를 구현할 수 있는 좌표값의 묶음이 필요하다. Vector Data는 좌표값을 기반으로 도형을 그리는 것으로, 확대·축소 등의 기능을 별도 구현할 필요가 없는 장점이 있다. 반면 Image Data는 확대·축소 등의 기능 구현이 불가능한 고정된 이미지 형식의 데이터를 의미한다.

❼ [유동인구스팟: Style options] 설정의 [Map Data Sources]에서 'WKT'를 선택한다. 하단에 보이는 [WKT Field], [Title Field], [Description Content] 등의 필드도 매칭해야 하지만, 아직은 해당 필드들이 등록되지 않은 상태이므로 일단 [Apply(all displays)] 버튼을 클릭하고 밖으로 빠져 나온다.

❽ 사용할 필드를 등록시키기 위해 [필드] 그룹 옆에 보이는 [추가] 버튼을 클릭한다(현재 [FIELDS] 그룹에는 아직 아무 필드도 등록되어 있지 않으므로 '콘텐츠: 제목'만 표시되어 있다).

❾ [Add fileds] 설정에서는 [찾기]에 "lonlat"를 입력한다. 검색 결과가 하단에 나타나면 [콘텐츠: lonlat]의 체크박스를 클릭하여 해당 필드를 선택하고 [Apply(all displays)] 버튼을 클릭한다.

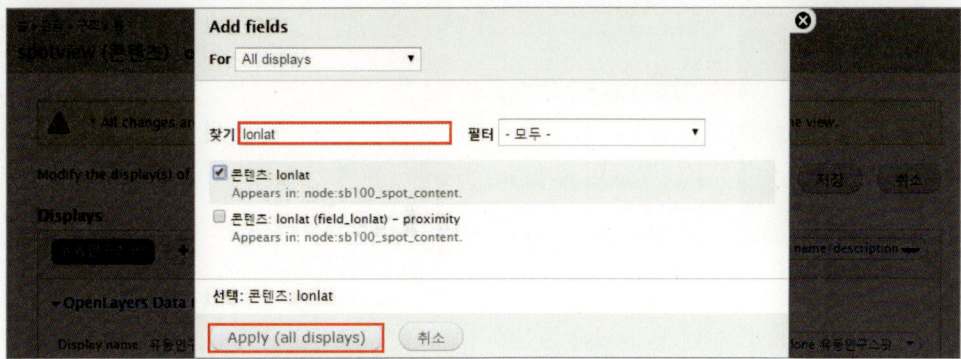

❿ 이어서 [Configure field: 콘텐츠: lonlat] 설정에서는 다음과 같이 [Create a label]의 체크를 해제하고 [Exclude from display]를 체크한다. [Formatter]와 [Data options]는 그대로 둔다.

⓫ 하단의 [STYLE SETTINGS] 링크를 클릭하면 오른쪽과 같은 옵션이 나타나는데 여기서 [Add default classes]의 체크를 해제하고 [Apply(all displays)] 버튼을 클릭한다.

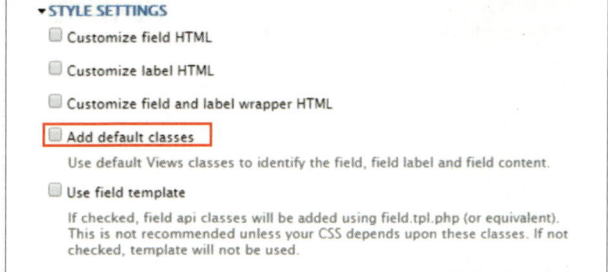

⓬ [FIELDS] 그룹에 '콘텐츠:lonlat'이 추가된 것을 확인할 수 있다. [FIELDS] 그룹 옆에 보이는 [추가] 버튼을 누른 후 [찾기]에 "body"를 입력한다. 검색 결과가 나타나면 [콘텐츠: Body]의 체크박스를 클릭하여 해당 필드를 선택하고 [Apply(all displays)] 버튼을 클릭한다.

⓭ [Configure field: 콘텐츠: Body] 설정에서 [Create a label]의 체크를 해제하고, 나머지는 그대로 둔다. 하단의 [STYLE SETTINGS] 링크를 클릭하고 [Add default classes]의 체크를 해제한 후 [Apply(all displays)] 버튼을 클릭한다.

⓮ [FIELDS] 그룹에 '콘텐츠: Body'가 추가된 것을 확인할 수 있다. [FIELDS] 그룹 옆에 보이는 [추가] 버튼을 누른 후 [찾기]에 "type"을 입력한다. 잠시 뒤 검색 결과가 하단에 나오면 [콘텐츠: type] 왼쪽의 체크박스를 클릭하여 해당 필드를 선택하고 [Apply(all displays)] 버튼을 클릭한다.

⓯ [Configure field: 콘텐츠: type] 설정에서 [Create a label]의 체크를 해제하고, 나머지는 그대로 둔다. 하단의 [STYLE SETTINGS] 링크를 클릭하고 [Add default classes]의 체크를 해제한 후 [Apply(all displays)] 버튼을 클릭한다.

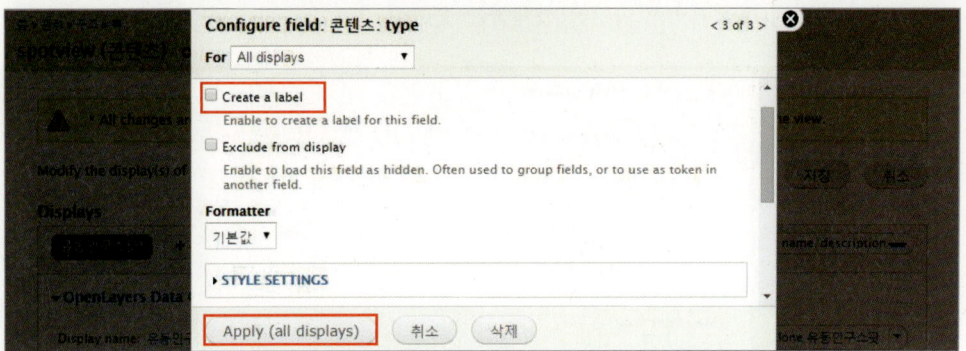

⓰ [FIELDS] 그룹에 '콘텐츠: type'이 추가된 것을 확인할 수 있다. [FIELDS] 그룹에 처음부터 존재하였던 [콘텐츠: 제목] 링크를 클릭하고 [Configure field: 콘텐츠: 제목] 설정으로 들어간다. [Link this field to the original piece of content]의 체크를 해제한다. 하단의 [STYLE SETTINGS] 링크를 클릭하고 [Add default classes]의 체크를 해제한 후 [Apply(all displays)] 버튼을 클릭한다.

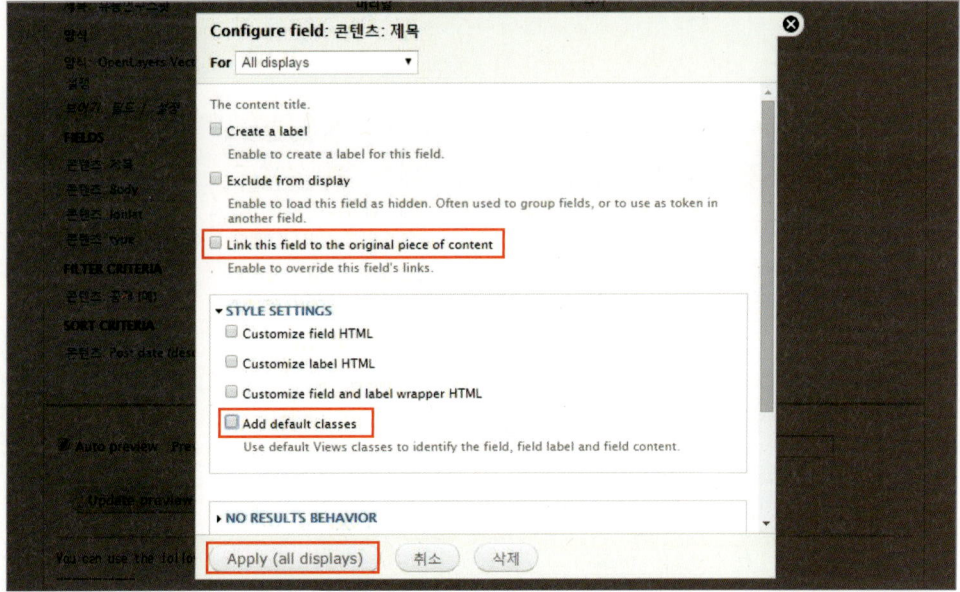

🔴17 필드 등록이 다 끝나면 [양식] 그룹으로 가서 [OpenLayers Vector Data Overlay] 링크 옆에 보이는 [설정] 링크를 클릭한다. [유동인구스팟: Style options] 설정에서 [Map Data Sources]에 'WKT'를 선택한다. [Map Data Sources]는 지리 정보 데이터를 로딩할 때 필요한 벡터 데이터 형식이 무엇인지를 선택하는 곳이다.

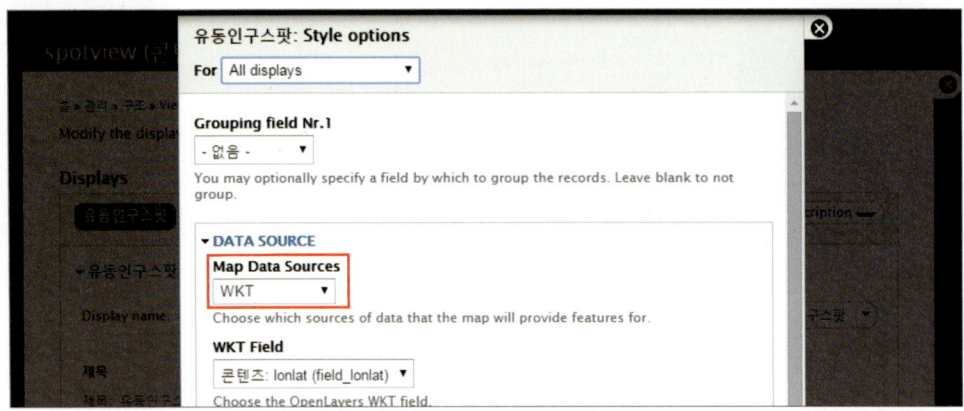

🔴18 [WKT Field]에 '콘텐츠: lonlat (field_lonlat)'을 선택한다. [WKT Field]는 지도상에 점·선·면 등을 그리기 위해 필요한 WKT 형식의 벡터 데이터가 포함된 필드를 지정하는 곳이다. 보통 지오필드 타입으로 만든 필드명을 선택하나, WKT 문법을 사용한다면 일반 텍스트 타입으로 만든 필드명을 선택해도 무방하다.

🔴19 [Title Field]에서 '콘텐츠: 제목(title)'을 선택한다. 제목은 지도상에 점·선·면 등 도형과 함께 표시되는 라벨로도 사용될 수 있다. [Description Content] 필드에서 '콘텐츠: Body(body)'를 선택한다. 여기는 지도상에 표시된 각 도형을 클릭할 경우에 반응하는 팝업 형태의 페이지에 표시할 상세한 콘텐츠가 담긴 필드를 지정한다(보통 요약보기 형태의 콘텐츠를 넣기도 한다). [Apply(all displays)] 버튼을 클릭한다.

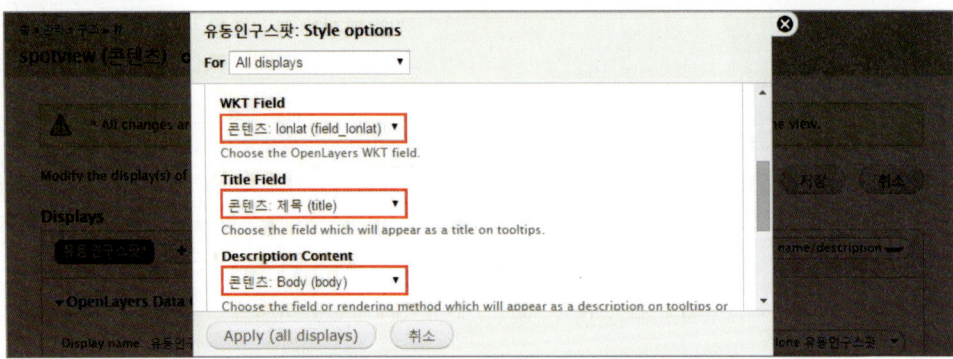

❷⓿ [OpenLayers Vector Data Overlay] 링크 옆에 보이는 [설정] 링크를 클릭한다. 하단의 [ATTRIBUTES AND STYLING]을 클릭하여 화면을 펼친 후 [${title}], [${field_type}], [${description}]을 체크한다. 이는 향후 오픈레이어 Behavior의 다양한 기능과 연동하여 사용할 대체 텍스트 변수를 지정하기 위함이다.

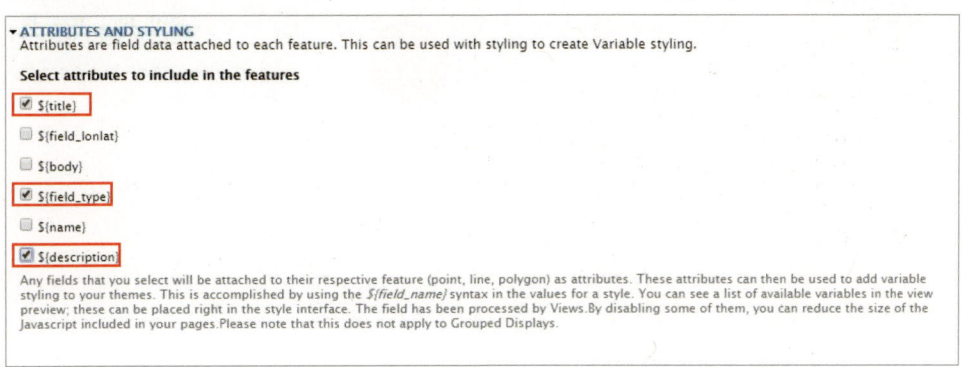

❷❶ 다시 [Displays] 설정으로 돌아와서 PAGER 부분의 [Paged, 10 items] 링크를 클릭한 후 [유동인구스팟: Pager options]에서 [Items to display]를 "10000"으로 변경한다. 이는 한 페이지에서 보여줄 콘텐츠의 개수를 지정하는 것으로 게시판 형태의 뷰에서는 한 페이지에 보여줄 목록의 수를 30 이내의 적은 수로 지정하지만, 지도 형태의 뷰에서는 페이지 기능을 따로 지원하지 않으므로 전체가 다 표시되도록 충분히 많은 숫자를 넣으면 된다. Pager 옵션 설정을 저장한다.

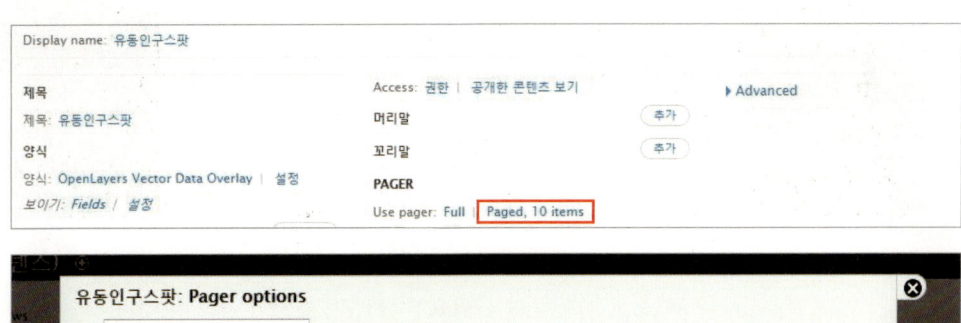

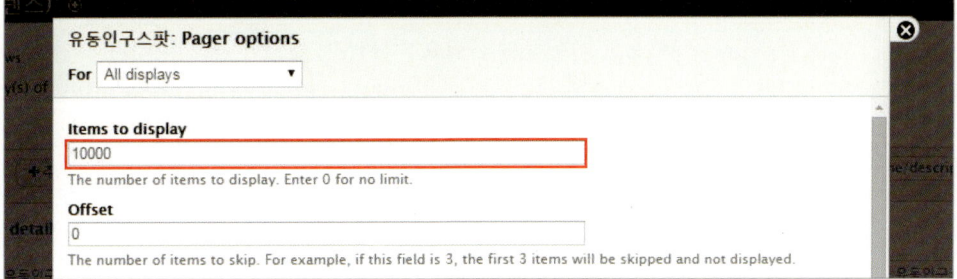

㉒ 다시 [Displays] 설정으로 돌아와서 맨 하단의 [Auto Preview] 영역으로 이동하여 최종적으로 렌더링되는 데이터 덤프 내용을 확인한다. 일부 필드에 〈div〉 같은 불필요한 태그들이 있음을 알 수 있다.

```
The following is a dump of the data that is rendered from this display. It is used for debugging purposes only.
        array (
  0 =>
  array (
    'projection' => 'EPSG:4326',
    'attributes' =>
    array (
      'field_type' => '<div>        <div>report008</div> </div>',
      'name' => '<div>        <span>태극당빌딩</span> </div>',
      'description' => '<div>        <div><p><object height="600" width="800"><param name="src" value="/pdf/08-207_spot.pdf" />
</object></p>
</div> </div>',
    ),
    'wkt' => 'POINT (127.0186424 37.593599)',
  ),
)
```

불필요한
태그들

㉓ [보이기: Fields] 링크 오른쪽의 [설정]을 클릭하고 [Provide default field wrapper elements] 의 체크를 해제한다. 이는 하단의 Auto Preview에서 보이는 바와 같이 각 필드를 감싸는 불필요한 HTML 태그, 가령 〈div〉나 〈span〉 등을 없애는 역할을 한다. [Apply(all displays)] 버튼을 클릭한다.

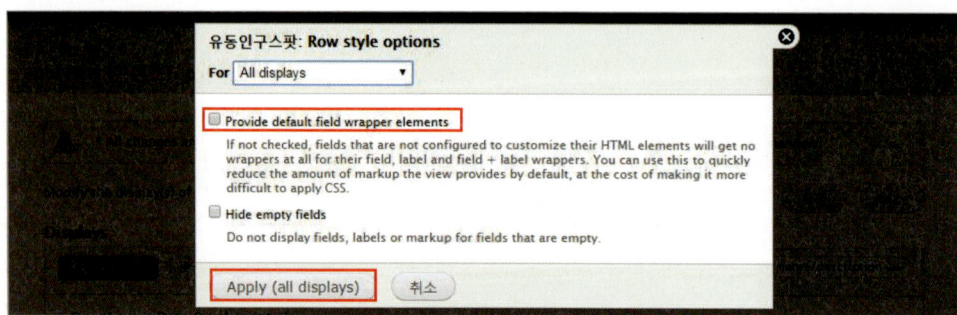

㉔ 다시 [Auto Preview] 영역으로 이동하면 불필요한 HTML 태그가 제거된 것을 확인할 수 있다. 또한 다양한 Behavior(콘텐츠 팝업, 레이어스위처 등) 작동에 필요한 파라미터로 사용될 [dynamic values]로 $(title), $(field_type), ${description}을 사용할 수 있음을 볼 수 있다(이후 단원에서는 [dynamic values]를 사용하여 다이나믹한 스타일을 만드는 방법을 다룬다).

☑ Auto preview Preview with contextual filters: [   ]   Update preview
              Separate contextual filter values with a "/". For example, 40/12/10.

You can use the following parameters in your styles as dynamic values
————————
${title}
${field_type}
${description}

————————
The following is a dump of the data that is rendered from this display. It is used for debugging purposes only.
        array (
  0 =>
  array (
    'projection' => 'EPSG:4326',
    'attributes' =>
    array (
      'title' => '태극당빌딩',
      'field_type' => 'report008',
      'description' => '<p><object height="600" width="800"><param name="src" value="/pdf/08-207_spot.pdf" /></object></p>',
    ),
    'wkt' => 'POINT (127.0186424 37.593599)',
  ),
)

08 오픈레이어 맵 제작

지리 정보를 담을 수 있는 콘텐츠 타입을 만들고 오픈레이어 데이터 오버레이를 준비하는 등 지금까지의 많은 작업은 오픈레이어 맵을 만들기 위한 중간 과정이었다. 이제 마지막 작업인 오픈레이어 맵을 만들어보자.

❶ 관리자 메뉴에서 [구조〉OpenLayers〉LAYERS]를 선택하면 앞서 제작한 spotview 오픈레이어 뷰가 레이어로 등록된 것을 확인할 수 있다. spotview 레이어의 [수정하기] 버튼을 클릭하고 [Layer Title]을 "유동인구스팟"으로 변경한다.

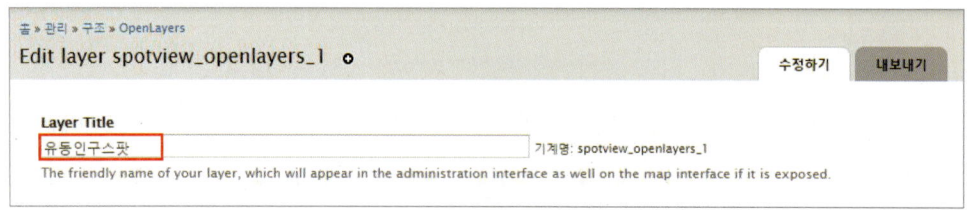

❷ [Layer Type]이 'OpenLayers Views'로 되어 있음을 볼 수 있다. [Projection]은 좌표계를 의미하는데 'EPSG:4326' 상태로 그대로 둔다. [Base Layer] 옵션은 구글이나 다음 지도처럼 레이어가 아닌 지도를 만들 때 체크한다.

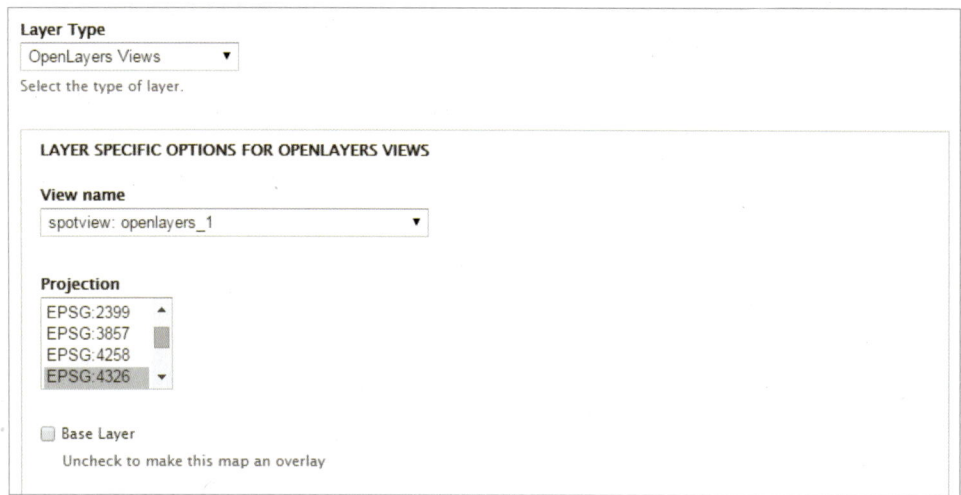

❸ 관리자 메뉴에서 [구조〉OpenLayers〉Maps]를 선택하고 맵 목록 중 [example_google]을 찾아 이동한다. [example_google] 지도 오른쪽의 [수정하기] 화살표 버튼을 누르고 [Clone]을 선택한다.

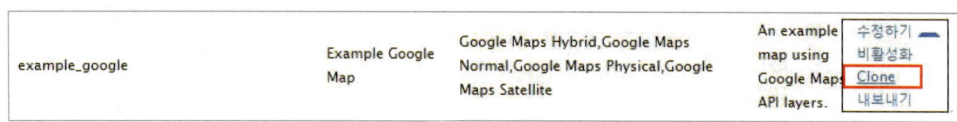

❹ [Infos] 탭에서 [Map Title]에 "seoulmap"을 입력한다. 기계명 [clone_of_example_google] 옆의 [수정하기]를 클릭하여 기계명도 "seoulmap"으로 변경한다. 기계명은 소문자로만 만들어야 한다. 맵의 너비는 'auto'로, 높이는 '800px'로 변경한다.

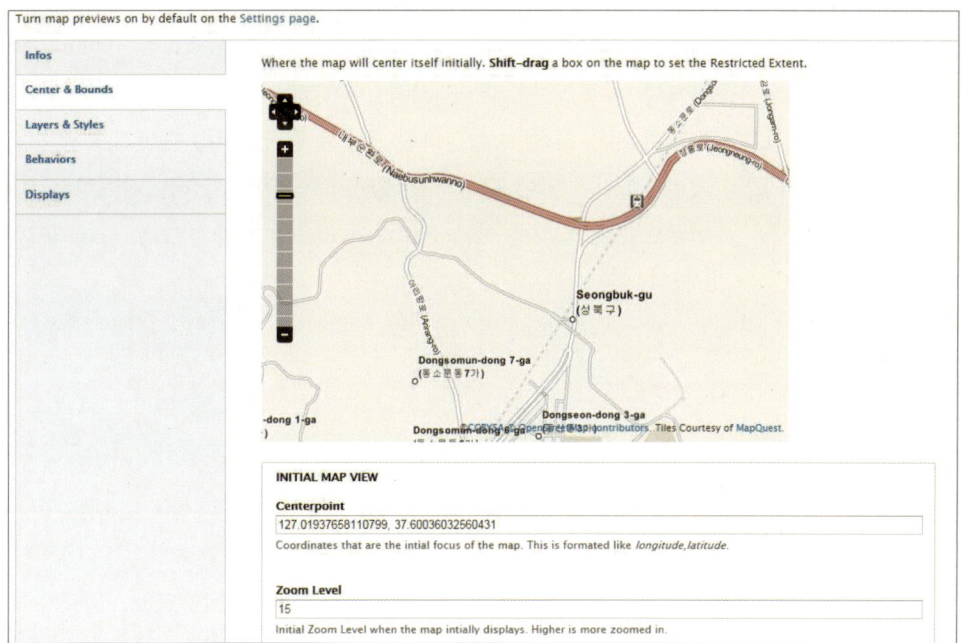

❺ [Center & Bounds] 탭에서 왼쪽 상단의 [상/하/좌/우] 이동 (✜) 버튼으로 중심을 이동시키고 [확대](➕) 버튼으로 지도를 확대하여 초기 중심점 좌표와 줌 레벨을 설정한다. 센터 포인트는 어딘가에 기록해 놓는 것이 좋다. 간혹 센터 포인트를 변경해도 초기 중심점이 반영되지 않는 경우가 있는데, 이럴 때는 지도를 호출하는 URL에 다음과 같이 파라미터를 붙여주면 된다.

[맵 파라미터 예시]
http://도메인/페이지명#zoom=14&lat=37.59846&lon=127.01139

❻ [Layers & Styles] 탭에서 [Projections]을 [EPSG: 3857]로 설정한다. [EPSG: 3867]
은 구글이나 빙 등 여러 벤더가 사용 중인 좌표계이다. [Display Projection]은 [EPSG:
4326]으로 둔다. [LAYERS & STYLES]의 [BASE LAYERS] 목록 중에서 'Google Maps
Satellite', 'Google Maps Hybrid', 'Google Maps Normal', 'Google Maps Physical'의 [사
용]을 체크한다. 기본값은 'Google Maps Normal'을 선택한다.

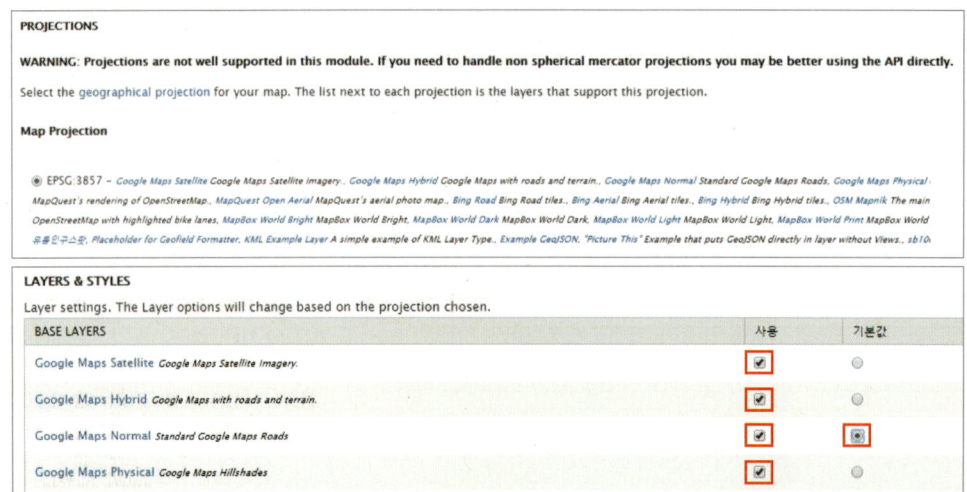

❼ [OVERLAY LAYERS]에서 [유동인구스팟]의 [사용], [ACTIVATED], [IN SWITCHER]를
체크한다. [ACTIVATED]는 지도 시작 시 활성화된 상태로 동작하도록 하는 것을 의미하고,
[In SWITCHER]는 레이어스위처 안에 포함시킬 것인지를 의미한다(레이어스위처는 지도
오른쪽 위에 작은 아이콘으로 표시되며, 이를 클릭하면 리모컨 모양의 UI로 확대되어 레이
어를 실시간으로 켜고 끌 수 있는 기능을 제공한다).

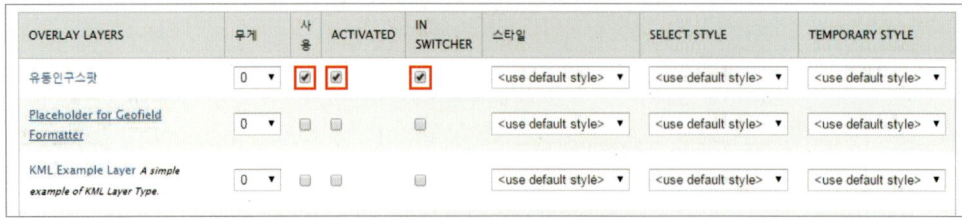

❽ 여기까지 설정을 마쳤으면 화면 하단의 [Save & Edit] 버튼을 클릭하여 지도를 저장한다.
다시 [Behaviors] 탭으로 이동하여 [Pop up for features]를 체크하고 하단의 [Layers] 목
록에서 [spotvew_OpenLayers_1]을 체크한다([LAYERS & STYLES] 탭에서 사용하기로
설정한 오버레이 레이어를 저장해야 [Behaviors] 탭에서 반영됨을 기억하자).

❾ [POP UP FOR FEATURES]는 지도상의 지점이나 도형을 클릭했을 때 오픈레이어 뷰에서 설정한 Description 필드의 내용을 팝업으로 보여주는 기능을 설정한다. [Select where the popup should pop up]에서 'Computed from the center of the feature'를 선택한다. 여기까지 설정을 완료했으면 [저장] 버튼을 클릭한다.

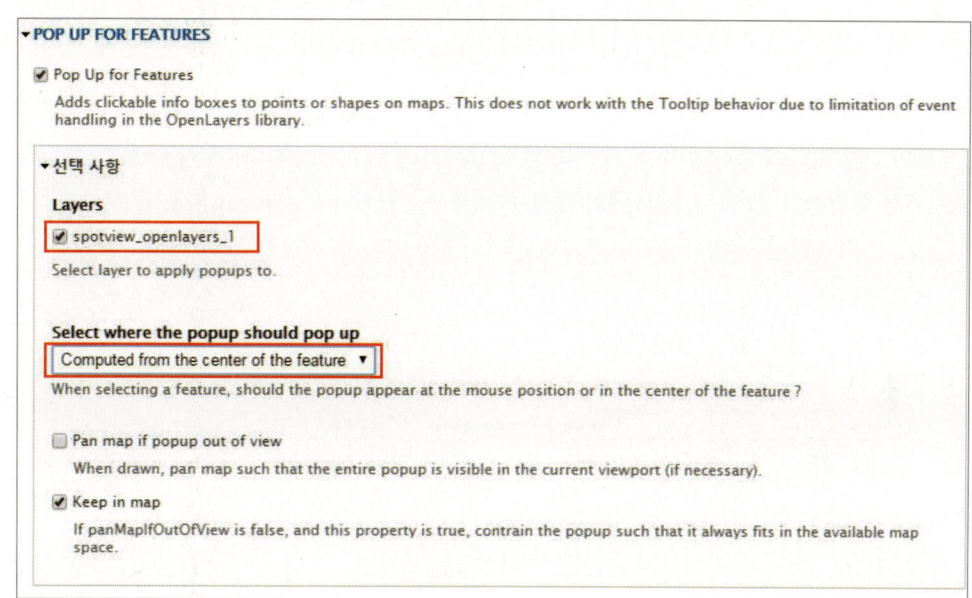

좌표계 종류

- WGS84 경위도

  EPSG:4326, EPSG:4166 (Korean 1995)

  +proj=longlat +ellps=WGS84 +datum=WGS84 +no_defs

- Bessel 1841 경위도

  EPSG:4004, EPSG:4162 (Korean 1985)

  +proj=longlat +ellps=bessel +no_defs +towgs84=−115.80,474.99,674.11,1.16,−2.31,−1.63,6.43

- GRS80 경위도

  EPSG:4019, EPSG:4737 (Korean 2000)

  +proj=longlat +ellps=GRS80 +no_defs

- Google Mercator, 구글 지도 · 빙 지도 · 야후 지도 · OSM 등에서 사용 중인 좌표계

  EPSG:900913(통칭), EPSG:3857(공식)

  +proj=merc +a=6378137 +b=6378137 +lat_ts=0.0 +lon_0=0.0 +x_0=0.0 +y_0=0 +k=1.0

  +units=m +nadgrids=@null +no_defs

맵 페이지 제작

오픈레이어 맵 제작을 마쳤으면 제작한 맵을 웹 페이지상에서 표시하도록 맵 전용 뷰 페이지 및 메뉴를 만들어야 한다.

❶ 관리자 메뉴에서 [구조〉뷰〉Add new view]를 클릭한다. [View name]에 "seoulmap"을 입력한다. 경로는 'seoulmap'을 유지한다. [Create a page]를 체크하고 [페이지 제목]에 "서울지도"를 입력한다. [Use a pager]의 체크를 해제하고 [Create a menu link]를 체크한다. [메뉴]는 '주 메뉴'를 선택하고 [Link text]는 "서울지도"라고 입력한 후 [Continue & Edit] 버튼을 클릭한다.

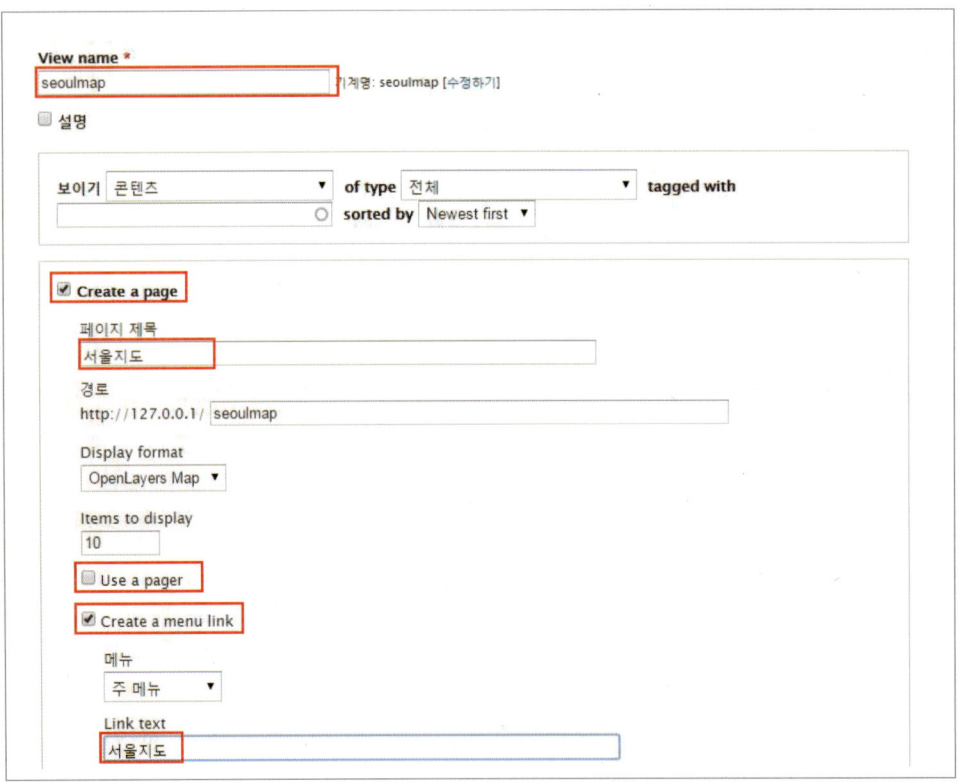

❷ 계속되는 [Displays] 설정에서 [양식] 그룹에서 [Unformatted list]를 클릭한 후 [Open Layers Map]을 선택하고 [OpenLayers Map]을 선택하고 [Apply(all displays)] 버튼을 클릭한다.

❸ 이어지는 [Page: Style options] 설정에서 [Map] 목록을 클릭하고 'seoulmap'을 선택한다. [Apply(all displays)] 버튼을 클릭한다.

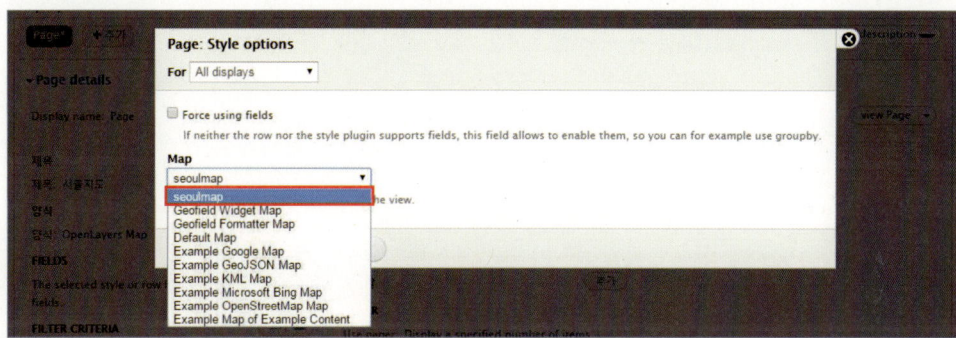

❹ [Views]의 [Displays] 설정으로 다시 돌아와서 상단의 [저장] 버튼을 클릭한다.

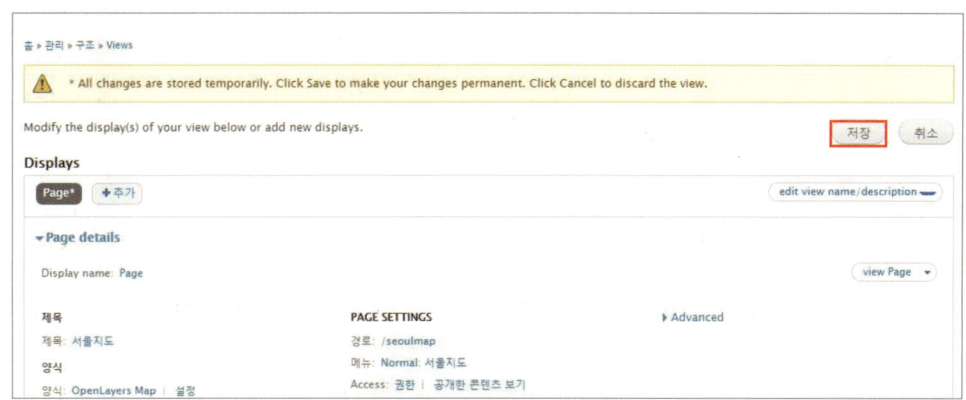

❺ 이제 인터넷 브라우저를 띄우고 주소창에 'http://127.0.0.1/seoulmap'을 입력하면 다음과 같은 지도를 볼 수 있을 것이다. 앞서 등록한 geocontent 타입의 콘텐츠는 검정색 도넛 모양의 아이콘으로 표시되는 것을 확인할 수 있다.

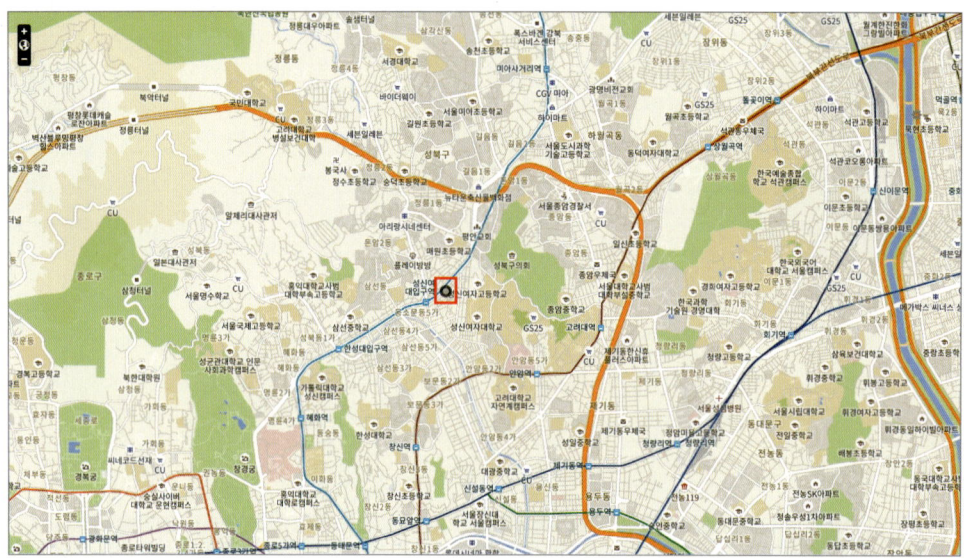

❻ 검정색 도넛 모양의 아이콘을 클릭하여 유동 인구 보고서가 팝업으로 잘 뜨는지 확인한다.

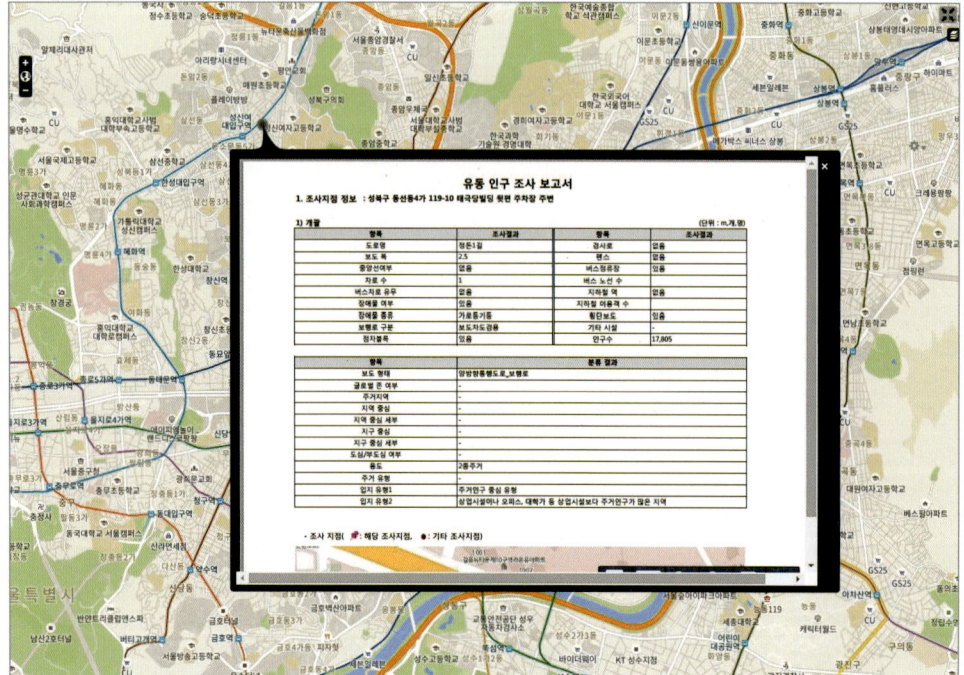

10 스타일 적용

스타일은 지도 위에 표시되는 도형(Features)에 적용할 폰트나 채우기 색 등의 UI 스타일을 의미한다. 앞서 만든 [seoulmap] 지도에서는 표시 지점이 검정색 도넛 모양의 아이콘으로 뜨는 것을 볼 수 있었다. 이제 스타일을 재정의하여 아이콘의 모양과 색을 변경하고 아이콘 하단에 타이틀을 보이게 하는 등의 작업을 진행해 보자.

❶ 관리자 메뉴에서 [구조〉OpenLayers〉Styles]를 클릭한다. 미리 등록된 스타일 목록 중 [default_marker_green] 오른쪽의 화살표 버튼을 누르고 [Clone]을 선택한다.

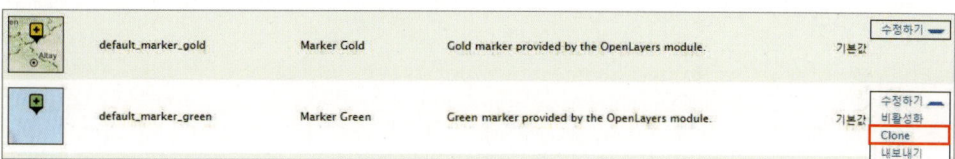

❷ [Style title]에 "greenseoul"을 입력하고 기계명도 "greenseoul"로 수정한다.

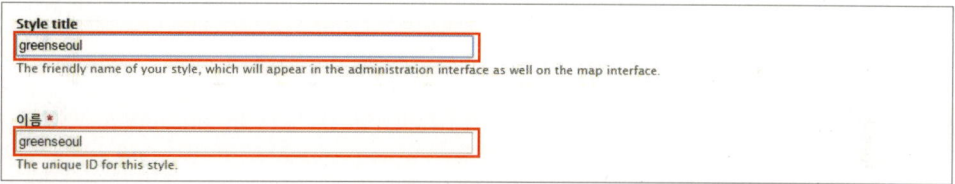

❸ 하단의 [label] 필드를 찾아서 "${title}"이라고 입력한다. ${텍스트}는 PHP 문법으로 title이라는 변수에 저장된 텍스트를 넣어준다는 의미이다. [labelAlign]에 'Center, bottom'을 선택한다.

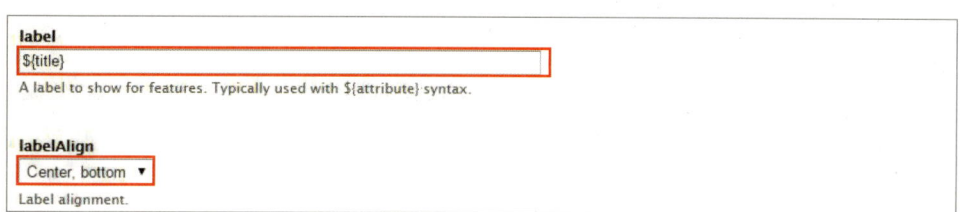

❹ 하단으로 이동하여 폰트와 관련된 설정을 다음과 같이 입력한다. [fontColor]는 "green", [fontSize]는 "11", [fontFamily]는 "굴림", [fontWeight]는 "bold"로 입력한다. [저장] 버튼을 눌러 greenseoul 스타일을 생성한다.

fontColor

green

Label font color.

fontSize

11

Label font size.

fontFamily

굴림

Label font family.

fontWeight

bold

Label font weight.

❺ 관리자 메뉴에서 [구조〉OpenLayers〉Maps]를 클릭한다. [Seoulmap]을 찾아 오른쪽의 [수정하기] 버튼을 클릭한다.

| seoulmap | seoulmap | Google Maps Hybrid,Google Maps Normal,Google Maps Physical,Google Maps Satellite,유동인구스팟 | An example map using Google Maps API layers. | 수정하기 ⬇ 보통 |

❻ [Layers & Styles] 탭으로 들어가서 [유동인구스팟]의 스타일을 'greenseoul'로 변경한다.

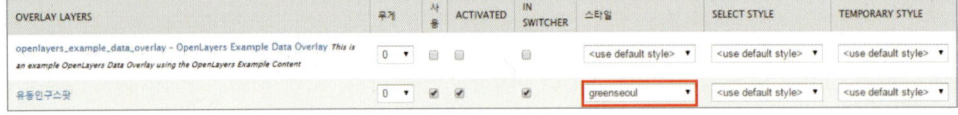

OVERLAY LAYERS	무게	사용	ACTIVATED	IN SWITCHER	스타일	SELECT STYLE	TEMPORARY STYLE
openlayers_example_data_overlay – OpenLayers Example Data Overlay *This is an example OpenLayers Data Overlay using the OpenLayers Example Content*	0 ▼	☐	☐	☐	<use default style> ▼	<use default style> ▼	<use default style> ▼
유동인구스팟	0 ▼	☑	☑	☑	greenseoul ▼	<use default style> ▼	<use default style> ▼

❼ 주소창에 'http://127.0.0.1/seoulmap'을 입력하고 다음과 같이 스타일이 적용된 것을 확인한다(오른쪽에 위치한 ☰를 클릭하면 레이어스위처가 표시된다).

좌표 – 대량 변환 프로그램 1

앞서 우리는 오픈API를 호출함으로써 주소를 한 건씩 좌표로 변환할 수 있었다. 하지만 다량의 주소를 변환하는 작업은 반복적이면서 단순한 노동이라 PHP를 활용하여 이를 프로그래밍해 보기로 한다. 앞에서 만든 [tbspot] 테이블을 조회하여 지번 주소를 좌표로 변환한 후 [tbspotgis] 테이블에 그 값을 insert시키는 예제 프로그램을 만들어보자.

❶ 이 책에서는 APM_SETUP을 통해 설치된 윈도우 PHP 환경에서 콘솔을 통해 PHP를 구동시킬 것이므로 몇 가지 환경 세팅이 필요하다. 우선 아파치를 중지시키고 PHP 버전을 처음 APMSETUP 설치 시 존재했던 버전으로 복구한다(CHAPTER 3의 PHP 업그레이드를 참고하여 [PHP5_ORG] 폴더명을 [PHP5]로 변경하면 된다). [APM_Setup] 폴더 밑에 있는 'php.ini' 파일을 열고 'allow_url_fopen = Off'와 'allow_url_include = Off'의 'Off'를 'On'으로 바꿔준다. 이는 오픈 API 호출에 필요한 simplexml_load_file 함수를 사용하기 위한 기본 조건이다.

```
;;;;;;;;;;;;;;;;;;;;;;;;;;;;;;;;
; Fopen wrappers ;
;;;;;;;;;;;;;;;;;;;;;;;;;;;;;;;;

; Whether to allow the treatment of URLs (like http:// or ftp://) as files.
allow_url_fopen = on

; Whether to allow include/require to open URLs (like http:// or ftp://) as files.
allow_url_include = on
```

❷ 'php.ini' 파일을 [Windows] 폴더 밑에 붙여 넣는다. [명령 프롬프트] 창을 열고 "php--ini" 명령을 실행하면 ini 파일을 참조하는 폴더명을 알 수 있다. 콘솔창에 "chcp 65001"을 입력하여 캐릭터 세트를 유니코드로 변경한다. 이는 utf-8 형식의 데이터를 볼 수 있도록 하기 위함이다.

```
C:\APM_Setup\htdocs\admin>php --ini
Configuration File (php.ini) Path: C:\windows
Loaded Configuration File:         C:\windows\php.ini
Scan for additional .ini files in: (none)
Additional .ini files parsed:      (none)

C:\APM_Setup\htdocs\admin>chcp 65001
Active code page: 65001
```

❸ 다음은 Datamap 데이터베이스에 접속하여 [tbspot] 테이블을 조회하고 주소를 가져온 후, 네이버 주소 변환 API를 호출하여 얻은 좌표값을 [tbspotgis] 테이블에 입력시키는 루틴을 반복한 PHP 배치 프로그램이다.

```
01    <?php
02
03        header("Content-Type: text/html; charset=UTF-8");
04
05        $_SERVER['REMOTE_ADDR'] = '127.0.0.1';
06        define('DRUPAL_ROOT', 'C:/APM_Setup/htdocs'); //드루팔 웹루트 경로를 입력한다.
07        require_once DRUPAL_ROOT . '/includes/bootstrap.inc';
08        drupal_bootstrap(DRUPAL_BOOTSTRAP_FULL);
09
10        db_set_active('datamap'); // 데이터베이스 명을 입력한다.
11

12        /*
13        // 인자값 받아오기
14        $in = $_SERVER['argv'];
15        print_r($in);
16        $start_idx = $in[1];
17        $end_idx = $in[2];
18        */
19
20        $key_value = "d83ec1f3cfef62feebff4089c4c71685";   // 네이버 지도 검색 키 값 (각
          자 획득할 것)
21
22        $query = "select * from tbspot";
23        $result = db_query($query);
24
25        $i=1;
26        foreach($result as $item)
27        {
28            $idx = $item->JIJUM;
29            $name = $item->JIJUM_NAME;
30
31            if($item->ADDRESS2 != '')
```

```php
32        $address = "서울특별시 ".$item->D_CODE." ".$item->ADDRESS1."-".$item-
          >ADDRESS2;
33      else
34        $address = "서울특별시 ".$item->D_CODE." ".$item->ADDRESS1." ".$item-
          >JIJUM_NAME;
35
36      $area = $item->AREA."-".$item->AREA_SUB;
37
38      $addr2 = urlencode($address);
39
40      // 네이버 지도 검색
41
42      $url =
        "http://openapi.map.naver.com/api/geocode.php?key=$key_value&encoding=ut
          f-8&coord=latlng&query=$addr2";
43      $xml = simplexml_load_file($url);
44

45      print_r($url);
46
47      $addr = $xml->item->address;
48      $lat = (string) $xml->item->point->y;
49      $lng = (string) $xml->item->point->x;
50
51
52      print "$idx | $name | $area | $addr | $address | $lat  $lng₩n";
53      db_set_active('datamap');
54      $query = "insert into 'tbspotgis' ('idx', 'jijum', 'area', 'addr', 'addr2', 'lat', 'lng')
          values($idx,'$name','$area','$addr','$address', '$lat', '$lng')";
55      db_query($query);
56      db_set_active( );
57
58      $i++;
59
60    }
61  ?>
```

CHAPTER5 • 유동 인구 맵 프로젝트 **137**

❹ 위 소스 코드를 작성하여 [APM_Setup₩htdocs₩admin] 폴더에 'addr2lat.php'로 저장한다. [명령 프롬프트] 창을 열고 해당 폴더로 이동하여 "php addr2lat.php" 명령을 실행시킨 후 [tbspotgis] 테이블을 열어 데이터가 잘 들어갔는지 확인한다.

idx	jijum	area	addr	addr2	lat	lng	style
571	정릉1파출소	08-016	서울특별시 성북구 정릉1동 175-16	서울특별시 정릉1동 175-16	37.6040169	127.0152934	(Null)
573	대영전기조명총판	08-017	서울특별시 성북구 돈암2동 538-6	서울특별시 돈암2동 538-6	37.5995893	127.0134699	(Null)
575	진로마트	08-018	서울특별시 성북구 동선동5가 159-5	서울특별시 동선동5가 159-5	37.5982186	127.0146811	(Null)
577	부동산 써브	08-019	서울특별시 성북구 동선동5가 1	서울특별시 동선동5가 1 부동산 써브	37.5945262	127.0163544	(Null)
580	VIP 24 동물병원	08-020	서울특별시 성북구 동소문동6가 147	서울특별시 동소문동6가 147 VIP 24 동물병원	37.5937555	127.0159734	(Null)
581	한우리 산악	08-021		서울특별시 길음동 525-31			(Null)
583	고려빌딩 앞	08-022	서울특별시 성북구 월곡1동 88-31	서울특별시 월곡1동 88-31	37.6057757	127.0273495	(Null)
586	길음역 정거장	08-023	서울특별시 성북구 길음1동 1276	서울특별시 길음1동 1276 길음역 정거장9(노점상) 앞	37.6026906	127.0237367	(Null)

❺ 주소 변환이 성공하면 위도·경도 좌표값이 'lat', 'lng' 필드에 들어간 것을 볼 수 있다. 그러나 몇몇 행은 좌표값이 없는 것도 볼 수 있다. 이는 데이터 생성 당시에는 존재했으나 현재에는 더 이상 존재하지 않는 주소이다. 이렇게 좌표가 없는 주소는 지도에 표시될 수 없으므로 이후 진행되는 과정에서 제외시킬 예정이다.

12 노드 – 대량 생성 프로그램

앞에서 우리는 드루팔의 콘텐츠 생성 메뉴를 통해서 한 건씩 수동으로 콘텐츠를 생성하는 방법을 배웠다. 이 방법은 쉬워서 일반적으로 드루팔 콘텐츠를 제작할 때 사용하지만, 수백에서 수천 건의 콘텐츠를 이런 방법으로 만드는 것은 보통 일이 아니다. 저자는 이러한 문제를 해결하기 위해 다음과 같은 배치 프로그램을 만들게 되었다.

PHP 드루팔 함수 호출을 통해 노드를 생성할 때 한 가지 주의할 점은 필드 중 Geofield 형식이 있을 경우 그 필드의 입력 작업에 사용하는 위젯을 [OpenLayers Map]으로 바꿔 주어야 한다는 것이다. 그 이유는 node_save 함수 호출 시 Geofield 데이터를 같이 생성해 주기 위함으로 프로그램을 간편하게 하기 위해서라고 이해하면 된다.

❶ 관리자 메뉴의 [구조〉콘텐츠 타입〉geocontent〉필드 관리〉lonlat]에 들어간다. 만약 [위젯 종류]에서 선택된 위젯이 'Well Known Text(WKT)'이면 'OpenLayers Map'으로 변경한다.

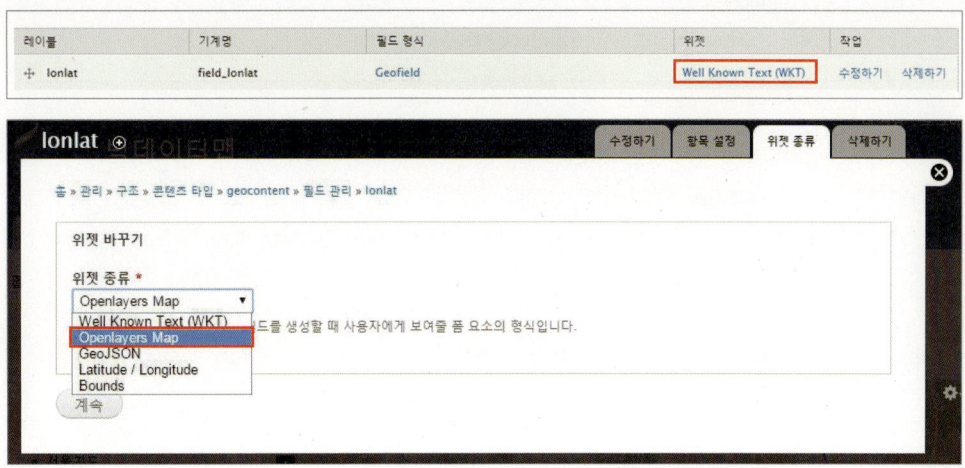

❷ 앞에서 살펴본 좌표 변환 프로그램을 통해 [tbspotgis] 테이블이 존재하며 각 조사 지점의 위도·경도 좌표값이 제대로 들어가 있는지 확인한 후에 다음과 같은 배치 프로그램을 실행한다. 이 프로그램의 핵심은 드루팔 API 함수 중 하나인 node_save 함수를 호출하여 노드를 만들고 각각의 사용자 정의 필드를 직접 DB 업데이트한 것이다. [Geofield] 필드 형식의 'lonlat' 필드의 DB 테이블명은 [field_data_field_lonlat]이다.

```php
01    <?php
02
03    header("Content-Type: text/html; charset=UTF-8");
04    $_SERVER['REMOTE_ADDR'] = '127.0.0.1';
05    define('DRUPAL_ROOT', 'C:/APM_Setup/htdocs'); //드루팔 웹루트 경로를 입력한다.
06    require_once DRUPAL_ROOT . '/includes/bootstrap.inc';
07    drupal_bootstrap(DRUPAL_BOOTSTRAP_FULL);
08
09    db_set_active('datamap'); // 데이터베이스 명을 입력한다.
10
11    $query = "select * from tbspotgis where lat != '"";
12    $result = db_query($query);
13    db_set_active ( );
14
```

```php
15    // foreach문을 실행.
16    foreach($result as $item):
17        // 좌표 저장
18        $lon = $item->lng;  // 126.xxxxxx
19        $lat = $item->lat;  // 37.xxxxxx
20
21        // 제목 및 기타 정보 저장
22        $title = $item->jijum;  // 제목
23        $body = '<object type="application/pdf" data="/pdf/'.$item->area.'_spot.pdf"
          width="800" height="600">
24            <param name="src" value="="/pdf/'.$item->area.'_spot.pdf" />
25          </object>'; // body에 들어갈 내용
26        $summary = ''; // summary에 들어갈 내용
27
28        // 노드 저장 시작
29        $newNode = (object) NULL;
30        $newNode->title = $title;
31        $newNode->type = 'geocontent';
32        $newNode->uid = 24;
33        $newNode->created = strtotime("now");
34        $newNode->changed = strtotime("now");
35        $newNode->status = 1;
36        $newNode->comment = 1;
37        $newNode->promote = 0;
38        $newNode->moderate = 0;
39        $newNode->sticky = 0;
40        $newNode->language = 'ko';
41
42        // body 저장
43        if(!empty($body)) $newNode->body['und'][0] = array(
44                'value' => $body,
45                  'format' => 'full_html'
46        );
47
48        // summary 저장
49        if(!empty($summary)) $newNode->field_summary['und'][0] = array(
50          'value' => $summary, 'safe_value' => $summary );
```

```
51
52        // type 저장 default = spot
53        $newNode->field_type['und'][0]['value'] = 'report008';
54
55    node_save($newNode);
56
57        // 좌표 저장
58        $nid = $newNode->nid;
59        $vid = $newNode->vid;
60        $query = "update field_data_field_lonlat set field_lonlat_lat = '$lat', field_lonlat_
          lon = '$lon', field_lonlat_geom = 'POINT ($lon $lat)', field_lonlat_geo_type =
          'point', field_lonlat_left = '$lon', field_lonlat_top = '$lat', field_lonlat_right =
          '$lon', field_lonlat_bottom = '$lat', field_lonlat_geohash = 'wydmfsw51fzytztj'
          where entity_id = $nid";
61        db_query($query);
62
63        $query = "update field_revision_field_lonlat set field_lonlat_lat = '$lat', field_
          lonlat_lon = '$lon', field_lonlat_geom = 'POINT ($lon $lat)', field_lonlat_geo_type
          = 'point', field_lonlat_left = '$lon', field_lonlat_top = '$lat', field_lonlat_right =
          '$lon', field_lonlat_bottom = '$lat', field_lonlat_geohash = 'wydmfsw51fzytztj'
          where revision_id = $vid";
64        db_query($query);
65        print "nid: ".$newNode->nid."₩n";
66    // foreach문을 종료.
67    endforeach;
68    ?>
```

위 소스코드를 작성하여 [APM_Setup₩htdocs₩admin] 폴더에 'make_geocon
tent.php'로 저장한다. [명령 프롬프트] 창을 열고 해당 폴더로 이동하여 "php make_
geocontent.php" 명령을 실행시킨다. 실행 후 관리자 메뉴의 [콘텐츠]를 클릭하여 노
드가 잘 만들어졌는지 확인해 본다.

❸ [구조〉OpenLayers〉Maps〉seoulmap〉Behaviors]를 선택하고 [FULLSCREEN]의 [Full screen]을 체크한다.

❹ 주소창에 'http://127.0.0.1/seoulmap'을 입력하여 결과 화면을 보면 지도 오른쪽 상단에 [전체화면보기] 버튼이 나타나는 것을 확인할 수 있다.

❺ seoulmap에 들어가면 다음과 같이 300여개의 유동 인구 조사 지점이 표시된 것을 볼 수 있다. 이 프로그램은 콘텐츠를 대량 생성할 때 매우 유용하므로 적절하게 응용하여 사용할 수 있을 것이다.

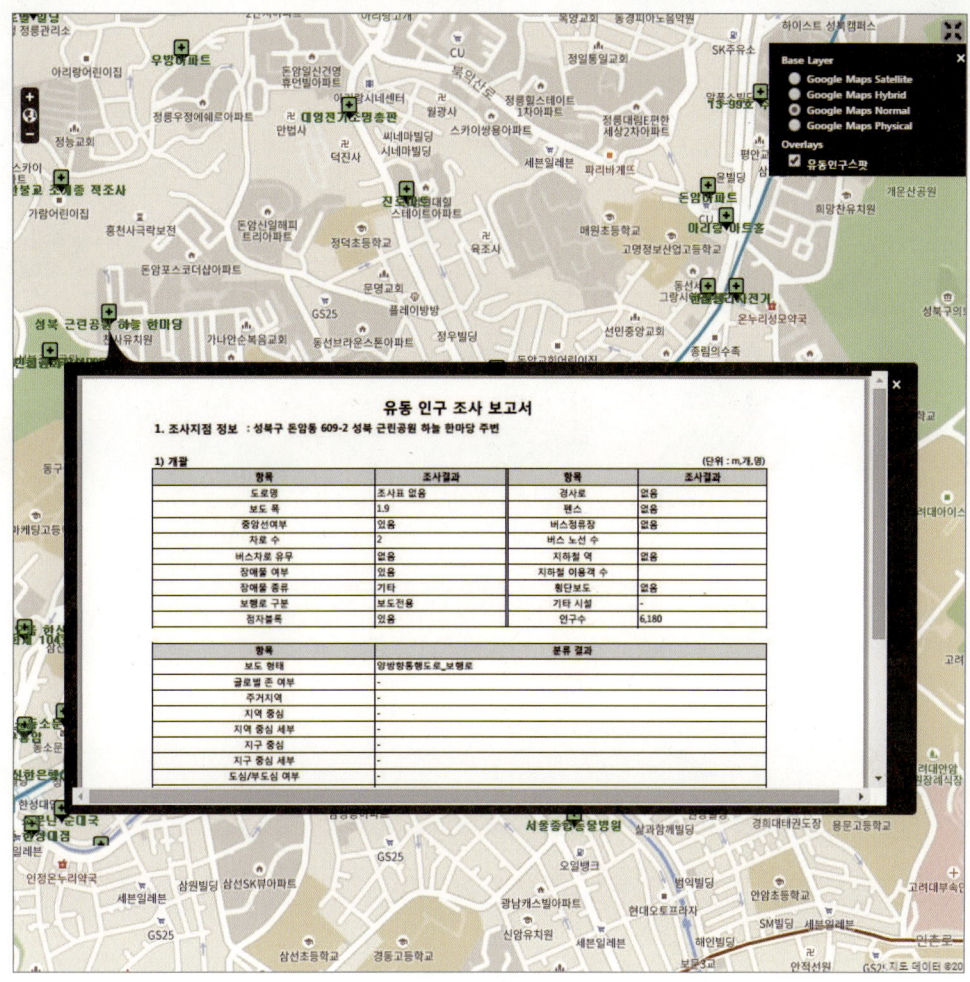

▲ 유동 인구 맵(완성 화면)

CHAPTER **6**

상업지구 빅데이터 분석 프로젝트

●●●　창업을 고민하는 사람에게 최적의 상가 입지란 어디일까? 아마도 주변에 경쟁 업종이 없고 유동 인구가 많으며 임대료도 싼 지역을 누구나 원할 것이다. 그러한 최적의 입지를 찾기는 쉽지 않겠지만 우리는 빅데이터에 기반한 통계를 통해 어느 정도 힌트를 얻을 수 있지 않을까 기대한다.

이 CHAPTER에서는 여러 데이터 통계 정보를 활용하여 지난 몇십 년간 어느 업종이 얼마만큼 망했고 생존했는지를 지도 위에 색깔로 구분하는 업종별 블루오션 · 레드오션 지도를 만들어본다.

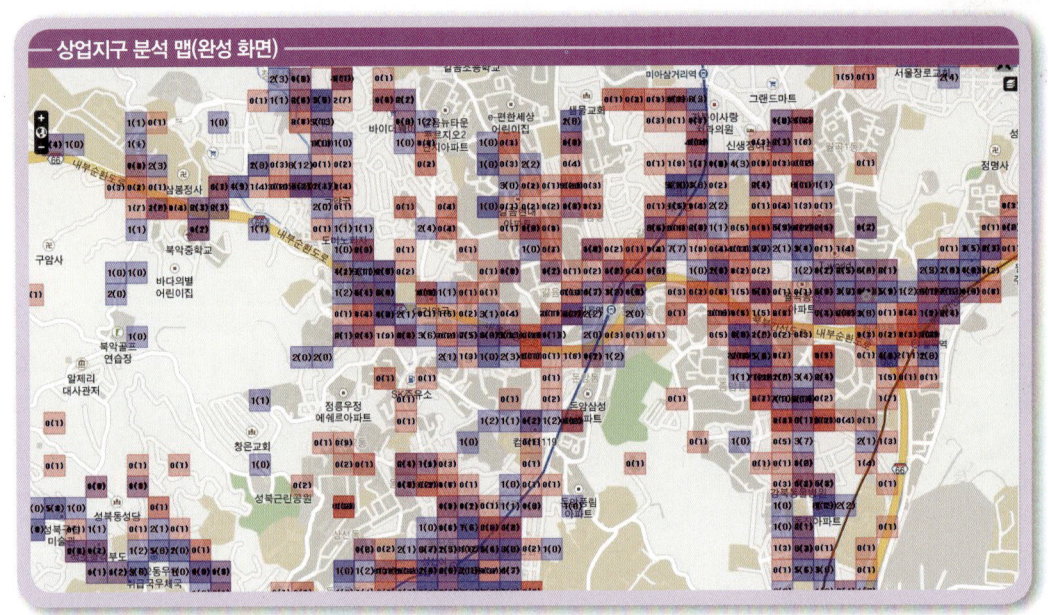

상업지구 분석 맵(완성 화면)

01 데이터 가져오기

'서울 열린 데이터 광장' 홈페이지(http://data.seoul.go.kr)에 접속하여 "성북구식품위생업소전체"로 검색하면 업종별 식품위생업소 데이터 목록을 볼 수 있다. 이용 약관 동의 절차를 진행 후 엑셀 데이터를 다운로드한다.

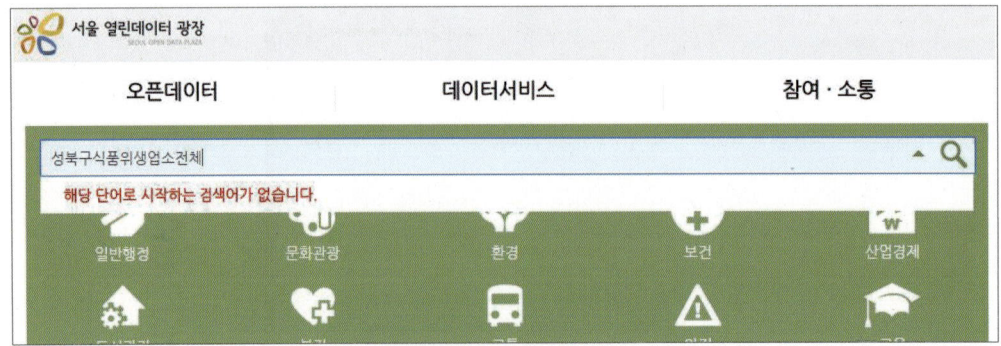

▲ '서울 열린 데이터 광장' 검색

성북구 식품위생업소(전체) 엑셀 데이터를 보면 업소명, 영업 개시일, 폐업일, 폐업 사유, 업소 주소, 업종, 업태 등 사업자 등록/폐업 신고에 필요한 여러 정보를 확인할 수 있다.

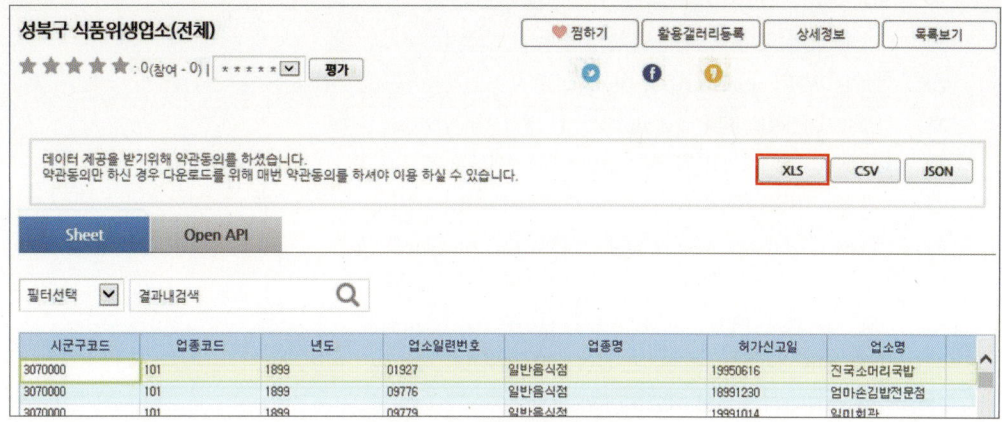

▲ 성북구 식품위생업소(전체) 데이터 샘플

엑셀 자료를 데이터베이스로 가져오기 할 때는 목적지가 될 테이블을 미리 생성하면 편하다. [tbreg] 테이블의 필드명 및 데이터 타입은 다음과 같다. 여기서 두 번째 행을 보면 idx라는 정수형 키를 만들고 자동 증가(auto_increment) 옵션을 준 것이 특이한데, 이는 데이터 변환 작업 중 문제가 생겼을 때 어디까지 성공했는지를 파악하기 위해 미리 준비한 코드이다.

```
01  CREATE TABLE 'tbreg' (
02    'idx' int(11) NOT NULL AUTO_INCREMENT,
03    'CGG_CODE' varchar(7) DEFAULT NULL,
04    'SNT_COB_CODE' varchar(3) DEFAULT NULL,
05    'YY' varchar(4) DEFAULT NULL,
06    'UPSO_SNO' varchar(5) DEFAULT NULL,
07    'SNT_COB_NM' varchar(20) DEFAULT NULL,
08    'PERM_NT_YMD' varchar(8) DEFAULT NULL,
09    'UPSO_NM' varchar(30) DEFAULT NULL,
10    'SITE_ADDR_RD' varchar(255) DEFAULT NULL,
11    'SITE_ADDR' varchar(255) DEFAULT NULL,
12    'TRDP_AREA' float DEFAULT NULL,
13    'UPSO_SITE_TELNO' varchar(20) DEFAULT NULL,
14    'BMAN_STDT' varchar(8) DEFAULT NULL,
15    'BUP_NM' varchar(30) DEFAULT NULL,
16    'SITE_STDT' varchar(8) DEFAULT NULL,
17    'ADMDNG_NM' varchar(20) DEFAULT NULL,
18    'DCB_YMD' varchar(8) DEFAULT NULL,
```

```
19    'DCB_GBN_NM' varchar(20) DEFAULT NULL,
20    'DCB_WHY' varchar(30) DEFAULT NULL,
21    'SNT_UPTAE_NM' varchar(20) DEFAULT NULL,
22    'BDNG_JISG_FLR_NUM' int(11) DEFAULT NULL,
23    'BDNG_JISG_FLR_NUM2' int(11) DEFAULT NULL,
24    'BDNG_UNDER_FLR_NUM' int(11) DEFAULT NULL,
25    'BDNG_UNDER_FLR_NUM2' int(11) DEFAULT NULL,
26    'BDNG_TOT_FLR_NUM' int(11) DEFAULT NULL,
27    'ED_FIN_YMD' varchar(8) DEFAULT NULL,
28    'GE_EH_YN' varchar(10) DEFAULT NULL,
29    'GRADE_FACIL_GBN' varchar(20) DEFAULT NULL,
30    'SITE_LOC_GBN' varchar(20) DEFAULT NULL,
31    'EIP_MAN' int(11) DEFAULT NULL,
32    'EIP_WOMAN' int(11) DEFAULT NULL,
33    'PTSOF_SORT' varchar(20) DEFAULT NULL,
34    'ORDTM_PTSOF_AVG' int(11) DEFAULT NULL,
35    'ORDTM_PTSOF_MAX' int(11) DEFAULT NULL,
36    'ONE_PTSOF_STF' int(11) DEFAULT NULL,
37    'AVG_FOOD_AMT' int(11) DEFAULT NULL,
38    'MNG_GBN' varchar(20) DEFAULT NULL,
39    'TRDP_AREA_JORIJANG' float DEFAULT NULL,
40    'TRDP_AREA_ROOM' float DEFAULT NULL,
41    'TRDP_AREA_DANCE' float DEFAULT NULL,
42    'TRDP_AREA_ETC' float DEFAULT NULL,
43    'TOIL_AREA_UPSO' float DEFAULT NULL,
44    'TOIL_ETC_AREA_UPSO' float DEFAULT NULL,
45    'TRDP_AREA_DRESS_ROOM' float DEFAULT NULL,
46    'TRDP_AREA_GUEST_SEAT' float DEFAULT NULL,
47    'AREA_WRK' float DEFAULT NULL,
48    'AREA_ISP' float DEFAULT NULL,
49    'TRDP_DISP_SIL_AR' float DEFAULT NULL,
50    'TRDP_WARE_DEPO_AR' float DEFAULT NULL,
51    'PERM_NT_NO' varchar(22) DEFAULT NULL,
52    'RFN_ITEM' varchar(20) DEFAULT NULL,
53    'CN_PERM_STDT' varchar(20) DEFAULT NULL,
54    'CN_PERM_ENDDT' varchar(20) DEFAULT NULL,
55    'CN_PERM_NT_SAYU' varchar(20) DEFAULT NULL,
```

```
56    'PERM_NT_CN' varchar(20) DEFAULT NULL,
57    'KOR_FRGNR_GBN' varchar(20) DEFAULT NULL,
58    'NTN' varchar(20) DEFAULT NULL,
59    PRIMARY KEY ('idx')
60    ) ENGINE=MyISAM AUTO_INCREMENT=23806 DEFAULT CHARSET=euckr
```

▲ [tbreg] 테이블 DDL

이제 Navicat의 [Import Wizard]를 사용하여 성북구 식품위생업소(전체) 엑셀 데이터를 [tbreg] 테이블로 임포트(import) 시킨다.

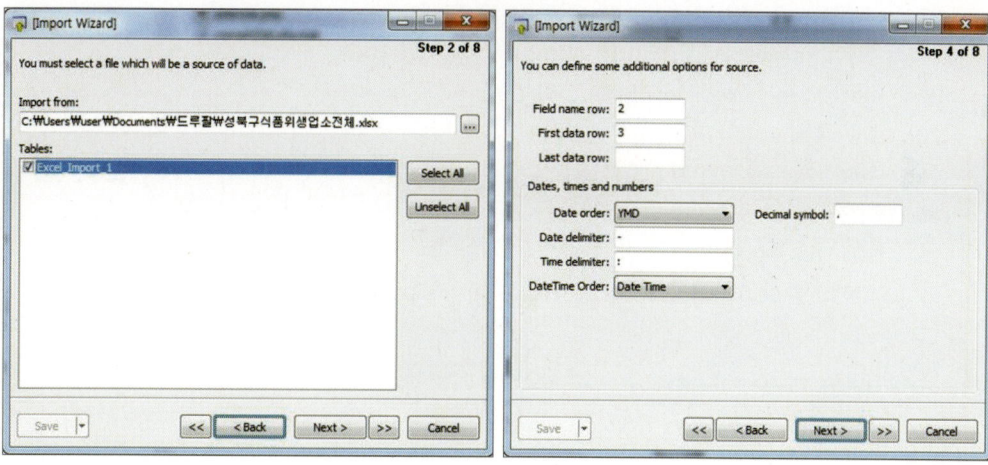

[tbreg] 테이블을 생성한 후에는 이를 기반으로 지리 정보 좌표를 포함하여 기타 필요한 항목만 추출한 [tbreggis] 테이블을 생성한다. 이는 156쪽의 '04. 좌표-대량 변환 프로그램 2'에서 사용될 예정이며, 주소로부터 변환된 좌표값을 저장하기 위해 필요하다.

```
01    CREATE TABLE 'tbreggis' (
02    'CGG_CODE' varchar(7) DEFAULT NULL,
03    'SNT_COB_CODE' varchar(3) DEFAULT NULL,
04    'YY' varchar(4) DEFAULT NULL,
05    'UPSO_SNO' varchar(5) DEFAULT NULL,
06    'SNT_COB_NM' varchar(20) DEFAULT NULL,
07    'PERM_NT_YMD' varchar(8) DEFAULT NULL,
08    'UPSO_NM' varchar(30) DEFAULT NULL,
09    'SITE_ADDR_RD' varchar(255) DEFAULT NULL,
```

```
10    'SITE_ADDR' varchar(255) DEFAULT NULL,
11    'UPSO_SITE_TELNO' varchar(20) DEFAULT NULL,
12    'BMAN_STDT' varchar(8) DEFAULT NULL,
13    'SITE_STDT' varchar(8) DEFAULT NULL,
14    'DCB_YMD' varchar(8) DEFAULT NULL,
15    'DCB_GBN_NM' varchar(20) DEFAULT NULL,
16    'DCB_WHY' varchar(30) DEFAULT NULL,
17    'SNT_UPTAE_NM' varchar(20) DEFAULT NULL,
18    'GE_EH_YN' varchar(10) DEFAULT NULL,
19    'SITE_LOC_GBN' varchar(20) DEFAULT NULL,
20    'PERM_NT_NO' varchar(22) NOT NULL DEFAULT '',
21    'NTN' varchar(20) DEFAULT NULL,
22    'addr2' varchar(255) DEFAULT NULL,
23    'lat' varchar(20) DEFAULT NULL,
24    'lng' varchar(20) DEFAULT NULL,
25    KEY 'idx_lat' ('lat'),
26    KEY 'idx_lng' ('lng')
27    ) ENGINE=MyISAM DEFAULT CHARSET=euckr
```

▲ [tbreggis] 테이블 DDL

02 콘텐츠 타입 추가

기존에 만든 'geocontent' 콘텐츠 타입을 참고하여 'geocomercial' 콘텐츠 타입을 만들고자 한다.

❶ 드루팔 관리자 메뉴에서 [구조〉콘텐츠 타입〉콘텐츠 타입 추가]를 선택한다. [이름]에 "geocomercial"을 입력하고 기계명도 같은 이름으로 만든다. 하단의 [필드 추가 및 저장하기] 버튼을 클릭하여 필드를 추가한다.

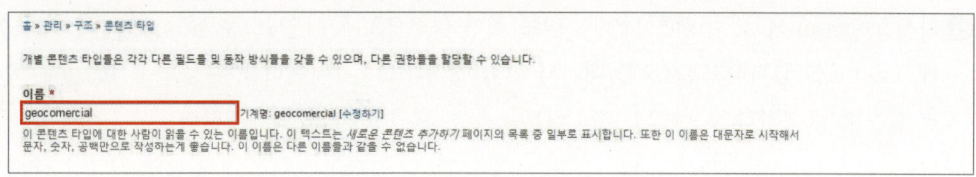

❷ 'geocomercial' 콘텐츠 타입의 필드 추가 설정에서 [새로운 필드 추가] 항목에 "sort"를 입력하고 [저장할 테이터 형식]에 '텍스트'를 선택한다. [기존 필드 추가] 항목에는 "lonlat"을 입력하고 기존에 만들어 놓은 'Geofield field_lonlat(lonlat)'을 선택한다. [데이터를 수정할 폼 요소]에는 'Openlayers Map'을 선택한다. 하단의 [저장] 버튼을 누른 후 각 필드에 대한 항목 설정이 나오면 기본값대로 진행한다.

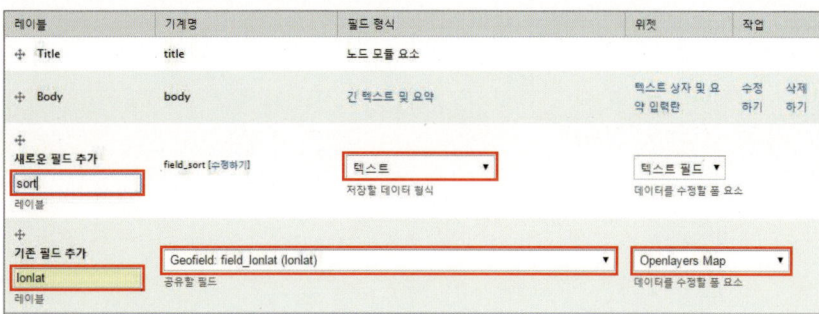

❸ 다시 'geocomercial' 콘텐츠 타입의 필드 추가 설정으로 와서 [새로운 필드 추가]에 "zone"을 입력한다. [저장할 테이터 형식]에 '목록(텍스트)', [데이터를 수정할 폼 요소]에 '선택 목록'을 선택하고 하단의 [저장] 버튼을 누른다.

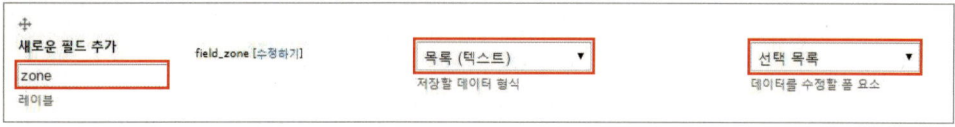

❹ [Zone] 필드의 항목 설정에서 [허용할 값들 목록]에 "blue"와 "red"를 입력한 후 [필드 설정 저장하기] 버튼을 클릭한다.

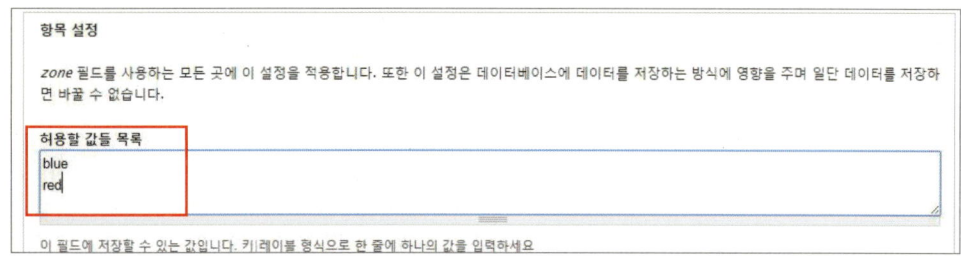

❺ 다시 'geocomercial' 콘텐츠 타입의 필드 추가 설정으로 와서 [새로운 필드 추가]의 [레이블]에 "count"를 입력하고 [저장할 데이터 형식]에 '텍스트', [데이터를 수정할 폼 요소]에 '텍스트 필드'를 선택한다. 하단의 [저장] 버튼을 누른 후 항목 설정을 진행한다.

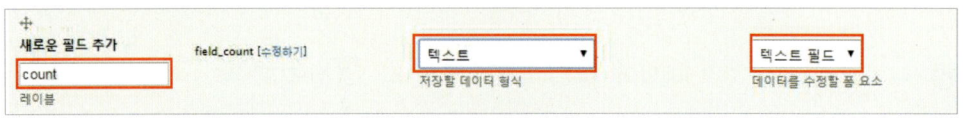

[count] 필드는 지도상에 그려질 사각형 셀 위에 표시되는 영업 중인 사업자 수를 표시하기 위해, [zone] 필드는 현재 영역이 블루오션인지 레드오션인지를 구분하기 위해 사용될 예정이다. 또한 [sort] 필드는 업종 타입을 구분하기 위해 사용될 예정이다. 이상으로 'geocomercial' 콘텐츠 타입의 설정을 마친다.

03 데이터 분석하기

성북구 식품위생업소 엑셀 데이터를 datamap 데이터베이스 테이블로 가져오기를 하는 주된 이유 중 하나는 SQL 쿼리를 사용하여 데이터를 보다 간편하게 분석하기 위함이다. 데이터의 규모와 종류별 특징 등 개괄적인 분석을 통해 데이터를 보다 효과적으로 시각화하는 것이 가능하다.

그럼 몇 가지 SQL 쿼리를 통해 데이터를 분석하는 예를 진행해 보자. 다음은 성북구 식품위생업소 업태 종류를 분석한 결과이다. 업태는 업종보다 세부적으로 사업의 종류를 구분한 분류체계이다. 참고로 업종은 약 22개, 업태는 약 45개가 존재한다.

● **성북구 업태 종류 SQL**

```
select   SNT_UPTAE_NM, count(*)  from tbreg   group by SNT_UPTAE_NM
```

• 성북구 업태 종류

간이 주점	다단계 판매	스탠드바	요정	제과점 영업	통닭(치킨)
건강 기능 식품 수입업	다방	식용 얼음 판매업	용기 · 포장지 제조업	중국식	패스트푸드
건강 기능 식품 유통 전문 판매업	단란주점	식육 취급	위탁 급식 영업	즉석 판매 제조 가공업	편의점
경양식	룸살롱	식품 등 수입 판매업	유통 전문 판매업	집단 급식소	한식
과자점	방문 판매	식품 소분업	일반 조리 판매	집단 급식소 식품 판매업	호프(소주방)
관광호텔 나이트(디스코)	백화점	식품 운반업	일식	철도역 구내	
기타	복어 취급	식품 자동 판매기 영업	전자 상거래 (통신 판매업)	출장 조리	
기타 식품 판매업	분식	식품 제조 가공업	전통 찻집	카바레	
김밥(도시락)	뷔페식	식품 첨가물 제조업	전화 권유 판매	커피숍	
까페	생선회	영업장 판매	정종, 대폿집(선술집)	탕류	

다음은 전체 데이터를 대상으로 업태별 폐업률을 뽑은 결과이다.

• 업태별 폐업률 SQL

```
select  SNT_UPTAE_NM as 업종,
sum( case   DCB_GBN_NM when '' then 0 else 1 end) as 폐업수,
count(*) as 전체합계,
round(sum( case   DCB_GBN_NM when '' then 0 else 1 end) / count(*) * 100,2) as 폐업률
from tbreg
group by   SNT_UPTAE_NM
```

• 성북구 업태별 폐업률

업태	폐업수	전체	비율	업태	폐업수	전체	비율
김밥(도시락)	61	116	52.59	통닭(치킨)	292	570	51.23
분식	1971	2208	89.27	패스트푸드	165	300	55
일반 조리 판매	488	684	71.35	호프(소주방)	591	1007	58.69
식품 제조 가공업	142	189	75.13	정종, 대포집(선술집)	1025	1167	87.83
식품 첨가물 제조업	1	2	50	다단계 판매	110	147	74.83
식용 얼음 판매업	24	26	92.31	전화 권유 판매	3	6	50
식육 취급	14	40	35	방문 판매	54	86	62.79

업태	폐업수	전체	비율	업태	폐업수	전체	비율
식품 소분업	97	118	82.2	집단 급식소	65	322	20.19
식품 운반업	3	3	100	집단 급식소 식품 판매업	19	27	70.37
용기, 포장지 제조업	4	4	100	철도역 구내	1	1	100
건강 기능 식품 일반 판매업	17	46	36.96	출장 조리	2	3	66.67
건강 기능 식품 수입업	22	41	53.66	위탁 급식 영업	76	112	67.86
건강 기능 식품 유통 전문 판매업	15	31	48.39	과자점	330	351	94.02
전자상거래(통신판매업)	75	171	43.86	기타	508	1122	45.28
식품 등 수입 판매업	551	642	85.83	기타 식품 판매업	29	67	43.28
간이 주점	1	1	100	일식	182	275	66.18
단란 주점	226	298	75.84	복어 취급	1	4	25
룸살롱	6	11	54.55	생선회	73	131	55.73
요정	2	2	100	커피숍	120	386	31.09
스텐드바	3	4	75	카페	163	362	45.03
관광호텔 나이트(디스코)	1	1	100	다방	450	473	95.14
카바레	4	6	66.67	전통찻집	15	18	83.33
영업장 판매	517	955	54.14	뷔페식	34	48	70.83
편의점	64	105	60.95	탕류	77	165	46.67
유통 전문 판매업	47	65	72.31	경양식	525	694	75.65
백화점	52	56	92.86	한식	4016	5557	72.27
제과점 영업	160	305	52.46	중국식	232	358	64.8
식품 자동 판매기 영업	1730	2121	81.57	즉석 판매 제조 가공업	1405	1795	78.27

앞의 업태별 통계 자료에서 숫자가 적거나 유사한 업태는 좀더 간결하게 통·폐합할 필요가 있다. 이러한 가공 작업을 통해 간결하고 임팩트 있는 정보가 재생산되는 것이다. 다음은 위의 표에서 같은 색으로 표시한 업태들을 하나로 통폐합한 업태(그룹)의 통계이다.

● 성북구 업태 그룹 폐업률(통·폐합)

구분	폐업수	전체	비율	업태 목록
건강 기능/식품/수입	605	760	79.61	건강 기능 식품 일반 판매, 건강 기능 식품 수입업, 건강 기능 식품 유통 전문 판매업, 식품 등 수입 판매업
기타/과자/식품	867	1540	56.3	기타, 과자점, 기타 식품 판매업
유흥주점	243	323	75.23	간이주점, 관광호텔 나이트(디스코), 단란주점, 룸살롱, 스탠드바, 요정, 카바레
호프/술집	1616	2174	74.33	정종, 대폿집(선술집), 호프(소주방)
분식/일반 조리	2520	3008	83.78	김밥(도시락), 분식, 일반 조리 판매
급식 관련	163	465	35.05	위탁 급식 영업, 집단 급식소, 집단 급식소 식품 판매업, 철도역 구내, 출장 조리
식품 관련 제조	285	382	74.61	식용 얼음 판매업, 식육 취급, 식품 소분업, 식품 운반업, 식품 제조 가공업, 식품 첨가물 제조업, 용기·포장지 제조업
유통/영업점	628	1125	55.82	영업장 판매, 유통 전문 판매업
다단계/방문/통신	242	410	59.02	다단계 판매, 방문 판매, 전자 상거래(통신 판매업), 전화 권유 판매
치킨/패스트푸드	457	870	52.53	통닭(치킨), 패스트푸드
한식	4016	5557	72.27	한식
중식	232	358	64.8	중국식
일식/회	256	410	62.44	일식, 복어 취급, 생선회
양식/뷔페/탕류	636	907	70.12	경양식, 뷔페식, 탕류
카페/다방	748	1239	60.37	카페, 다방, 전통 찻집, 커피숍
즉석 판매 제조	1405	1795	78.27	즉석 판매 제조 가공업
제과점	160	305	52.46	제과점 영업
백화점	52	56	92.86	백화점
자판기	1730	2121	81.57	식품 자동판매기 영업
합계	16861	23805	70.83	

연도별 조건을 넣은 데이터 쿼리를 통해 더욱 유의미한 사업자 통계 지표를 추출할 수 있다.

- 업종 폐업률 = 폐업수 / (영업수 + 폐업수)
- 5년간 폐업률 = 폐업수(5년간) / (영업수 + 폐업수(5년간))
- 5년간 증감률 = 영업수(5년간) / 영업수(현재까지)

04 좌표 – 대량 변환 프로그램 2

    사업자 등록·폐업 등의 자료가 담긴 [tbreg] 테이블로부터 주소를 추출하여 위도·경도 좌표값으로 변환하는 프로그램을 만들고자 한다. 이번 데이터는 2만 건 이상을 변환해야 하므로 오랜 시간 프로그램을 돌려야 작업이 완료된다. 프로그램을 돌리는 중간에 작업이 실패할 경우를 대비해서 실행 파라미터로 [tbreg] 테이블의 시작 idx 값과 종료 idx 값을 받아 중간부터 작업을 재개 가능하도록 만들었다. 실행 파라미터의 수에 따라 어떻게 각각 다른 SQL이 적용되는지 아래의 소스코드를 통해 확인해 보기 바란다.

```
01  <?php
02
03      header("Content-Type: text/html; charset=UTF-8");
04
05      $_SERVER['REMOTE_ADDR'] = '127.0.0.1';
06      define('DRUPAL_ROOT', 'C:/APM_Setup/htdocs'); //드루팔 웹루트 경로를 입력한다.
07      require_once DRUPAL_ROOT . '/includes/bootstrap.inc';
08      drupal_bootstrap(DRUPAL_BOOTSTRAP_FULL);
09
10      db_set_active('datamap'); // 데이터베이스 명을 입력한다.
11
12      //실행 파라미터 idx 시작값, 종료값을 받음
13      $in = $_SERVER['argv'];
14      print_r($in);
15      $start_idx = $in[1];
16      $end_idx = $in[2];
17
18      $key_value = "d83ec1f3cfef62feebff4089c4c71685";      // 네이버 지도 검색 키 값
        (각자 획득할 것)
19
20      if($start_idx >0 && $end_idx > 0)
21          //실행 파라미터 시작값, 종료값이 모두 있을 경우
22          $query = "select * from tbreg where idx >= $start_idx and idx <= $end_idx
            order by idx";
```

156   드루팔 빅데이터맵

```
23      else if($start_idx >0)
24         //실행 파라미터 시작값만 있을 경우
25         $query = "select * from tbreg where idx >= $start_idx order by idx";
26      else
27         //실행 파라미터가 없을 경우
28         $query = "select * from tbreg order by idx";
29
30      print_r($query);
31
32      $result = db_query($query);
33
```

반복 루프에서는 매 행마다 자료를 가져와서 작은따옴표를 없애는 등 간단한 문자열 처리를 하고 주소 변환에 적합한 형식으로 주소를 정비한 후 UTF-8로 인코딩한다.

```
34      $i=1;
35      foreach($result as $item)
36      {
37        $idx = $item->idx;
38        $cgg_code = $item->CGG_CODE;
39        $cob_code = $item->SNT_COB_CODE;
40        $yy = $item->YY;
41        $upso_sno = $item->UPSO_SNO;
42        $cob_nm = $item->SNT_COB_NM;
43        $perm_ymd = $item->PERM_NT_YMD;
44        $upso_nm = str_replace('₩','`',$item->UPSO_NM);
45        $site_addr_rd = $item->SITE_ADDR_RD;
46        $site_addr = str_replace('₩',' ',$item->SITE_ADDR);
47        $upso_tel = $item->UPSO_SITE_TELNO;
48        $bman_stdt = $item->BMAN_STDT;
49        $site_stdt = $item->SITE_STDT;
50        $dcb_ymd = $item->DCB_YMD;
51        $dcb_gbn = $item->DCB_GBN_NM;
52        $dcb_why = str_replace('₩',' ',$item->DCB_WHY);
53        $uptae_nm = $item->SNT_UPTAE_NM;
54        $ge_eh = $item->GE_EH_YN;
```

```
55      $loc_gbn = $item->SITE_LOC_GBN;
56      $perm_no = $item->PERM_NT_NO;
57      $ntn = $item->NTN;
58
59      print_r($idx."₩n");
60
61      $bungi = strstr($site_addr, '번지');
62      if(strstr($bungi, '호'))
63      {
64          $addr = str_replace('번지', '-', $site_addr);
65          $addr = str_replace('호', ' ', $addr);
66      }
67      else
68      {
69          $addr = str_replace('번지', '', $site_addr);
70      }
71
72      $addr = urlencode($addr);
73
```

변환할 주소를 UTF-8로 인코딩한 후 네이버 오픈 API를 호출하여 좌표로 변환시킨
다. 위도·경도 좌표는 insert 쿼리문을 통해 [tbreggis] 테이블에 입력된다.

```
74      // 네이버 지도 검색
75      $url =
        "http://openapi.map.naver.com/api/geocode.php?key=$key_value&encoding=utf
        -8&coord=latlng&query=$addr";
76      $xml = simplexml_load_file($url);
77
78  //     print_r($url);
79
80      $addr2 = $xml->item->address;
81      $lat = (string) $xml->item->point->y;
82      $lng = (string) $xml->item->point->x;
83
84
```

```
85          print "'$cgg_code', '$cob_code', '$yy', '$upso_sno', '$snt_cob_nm', '$perm_nt_
            ymd', '$upso_nm', '$site_addr','$perm_no', '$ntn', '$lat', '$lngWn";
86          db_set_active('datamap');
87          $query = "insert into 'tbreggis' ('cgg_code', 'snt_cob_code', 'yy', 'upso_sno',
            'snt_cob_nm', 'perm_nt_ymd', 'upso_nm', 'site_addr_rd', 'site_addr', 'upso_
            site_telno', 'bman_stdt', 'site_stdt', 'dcb_ymd', 'dcb_gbn_nm', 'dcb_why', 'snt_
            uptae_nm', 'ge_eh_yn', 'site_loc_gbn', 'perm_nt_no', 'ntn', 'addr2', 'lat', 'lng')
            values('$cgg_code', '$cob_code', '$yy', '$upso_sno', '$cob_nm', '$perm_ymd',
            '$upso_nm', '$site_addr_rd', '$site_addr', '$upso_tel', '$bman_stdt', '$site_
            stdt', '$dcb_ymd', '$dcb_gbn', '$dcb_why', '$uptae_nm', '$ge_eh', '$loc_gbn',
            '$perm_no', '$ntn', '$addr2', '$lat', '$lng')";
88
89          print_r($query);
90
91          db_query($query);
92          $i++;
93      }
94   ?>
```

2만 건이 넘는 자료를 돌리다 보면 예상치 못한 문제가 생겨서 프로그램이 종료되는 경우가 있는데 대부분이 insert 쿼리문의 문법 오류이므로 문제가 생긴 행의 idx를 통해 데이터를 정비하는 작업이 필요하다(보통 특수 문자에서 문제가 생기며 이를 제거하거나 교체하면 해결된다). 문제가 되는 행 번호를 찾아 데이터를 조회하고 해당 필드를 찾아 데이터를 수정한 후 다시 프로그램을 실행시켜 본다. 프로그램을 다시 실행시킬 때는 시작 매개변수로 idx 값을 넣어야 그 idx 행부터 작업이 계속된다.

배치 프로그램을 다 돌리고 테이블을 조회하면 주소 변환이 안 된 자료도 가끔 볼 수 있을 것이다. 이는 현재 존재하는 주소가 아닌 경우가 대부분이므로 무시하거나 삭제해도 무방하다.

05 셀 만들기 프로그램

앞에서 제작한 대용량 주소 변환 프로그램을 통해 주소를 좌표로 변환하고 이를 [tbreggis] 테이블에 저장하였다. 이제 SQL 쿼리를 통해 위도 및 경도의 최대·최소값을 쉽게 뽑을 수 있다. 위도의 최대·최소값과 경도의 최대·최소값, 이 네 꼭지점을 서로 연결하면 모든 주소가 포함된 하나의 큰 사각형을 그릴 수 있는데, 여기에 100m 혹은 50m 간격으로 가로·세로 선을 그어 격자 모양의 셀을 만들고자 한다.

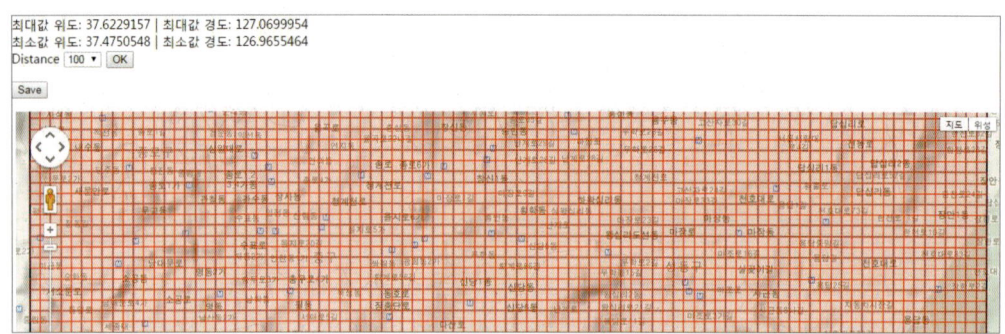

▲ 100m 격자로 그린 셀

지도상에서 좌표와 좌표 사이의 거리를 구할 때 좌표와 좌표를 잇는 직선거리를 계산하면 정확하지 않다. 왜냐하면 지도는 평면처럼 보이는 것일뿐 지구라는 구 형태의 입체적 원형을 펼친 것이기 때문이다. 따라서 이를 감안하고 계산해야 보다 정확한 거리를 구할 수 있다. 좌표와 좌표의 거리를 구하는 방법은 Vincenty가 제안한 방법을 참고하기 바란다(http://www.movable-type.co.uk/scripts/latlong-vincenty.html#direct).

저자는 인터넷 검색을 통해 PHP 문법으로 만든 코드를 참조하여 distance 함수를 제작하였다. 이제 A와 B 지점의 거리를 구하고자 할 때 A의 위도와 경도, B의 위도와 경도를 입력하고 단위(Kilometer, Nautical Mile 혹은 Mile)를 입력하면 좌표 간 거리를 쉽게 구할 수 있다.

[tbreggis] 테이블의 위도·경도의 최대·최소값을 이용하여 위의 그림과 같이 모든 데이터가 포함된 전 지역을 덮는 큰 사각형을 일정한 단위로 잘게 나눈 셀을 구한 후, 이를 데이터베이스 테이블에 저장하는 프로그램을 만들어 보자. 최종적으로 생성되는

데이터베이스 테이블명은 [기준단위m_latlng]이며 여기에 각 셀의 좌측 상단 좌표와 우측 하단 좌표가 저장될 것이다. PHP 프로그램은 실행 매개변수로 셀의 기준 단위 (**예** 50m, 100m, 200m 등) 값을 요구한다.

```php
01  <?php
02
03      header("Content-Type: text/html; charset=UTF-8");
04
05      $_SERVER['REMOTE_ADDR'] = '127.0.0.1';
06      define('DRUPAL_ROOT', 'C:/APM_Setup/htdocs'); //드루팔 웹루트 경로를 입력한다.
07      require_once DRUPAL_ROOT . '/includes/bootstrap.inc';
08      drupal_bootstrap(DRUPAL_BOOTSTRAP_FULL);
09
10      db_set_active('datamap'); // 데이터베이스 명을 입력한다.
11
12      //실행 파라미터 기준 셀 크기
13      $in = $_SERVER['argv'];
14      print_r($in);
15      $dist = $in[1];
16
17      /**
18       * 거리 좌표 변환 함수
19       */
20      function distance($lat1, $lon1, $lat2, $lon2, $unit)
21      {
22          $theta = $lon1 - $lon2;
23          $dist = sin(deg2rad($lat1)) * sin(deg2rad($lat2)) + cos(deg2rad($lat1)) * cos(deg2rad($lat2)) * cos(deg2rad($theta));
24          $dist = acos($dist);
25          $dist = rad2deg($dist);
26          $miles = $dist * 60 * 1.1515;
27          $unit = strtoupper($unit);
28          If($unit == "K")
29          {
30              return ($miles * 1.609344);
31          }
32          else if ($unit == "N")
```

```
33        {
34            return ($miles * 0.8684);
35        }
36        else
37        {
38            return $miles;
39        }
40    }
```

[tbreggis] 테이블로부터 위도·경도 필드의 최대·최소값을 구한 후 최상단 위도로
부터 0.000001씩 값을 증가시키면서 기준 단위에 도달한 경우 이를 배열에 저장한다.
최상단 위도로부터 각각의 셀 값을 구하고 난 후에는 최상단 경도로부터 0.000001씩
값을 증가시키면서 같은 방식으로 구한다. 이로서 최상단 좌표를 기준으로 기준 단위
만큼 증가시켜 계산한 가로·세로 좌표값의 배열이 완성되어 lats[ ]와 lngs[ ]에 저장
되었다. center 변수는 전체 영역의 중앙 지점을 나타내며 지도 시작 지점으로서 참고
하기 위해 구하였다.

```
41
42    $origin = array();
43
44    $query = "select max(lat) as lat from tbreggis";
45    $result = db_query($query);
46    foreach($result as $item) print '최대값 위도: '.$item->lat.' | ';
47    $lat1 = $item->lat;
48
49    $query = "select max(lng) as lng from tbreggis";
50    $result = db_query($query);
51    foreach($result as $item) print '최대값 경도: '.$item->lng.'<br>';
52    $lng1 = $item->lng;
53
54    $query = "select min(lat) as lat from tbreggis where lat != ""；
55    $result = db_query($query);
56    foreach($result as $item) print '최소값 위도: '.$item->lat.' | ';
57    $lat2 = $item->lat;
58
```

```
59    $query = "select min(lng) as lng from tbreggis where lng != ""';
60    $result = db_query($query);
61    foreach($result as $item) print '최소값 경도: '.$item->lng.'<br>';
62    $lng2 = $item->lng;
63
64    $origin = array(
65        'lat1' => $lat1,
66        'lat2' => $lat2,
67        'lng1' => $lng1,
68        'lng2' => $lng2
69    );
70    $lngs[] = $lng2;
71    $lats[] = $lat2;
72
73    $width = distance($lat1, $lng1, $lat1, $lng2, "K") * 1000;
74
75    $clat = ($lat1 + $lat2) / 2;
76    $clng = ($lng1 + $lng2) / 2;
77    $center = $clat.','.$clng;
78
79    $lng3 = $lng2;
80    $break = false;
81    for($i = 0.0000001, $j = 0; ;$j++){
82        $lng3 += $i;
83        $w = distance($lat1, $lng2, $lat1, $lng3, "K") * 1000;
84        if($w > $dist){
85            $lngs[] = $lng3;
86            $lng2 = $lng3;
87            if($lng3 > $lng1) break;
88        }
89    }
90
91    $lat3 = $lat2;
92    $break = false;
93    for($i = 0.0000001; ; ){
94        $lat3 += $i;
95        $w = distance($lat2, $lng1, $lat3, $lng1, "K") * 1000;
```

CHAPTER6 • 상업지구 빅데이터 분석 프로젝트 163

```php
96      if($w > $dist){
97        $lats[] = $lat3;
98        $lat2 = $lat3;
99        if($lat3 > $lat1) break;
100     }
101   }
102
103   $count['lat'] = count($lats) - 1;
104   $count['lng'] = count($lngs) - 1;
105
106   for($i=0, $k=0; $i<$count['lat']; $i++){
107     for($j=0; $j<$count['lng']; $j++, $k++){
108       $data[$k][0] = $lats[$i];
109       $data[$k][1] = $lats[$i+1];
110       $data[$k][2] = $lngs[$j];
111       $data[$k][3] = $lngs[$j+1];
112     }
113   }
114
115   $sql = "DROP TABLE IF EXISTS '".$dist."m_latlng';";
116   print $sql.'<br>';
117   db_query($sql);
118
119   $sql = "CREATE TABLE '".$dist."m_latlng' (
120           'ID' bigint(20) NOT NULL AUTO_INCREMENT,
121           'lat1' varchar(255) CHARACTER SET utf8 COLLATE utf8_unicode_ci
                  DEFAULT NULL,
122           'lat2' varchar(255) CHARACTER SET utf8 COLLATE utf8_unicode_ci
                  DEFAULT NULL,
123           'lng1' varchar(255) CHARACTER SET utf8 COLLATE utf8_unicode_ci
                  DEFAULT NULL,
124           'lng2' varchar(255) CHARACTER SET utf8 COLLATE utf8_unicode_ci
                  DEFAULT NULL,
125         PRIMARY KEY ('ID')
126       ) ENGINE=InnoDB DEFAULT CHARSET=utf8;";
127   print $sql.'<br>';
128   db_query($sql);
```

```
129
130    foreach($data as $item):
131        $insert = "insert into ".$dist."m_latlng (lat1, lat2, lng1, lng2) values('".$item[0]."',
           '".$item[1]."', '".$item[2]."', '".$item[3]."');";
132        print $insert.'<br>';
133        db_query($insert);
134    endforeach;
135
136  ?>
137
```

　좌상단 좌표를 시작으로 하여 일정 간격(기준 면적)만큼 증가시키면서 기준이 되는 가로·세로 셀 배열(lats[], lngs[])을 한 줄씩 완성시켰으면, 이제 전체 사각형 영역의 나머지 면적을 채우기 위해 다시 한 번 반복 루프를 통해 위도 방향으로 셀을 한 칸씩 증가시키면서 경도 방향 셀을 한 줄씩 만든다. 이와 같이 하여 전체 셀을 완성할 수 있고 각 셀을 그리는 데 필요한 좌상단 좌표와 우하단 좌표가 구해진다. 최종적으로는 data[0] 배열에는 위도의 상단값(최소값)이, data[1] 배열에는 위도의 하단값(최대값)이, data[2] 배열에는 경도의 우측값(최소값)이, data[3] 배열에는 경도의 좌측값(최대값)이 저장된다. 이제는 반복 루프를 돌면서 [거리m_latlng] 테이블에 각 셀별 고유번호와 위도·경도의 최대·최소값을 넣는 일만 남았다.

　프로그램 이름을 'make_cells.php'로 저장한다. 이제 [명령 프롬프트] 창을 실행시키고 "php make_cells.php 100"이라고 입력하여 100m 단위 셀 테이블을 구축해 보자.

셀 통계 구축 프로그램

 앞에서 제작한 셀 만들기 프로그램을 통해 데이터 전역을 격자로 나눈 가로, 세로 100m 크기의 정사각형 셀 좌표 꾸러미를 구축하였다. 이제는 각 셀 안에 존재하는 사업장의 등록·폐업 데이터 개수를 업태별로 계산한 통계를 구하는 프로그램을 구축하고자 한다. 업태별 데이터 개수는 영업 중인 사업장과 폐업한 사업장의 모든 히스토리가 담긴 데이터 개수를 의미한다.

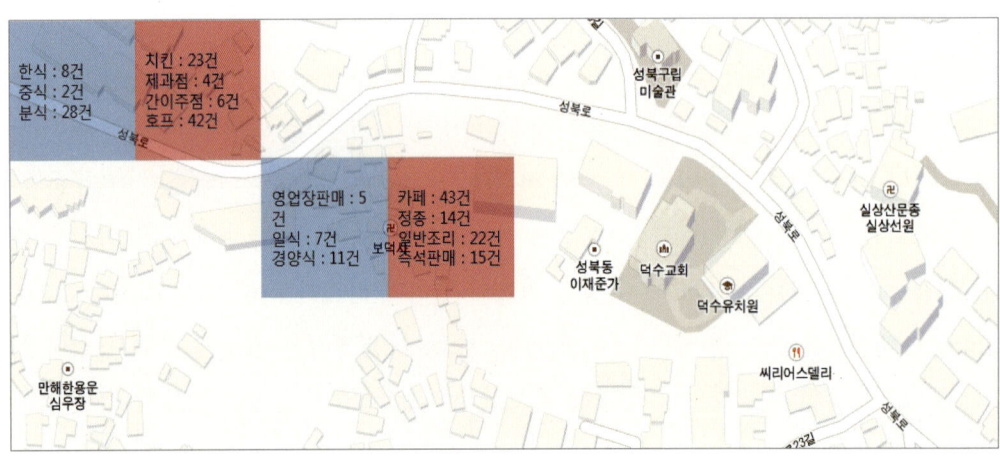

▲ 상업지구 분석 맵 기획 화면

 프로그램에서는 각 셀 안에 존재하는 업태별 데이터 개수를 계산하기 위해 'get_count'라는 함수를 별도로 만들었다. get_count 함수는 셀의 좌상 좌표와, 우하 좌표 및 업태(그룹)를 매개변수로 받으며 셀 안에 존재하는 업태(그룹)별 사업자 등록·폐업 데이터 카운트를 집계하여 리턴값으로 돌려준다. 셀 안의 업태별 데이터 카운트 집계 결과가 나오면 이를 저장하기 위한 [tbtypecnt] 테이블이 필요하다. 여기에 19개의 업태(그룹)별 카운트를 저장하기 위해 type1부터 type19까지의 필드를 만들 필요가 있다.

 [tbtypecnt] 테이블의 DDL은 소스코드 안에 포함되어 있으므로 프로그램 실행 시 매번 테이블이 자동으로 만들어질 것이다.

```php
01  <?php
02      header("Content-Type: text/html; charset=UTF-8");
03
04      $_SERVER['REMOTE_ADDR'] = '127.0.0.1';
05      define('DRUPAL_ROOT', 'C:/APM_Setup/htdocs'); //드루팔 웹루트 경로를 입력한다.
06      require_once DRUPAL_ROOT . '/includes/bootstrap.inc';
07      drupal_bootstrap(DRUPAL_BOOTSTRAP_FULL);
08
09      db_set_active('datamap'); // 데이터베이스 명을 입력한다.
10
11
12      //실행 파라미터 기준 셀 크기
13      $in = $_SERVER['argv'];
14      print_r($in);
15      $dist = $in[1];
16
17      function get_count($lat1, $lat2, $lng1, $lng2, $type)
18      {
19          $sql = "select count(*) as total from tbreggis where ";
20          $sql .= " (lat <= {$lat2} and lng >= {$lng1})";
21          $sql .= " and (lat <= {$lat2} and lng <= {$lng2})";
22          $sql .= " and (lat >= {$lat1} and lng <= {$lng2})";
23          $sql .= " and (lat >= {$lat1} and lng >= {$lng1})";
24
25          if($type != ''){
26          $sql .= " and snt_uptae_nm in({$type})";
27          }
28          print_r($sql);
29
30          $query = db_query($sql);
31
32          if($query){
33            foreach($query as $r){
34                if(isset($r->total)){
35                $cnt1 = $r->total;
36                print_r("->".$cnt);
37
```

```
38              return $cnt1;
39            }
40          }
41        }
42      return 0;
43    }
44
45    $sql = "DROP TABLE IF EXISTS 'tbtypecnt';";
46    print $sql;
47    db_query($sql);
48
49    $sql = "CREATE TABLE 'tbtypecnt' (
50            'idx' int(12) NOT NULL,        'dist' int(12) NOT NULL,
51            'cnt' int(12) NOT NULL,        'type1' int(12) NOT NULL,
52            'type2' int(12) NOT NULL,    'type3' int(12) NOT NULL,
53            'type4' int(12) NOT NULL,    'type5' int(12) NOT NULL,
54            'type6' int(12) NOT NULL,    'type7' int(12) NOT NULL,
55            'type8' int(12) NOT NULL,    'type9' int(12) NOT NULL,
56            'type10' int(12) NOT NULL,  'type11' int(12) NOT NULL,
57            'type12' int(12) NOT NULL,  'type13' int(12) NOT NULL,
58            'type14' int(12) NOT NULL,  'type15' int(12) NOT NULL,
59            'type16' int(12) NOT NULL,  'type17' int(12) NOT NULL,
60            'type18' int(12) NOT NULL,  'type19' int(12) NOT NULL,
61            PRIMARY KEY ('idx')
62        ) ENGINE=InnoDB DEFAULT CHARSET=utf8;";
63
64    print $sql.'<br>';
65    db_query($sql);
66
```

앞에서 만든 셀 만들기 프로그램을 통해 [100m_latlng] 테이블에 저장된 각 셀의
좌표를 구해서 19종의 업태(그룹)별로 get_count 함수를 호출하여 계수한 히스토리
(등록/폐업) 카운트를 [tbtypecnt] 테이블의 type1~type19 필드에 저장한다.

```
67
68      $sql = "select * from ".$dist."m_latlng";
69
70      $result = db_query($sql);
71      print_r($sql);
72
73      $i=1;
74      foreach($result as $item)
75      {
76          $idx = $item->ID;
77          $lat1 = $item->lat1;
78          $lat2 = $item->lat2;
79          $lng1 = $item->lng1;
80          $lng2 = $item->lng2;
81
82          $cnt = get_count($lat1,$lat2,$lng1,$lng2);//셀 안의 전업태 카운트
83
84          if($cnt > 0)
85          {
86              $type1 = get_count($lat1,$lat2,$lng1,$lng2,"'건강기능식품일반판매','건강기
                능식품수입업','건강기능식품유통전문판매업','식품등 수입판매업'");
87              $type2 = get_count($lat1,$lat2,$lng1,$lng2,"'기타','과자점','기타식품판매
                업'");
88              $type3 = get_count($lat1,$lat2,$lng1,$lng2,"'간이주점','관광호텔나이트(디스
                코)','단란주점','룸살롱','스텐드바','요정','카바레'");
89              $type4 = get_count($lat1,$lat2,$lng1,$lng2,"'정종','대포집(선술집)','호프(소
                주방)'");
90              $type5 = get_count($lat1,$lat2,$lng1,$lng2,"'김밥(도시락)','분식','일반조리판
                매'");
91              $type6 = get_count($lat1,$lat2,$lng1,$lng2,"'위탁급식영업','집단급식소','집
                단급식소 식품판매업','철도역구내','출장조리'");
92              $type7 = get_count($lat1,$lat2,$lng1,$lng2,"'식용얼음판매업','식육취급','식품
                소분업','식품운반업','식품제조가공업','식품첨가물제조업','용기.포장지제조업'");
93              $type8 = get_count($lat1,$lat2,$lng1,$lng2,"'영업장판매','유통전문판매업'");
94              $type9 = get_count($lat1,$lat2,$lng1,$lng2,"'다단계판매','방문판매','전자상
                거래(통신판매업)','전화권유판매'");
95              $type10 = get_count($lat1,$lat2,$lng1,$lng2,"'통닭(치킨)','패스트푸드'");
```

```php
96      $type11 = get_count($lat1,$lat2,$lng1,$lng2,"'한식'");
97      $type12 = get_count($lat1,$lat2,$lng1,$lng2,"'중국식'");
98      $type13 = get_count($lat1,$lat2,$lng1,$lng2,"'일식','복어취급','생선회'");
99      $type14 = get_count($lat1,$lat2,$lng1,$lng2,"'경양식','뷔페식','탕류'");
100     $type15 = get_count($lat1,$lat2,$lng1,$lng2,"'카페','다방','전통찻집','커피숍'");
101     $type16 = get_count($lat1,$lat2,$lng1,$lng2,"'즉석판매제조가공업'");
102     $type17 = get_count($lat1,$lat2,$lng1,$lng2,"'제과점영업'");
103     $type18 = get_count($lat1,$lat2,$lng1,$lng2,"'백화점'");
104     $type19 = get_count($lat1,$lat2,$lng1,$lng2,"'식품자동판매기영업'");
105
106     if($cnt > 0)
107     {
108         $insert = "insert into tbtypecnt values($idx, $dist, $cnt, $type1,
            $type2, $type3, $type4, $type5, $type6, $type7, $type8, $type9,
            $type10, $type11, $type12, $type13, $type14, $type15, $type16,
            $type17, $type18, $type19)";
109         print $insert.'<br>';
110         db_query($insert);
111     }
112     }
113     $i++;
114 }
115
116 ?>
117
```

프로그램의 이름을 'analyze_cells.php'라고 저장한다. [명령 프롬프트] 창을 띄우고 "php analyze_cells.php 100" 명령을 실행한다. 이로써 모든 셀을 대상으로 그 안에 존재하는 19종의 업태별 통계가 [tbtypecnt] 테이블에 구축될 것이다.

블루오션 · 레드오션 노드 생성 프로그램

앞에서 만든 프로그램을 통해 데이터 원본의 주소를 좌표로 변환하고, 좌표를 통해 셀을 만들고, 셀을 통해 업태별 카운터를 집계하는 세 단계 과정을 모두 마쳤다. 이제는 여기서 더 나아가 셀 안의 사업자 등록 · 폐업 히스토리 데이터를 바탕으로 셀 보고서를 만들고, 셀 내 업태(그룹)별 폐업률과 전 지역 업태(그룹)별 폐업률을 각각 구하여 셀별 폐업률이 전 지역 폐업률보다 높은지 낮은지를 분석하고자 한다. 만약 셀 내 폐업률이 전 지역 폐업률보다 높으면 레드오션이고 낮으면 블루오션으로 구분할 것이다(블루오션 · 레드오션을 구분하는 기준이 전 기간에 걸친 누적된 평균값을 사용하므로 이러한 구분이 빠른 시대상을 반영하지는 못할 수도 있으나, 보수적 관점에서 시장 분위기를 참고하는 데 도움이 될 것이라 예상한다).

```php
01  <?php
02      header("Content-Type: text/html; charset=UTF-8");
03
04      $_SERVER['REMOTE_ADDR'] = '127.0.0.1';
05      define('DRUPAL_ROOT', 'C:/APM_Setup/htdocs'); //드루팔 웹루트 경로를 입력한다.
06      require_once DRUPAL_ROOT . '/includes/bootstrap.inc';
07      drupal_bootstrap(DRUPAL_BOOTSTRAP_FULL);
08
09      //실행 파라미터 기준 셀 크기
10      $in = $_SERVER['argv'];
11      print_r($in);
12      $dist = $in[1];
13
14      $rate5all = array();
15
16      $query = "select * from ".$dist."m_latlng a, tbtypecnt b where a.id = b.idx";
17      $result = db_query($query);
18
19
20      foreach($result as $item)
21      {
```

```
22        print $item->cnt.": $item->cnt\n";
23
24        $idx = $item->idx;
25        $cnt = $item->cnt;
26        $lat1 = $item->lat1;
27        $lat2 = $item->lat2;
28        $lng1 = $item->lng1;
29        $lng2 = $item->lng2;
30
31        $type1 = $item->type1;
32        $type2 = $item->type2;
33        $type3 = $item->type3;
34        $type4 = $item->type4;
35        $type5 = $item->type5;
36        $type6 = $item->type6;
37        $type7 = $item->type7;
38        $type8 = $item->type8;
39        $type9 = $item->type9;
40        $type10 = $item->type10;
41        $type11 = $item->type11;
42        $type12 = $item->type12;
43        $type13 = $item->type13;
44        $type14 = $item->type14;
45        $type15 = $item->type15;
46        $type16 = $item->type16;
47        $type17 = $item->type17;
48        $type18 = $item->type18;
49        $type19 = $item->type19;
50
```

❶ 먼저 최초 1회에 한하여 각 업태(그룹)별 전 지역 폐업률 평균을 구하여 rate5all 배열에 저장한다(여기서는 변수명의 의미는 신경 쓰지 않아도 된다).

```
51        $sql = "select sum( case DCB_GBN_NM when '' then 0 else 1 end) as dcount, sum(
          case DCB_GBN_NM when '' then 1 else 0 end) as lcount from tbreggis w here ";
52        $sqlall = $sql;
```

```
53      $sql .= " (lat <= {$lat2} and lng >= {$lng1})";
54      $sql .= " and (lat <= {$lat2} and lng <= {$lng2})";
55      $sql .= " and (lat >= {$lat1} and lng <= {$lng2})";
56      $sql .= " and (lat >= {$lat1} and lng >= {$lng1})";
57      $sqlorg = $sql;
58      $sqltype;
59
60      for($i=1; $i<=19; $i++){
61          $sqltype = '';
62          if($type1 > 0 && $i==1) $sqltype = "('건강기능식품일반판매','건강기능식품수입
            업','건강기능식품유통전문판매업','식품등 수입판매업')";
63          if($type2 > 0 && $i==2) $sqltype = "('기타','과자점','기타식품판매업')";
64          if($type3 > 0 && $i==3) $sqltype = "('간이주점','관광호텔나이트(디스코)','단란
            주점','룸살롱','스텐드바','요정','카바레')";
65          if($type4 > 0 && $i==4) $sqltype = "('정종','대포집(선술집)','호프(소주방)')";
66          if($type5 > 0 && $i==5) $sqltype = "('김밥(도시락)','분식','일반조리판매')";
67          if($type6 > 0 && $i==6) $sqltype = "('위탁급식영업','집단급식소','집단급식소
            식품판매업','철도역구내','출장조리')";
68          if($type7 > 0 && $i==7) $sqltype = "('식용얼음판매업','식육취급','식품소분업','
            식품운반업','식품제조가공업','식품첨가물제조업','용기.포장지제조업')";
69          if($type8 > 0 && $i==8) $sqltype = "('영업장판매','유통전문판매업')";
70          if($type9 > 0 && $i==9) $sqltype = "('다단계판매','방문판매','전자상거래(통신
            판매업)','전화권유판매')";
71          if($type10 > 0 && $i==10) $sqltype = "('통닭(치킨)','패스트푸드')";
72          if($type11 > 0 && $i==11) $sqltype = "('한식')";
73          if($type12 > 0 && $i==12) $sqltype = "('중국식')";
74          if($type13 > 0 && $i==13) $sqltype = "('일식','복어취급','생선회')";
75          if($type14 > 0 && $i==14) $sqltype = "('경양식','뷔페식','탕류')";
76          if($type15 > 0 && $i==15) $sqltype = "('카페','다방','전통찻집','커피숍')";
77          if($type16 > 0 && $i==16) $sqltype = "('즉석판매제조가공업')";
78          if($type17 > 0 && $i==17) $sqltype = "('제과점영업')";
79          if($type18 > 0 && $i==18) $sqltype = "('백화점')";
80          if($type19 > 0 && $i==19) $sqltype = "('식품자동판매기영업')";
81
82          if($sqltype)
83          {
84 //           print_r("rate5all".$i." ".$rate5all[$i]);
```

```
85
86              if($rate5all[$i]==0)
87              {
88                  $sql = $sqlall." snt_uptae_nm in".$sqltype;
89                  print_r("rate5all:".$sql);
90                  $dcount1 = 0;
91                  $lcount1 = 0;
92                  $res1 = db_query($sql);
93
94                  foreach($res1 as $item1)
95                  {
96                      $dcount1 = $item1->dcount;
97                      $lcount1 = $item1->lcount;
98                  }
99
100                 $rate5all[$i] = round($dcount1/($lcount1 + $dcount1)*100,2);
101                 print_r("rate5all ".$rate5all[$i]."\n");
102
103             }
104
```

❷ 각 셀 안의 업태(그룹)별 폐업률 평균을 구하고 최근 5년간 업태(그룹)별 폐업률 평균을 구한다. 이것으로 전 구간 업태(그룹)별 폐업률-$rate5all[ ]과 셀 구간 업태(그룹)별 폐업률-$drate, 최근 5년간 셀 구간 업태(그룹)별 폐업률-$drate2, 최근 5년간 셀 구간 업태(그룹)별 시장 증가율-$lrate 등 네 가지 지표를 모두 산출하였다.

```
105             $sql = $sqlorg." and snt_uptae_nm in".$sqltype;
106             $res2 = db_query($sql);
107
108             $dcount2 = 0;
109             $lcount2 = 0;
110             foreach($res2 as $item2)
111             {
112                 $dcount2 = $item2->dcount;
113                 $lcount2 = $item2->lcount;
114             }
```

```
115
116    //          print_r($sql);
117
118                $sql .= " and yy >= '2010'";
119                $res3 = db_query($sql);
120
121                $dcount3 = 0;
122                $lcount3 = 0;
123                foreach($res3 as $item3)
124                {
125                     $dcount3 = $item3->dcount;
126                     $lcount3 = $item3->lcount;
127
128                     if($dcount3=='')$dcount3 = 0;
129                     if($lcount3=='')$lcount3 = 0;
130                }
131
132                $drate = round($dcount2 / ($dcount2 + $lcount2) * 100,2);
133                $drate2 = round($dcount3 / ($dcount3 + $lcount2) * 100,2);
134                $lrate = round($lcount3 / $lcount2 * 100,2);
135
136                $title = $idx."-".$i; // 제목 필드 : 셀의 idx와 업종타입번호 조합
137                print_r($title."\n");
138
139                $desc = $idx."-".$i."   :".$sqltype."<br><br> 폐업수(최근5년 폐업수)/영업수(최
                   근5년 영업수): ".$dcount2."(".$dcount3.")/".$lcount2."(".$lcount3.")<br><br>";
140                $desc .= (" 업종폐업률(전기간):".$rate5all[$i]."%<br> 셀폐업률(전기간):
                   ".$drate."%<br> 셀폐업률(최근5년): ".$drate2."%<br> 셀사업자증가율(최근5
                   년): ".$lrate."%<br><br>");
141
```

❸ 이제 앞에서 구한 네 가지 지표와 더불어 셀 구간 내 업태(그룹)별 사업자 등록·폐업 히스
토리를 일목요연하게 정리한 보고서 콘텐츠를 생성해 보자. 보고서 콘텐츠는 $desc 변수에
저장한다. 만약 사업자가 폐업했다면 폐업 사유를 붉은색 글씨로 강조하여 표시한다. 보고
서 콘텐츠는 'geocomercial' 콘텐츠 타입의 body 필드에 저장할 예정이다. $desc에는 셀 안
에 존재하는 해당 업태(그룹)의 모든 영업장에 대한 정보, 즉 업소명(UPSO_NM), 영업장 주

소(SITE_ADDR), 영업 개시일(SITE_STDT), 폐업일(DCB_YMD), 폐업 사유(DCB_GBN_NM), 업태명(SNT_UPTAE_NM), 국적(NTN) 등의 정보가 영업 개시일 순으로 기록된다.

```php
142
143          $sql = "select * from tbreggis where ";
144          $sql .= " (lat <= {$lat2} and lng >= {$lng1})";
145          $sql .= " and (lat <= {$lat2} and lng <= {$lng2})";
146          $sql .= " and (lat >= {$lat1} and lng <= {$lng2})";
147          $sql .= " and (lat >= {$lat1} and lng >= {$lng1})";
148 //       $sql .= " and yy >= '2010' and snt_uptae_nm in ";
149          $sql .= " and snt_uptae_nm in";
150          $sql .= $sqltype;
151          $sql .= " order by site_stdt";
152
153 //       print_r($sql." ");
154          $res4 = db_query($sql);
155
156          $k = 1;
157          foreach($res4 as $item4)
158          {
159             $upsonm = $item4->UPSO_NM;
160             $siteaddr = $item4->SITE_ADDR;
161             $sitestdt = $item4->SITE_STDT;
162             $dcbymd = $item4->DCB_YMD;
163             $dcbgbn = $item4->DCB_GBN_NM;
164             $uptae = $item4->SNT_UPTAE_NM;
165             $ntn = $item4->NTN;
166
167             $desc .= $k.".";
168             $desc .= ("[".$uptae."] ");
169             $desc .= ($upsonm."|");
170             $desc .= ($siteaddr."|");
171             $desc .= ($sitestdt."~");
172
173             if($dcbymd)
174             {
175                $desc .= ($dcbymd."<font color=red>(");
```

```
176              if($dcbgbn)
177                  $desc .= ($dcbgbn.") </font>");
178              }
179          $desc .= ($ntn."<br>");
180
181 //         print_r($desc." ");
182          $k++;
183          }
184
185      $body = $desc;
186
187 //   print_r($body);      // body에 들어갈 내용
188      $summary = "; // summary에 들어갈 내용
189
```

❹ 끝으로 대량으로 100m 셀을 그릴 수 있는 WKT 형식의 지리 정보가 포함된 'geocomercial'
콘텐츠 타입 노드를 만들어 보자. Zone 필드에는 전 지역 업태(그룹) 폐업률과 셀 구간 업태
(그룹) 폐업률을 비교하여 블루오션·레드오션을 뜻하는 blue/red 값을 입력한다. Sort 필드
에는 1부터 19까지 업태의 고유 번호를 뜻하는 값을 입력한다.

```
190          // 노드 저장 시작
191          $newNode = (object) NULL;
192          $newNode->title = $title;
193          $newNode->type = 'geocomercial';
194          $newNode->uid = 1;
195          $newNode->created = strtotime("now");
196          $newNode->changed = strtotime("now");
197          $newNode->status = 1;
198          $newNode->comment = 1;
199          $newNode->promote = 0;
200          $newNode->moderate = 0;
201          $newNode->sticky = 0;
202          $newNode->tnid = 0;
203          $newNode->translate = 0;
204          $newNode->language = 'ko';
205
```

```
206    // body 필드 : 각 셀에서 진행된 사업자 과거 개폐업 히스토리 정리
207    if(!empty($body)) $newNode->body['und'][0] = array(
208    'value' => $body,
209    'format' => 'full_html'
210    );
211
212    // zone 필드 : 업종의 폐업률이 셀의 폐업률보다 높다면 그 지역은 블루오션이
       고 반대이면 레드오션
213    if($rate5all[$i] > $drate)
214        $newNode->field_zone['und'][0]['value'] = 'blue';
215    else
216        $newNode->field_zone['und'][0]['value'] = 'red';
217
218    //sort 필드 : type1부터 19까지 구분한 숫자값 입력
219    $newNode->field_sort['und'][0]['value'] = $i;
220    $newNode->field_count['und'][0]['value'] = $lcount2."(".$dcount2.")";
221
222    node_save($newNode);
223
224    // 좌표 저장
225    $nid = $newNode->nid;
226    $vid = $newNode->vid;
227
228    $query = "update field_data_field_lonlat set field_lonlat_lat = 0, field_
       lonlat_lon = 0, field_lonlat_geom = 'POLYGON (($lng1 $lat1, $lng2 $lat1,
       $lng2 $lat2, $lng1 $lat2, $lng1 $lat1))', field_lonlat_geo_type = 'polygon',
       field_lonlat_left = '$lng1', field_lonlat_top = '$lat2', field_lonlat_right
       = '$lng2', field_lonlat_bottom = '$lat2', field_lonlat_geohash = 'wydmf'
       where entity_id = $nid";
229    db_query($query);
230
231    $query = "update field_revision_field_lonlat set field_lonlat_lat = 0, field_
       lonlat_lon = 0, field_lonlat_geom = 'POLYGON (($lng1 $lat1, $lng2 $lat1,
       $lng2 $lat2, $lng1 $lat2, $lng1 $lat1))', field_lonlat_geo_type = 'polygon',
       field_lonlat_left = '$lng1', field_lonlat_top = '$lat2', field_lonlat_right
       = '$lng2', field_lonlat_bottom = '$lat2', field_lonlat_geohash = 'wydmf'
       where revision_id = $vid";
```

```
232        db_query($ query);
233
234        print "nid: ".$newNode->nid."Wn";
235
236      }
237    }
238
239   }
240
241  ?>
```

❺ 프로그램 이름을 'make_geocomercial.php'로 저장한다. [명령 프롬프트] 창을 띄우고 "php make_geocomercial.php 100" 명령을 실행시킨다. 이것으로 Make_cell에서 만든 모든 셀을 대상으로 각 셀별 19종의 업태별 보고서가 포함된 대량 지리 정보 노드가 생성되었다.

오픈레이어 뷰(OpenLayers View) 제작 1

앞에서 제작한 'geocomerical' 콘텐츠 타입의 대량 노드를 지도상에 효과적으로 보여주기 위해 각각 블루오션·레드오션 Zone에 속하는 19개 업태(그룹)에 대하여 총 38개의 오픈레이어 데이터 오버레이를 만들고자 한다. 오픈레이어 데이터 오버레이는 지도상의 레이어스위처와 결합하여 실시간으로 레이어를 표시하거나 감추거나 할 수 있는 옵션으로 활용되므로, 이를 감안하여 뷰의 이름이나 데이터 필터링 방식을 설계해야 한다.

❶ 우리가 만들어야 할 38개의 레이어 중 먼저 레드오션에 속하는 한식 사업자에 대한 데이터 오버레이를 만들어 보자. 콘텐츠 관리자 메뉴에서 [구조〉뷰〉Add new view]를 클릭한다.

❷ [View Name] 필드에 "view_type11_red"라고 입력한다. Type11은 한식에 대한 코드 번호이며 red는 레드오션에 속한 지역을 뜻한다. [보이기]에서 '콘텐츠', [of type]에서 앞에서 만든 'geocomercial' 콘텐츠 타입을 선택한다. 그리고 [Create a page]와 [User a pager]의 체크를 해제한다. [Add new view] 설정 화면 맨 하단의 [Continue & edit] 버튼을 클릭하여 설정을 계속한다.

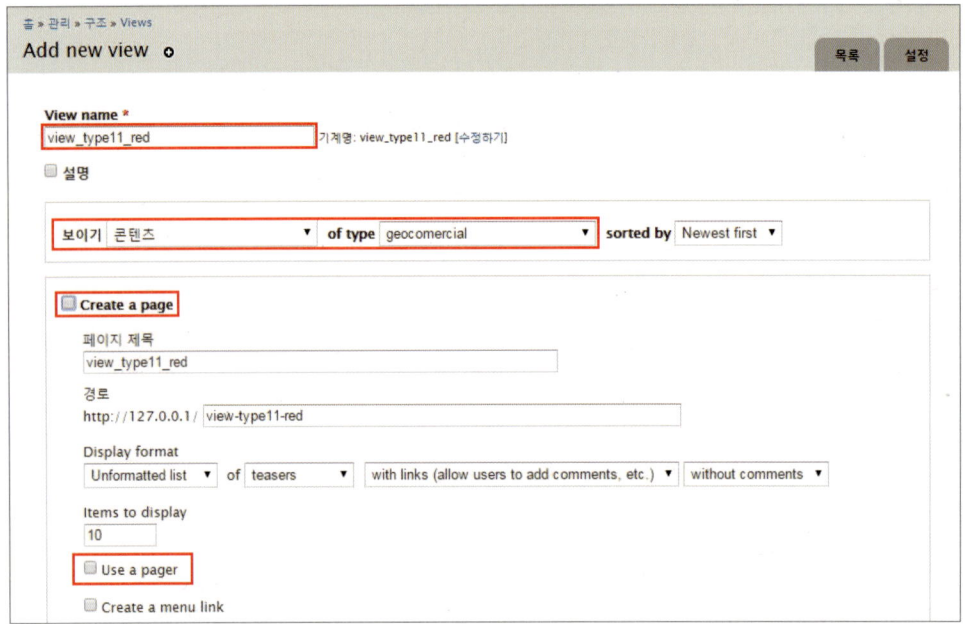

❸ 이어지는 [Displays] 설정에서 [Master] 버튼 오른쪽에 보이는 [추가] 버튼을 클릭하고 [OpenLayers Data Overlay]를 선택한다.

❹ 이제 입력 폼이 [OpenLayers Data Overlay] 형식에 맞게 변경된 것을 확인할 수 있다. [Display name] 필드 오른쪽에 'OpenLayers Data Overlay'라고 표시된 링크를 클릭한다.

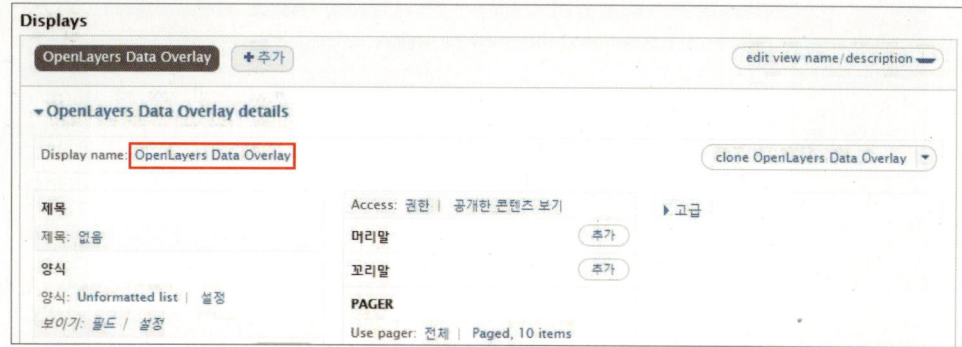

❺ [이름] 항목에 표시할 레이어 명을 "레드_한식"으로 변경하고 [Apply] 버튼을 클릭한다.

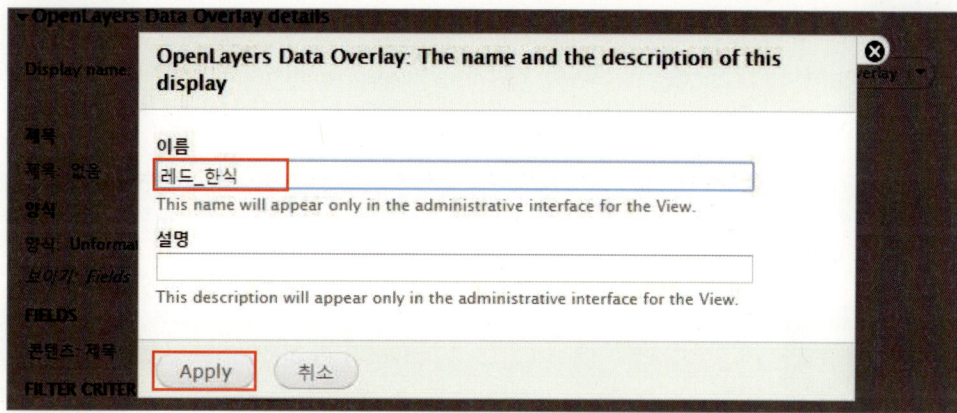

❻ 제목 필드 오른쪽의 [없음] 링크를 클릭하여 제목을 [레드_한식]으로 변경하고 [Apply(all displays)] 버튼을 클릭한다.

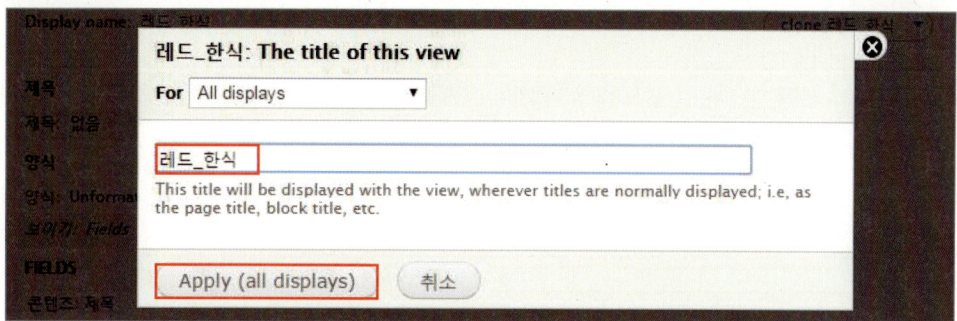

❼ 양식 필드 오른쪽의 [Unformatted list] 링크를 클릭하고 뷰의 양식을 [OpenLayers Vector Data Overlay]로 선택한다.

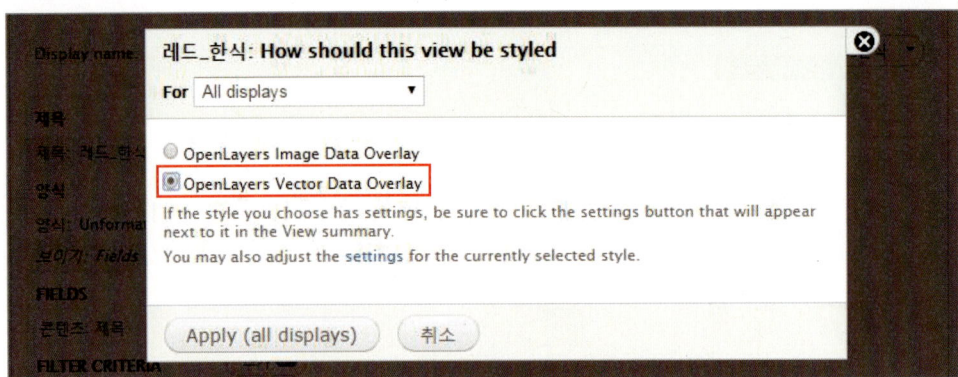

❽ 이어서 나오는 [레드_한식: Style options] 설정에서 [Map Data Sources]에 'WKT'를 선택한다. 하단에 보이는 [WKT Field], [Title Field], [Description Content] 등 나머지 필드도 매칭해야 하나 아직은 해당 필드들이 보이지 않으므로 [Apply(all displays)] 버튼을 클릭하고 밖으로 빠져 나온다.

❾ 스타일 옵션에 매칭시킬 필드를 등록하자. 현재 [FIELDS] 그룹에는 '콘텐츠:제목'만 목록으로 보일 것이다. [FIELDS] 그룹 옆에 있는 [추가] 버튼을 클릭한다.

❿ [Add fields] 설정에서 [찾기]에 "lonlat"를 입력한다. 잠시 뒤 검색 결과가 하단에 나오면 [콘텐츠: lonlat]를 체크하고 [Apply(all displays)] 버튼을 클릭한다.

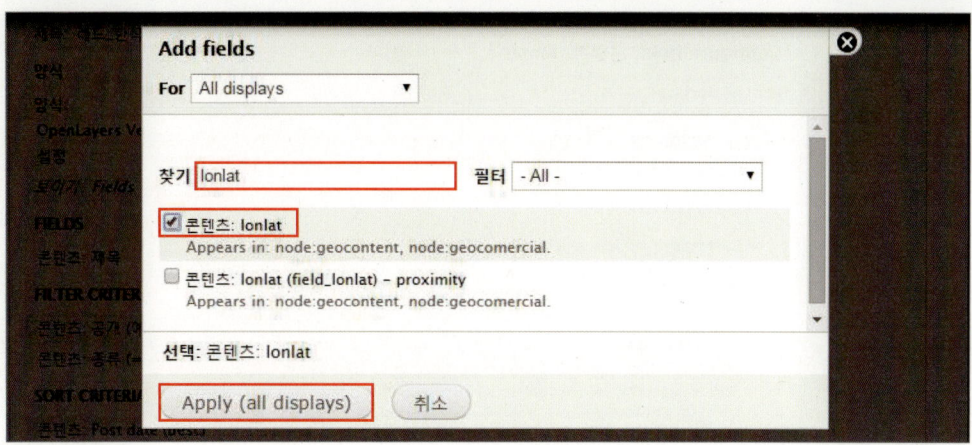

⓫ 이어지는 [Configure field: 콘텐츠: lonlat] 설정에서 [Create a label]의 체크를 해제하고 [Exclude from display]를 체크한다. [Formatter]와 [Data options]는 기본 설정대로 둔다.

⑫ 계속해서 [STYLE SETTINGS]를 클릭하면 다음과 같이 여러 옵션이 나타나는데, 여기서 [Add default classes]의 체크를 해제하고 [Apply(all displays)] 버튼을 클릭한다.

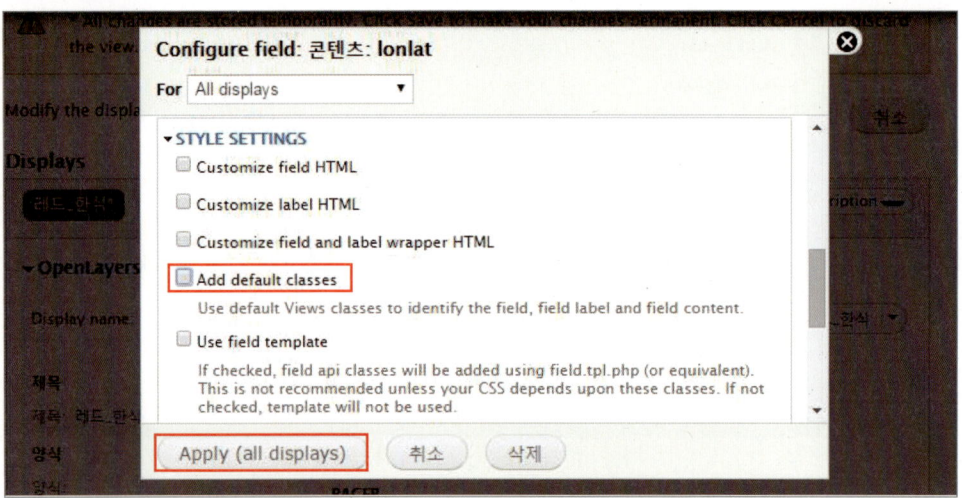

⑬ [FIELDS] 그룹에 '콘텐츠:lonlat'이 추가된 것을 볼 수 있을 것이다. [FIELDS] 그룹 옆에 보이는 [추가] 버튼을 다시 클릭한다.

⑭ [찾기]에 "body"를 입력한다. 잠시 뒤 검색 결과가 하단에 나오면 [콘텐츠: Body]를 체크하여 해당 필드를 선택하고 [Apply(all displays)] 버튼을 클릭한다.

⑮ 이어지는 [Configure field: 콘텐츠: Body] 설정에서 [Create a label]의 체크를 해제하고 나머지는 그대로 둔다. 하단의 [STYLE SETTINGS] 링크를 클릭하고 [Add default classes]의 체크를 해제한 후 [Apply(all displays)] 버튼을 클릭한다.

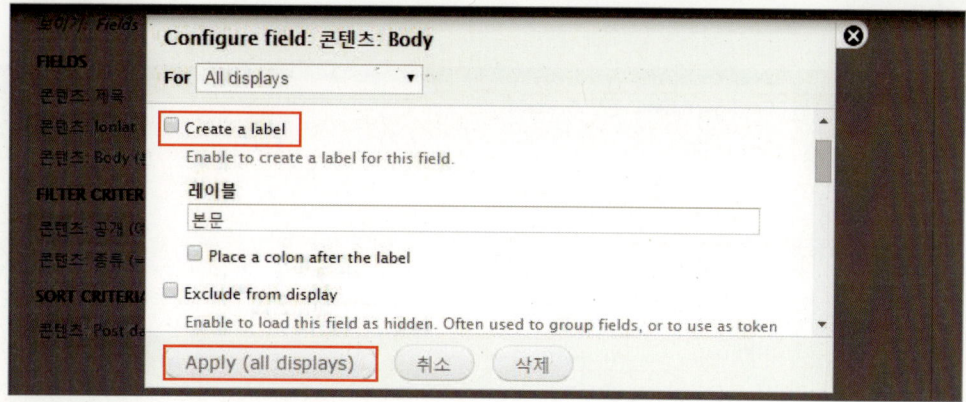

⓰ 다음과 같이 [FIELDS] 그룹에 [콘텐츠:Body]가 추가된 것을 확인할 수 있다. 다시 [FIELDS] 그룹 오른쪽에 있는 [추가] 버튼을 누른다.

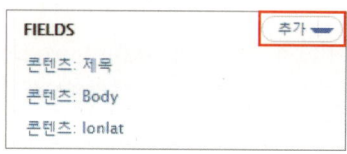

⓱ [찾기]에 "count"를 입력한다. 잠시 뒤 검색 결과가 하단에 나오면 [콘텐츠: count]를 체크 하여 해당 필드를 선택하고 [Apply(all displays)] 버튼을 클릭한다.

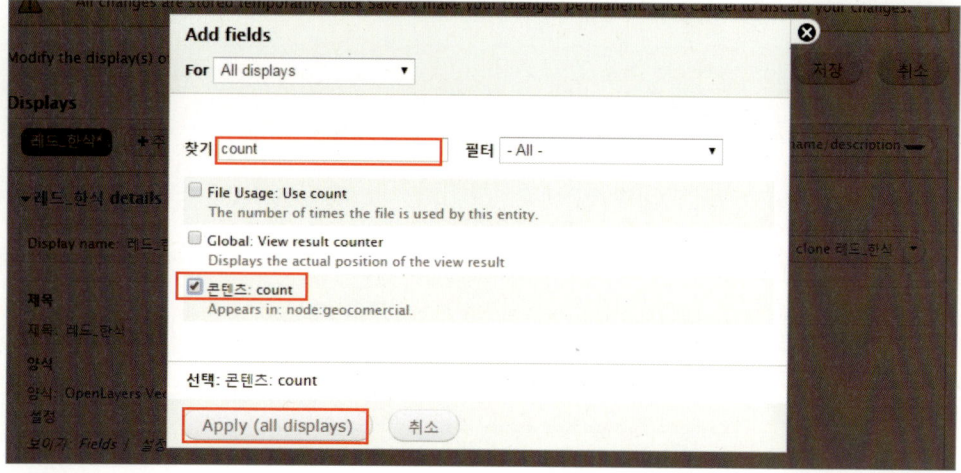

⓲ 이어지는 [Configure field: 콘텐츠: count] 설정에서 [Create a label]과 [Place a colon after the label]의 체크를 해제한다. 하단의 [STYLE SETTINGS] 링크를 클릭하고 [Add default classes]의 체크를 해제한 후 [Apply(all displays)] 버튼을 클릭한다. 이제

[FIELDS] 그룹에 '콘텐츠:count'가 추가된 것을 확인할 수 있다.

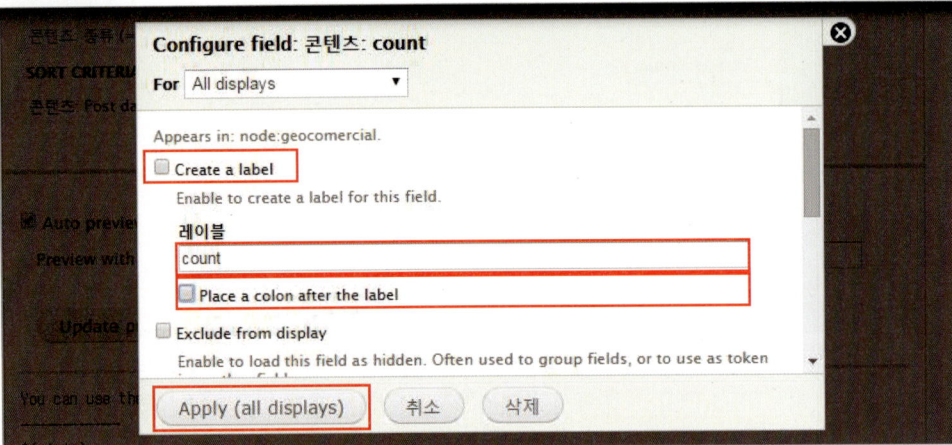

❶❾ [FIELDS] 그룹에 처음부터 존재하였던 [콘텐츠: 제목] 링크를 클릭하고 [Configure field: 콘텐츠: 제목] 설정에서 [Link this field to the original piece of content]의 체크를 해제한다. 하단의 [STYLE SETTINGS] 링크를 클릭하고 [Add default classes]의 체크를 해제한 후 [Apply(all displays)] 버튼을 클릭한다.

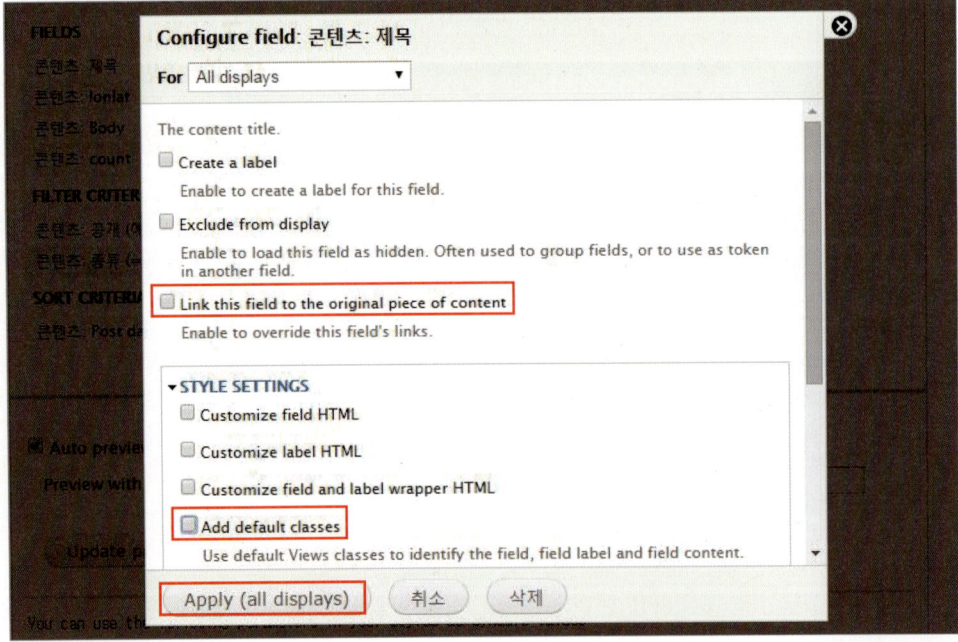

⓴ 필드 등록이 다 끝났으면 [양식] 그룹으로 가서 [OpenLayers Vector Data Overlay] 링크 옆에 보이는 [설정] 링크를 클릭한다. [레드_한식: Style options] 설정에서 [Map Data Sources]에 'WKT'를 선택한다. [WKT Field]에 '콘텐츠 : lonlat (field_lonlat)', [Title Field]에 '콘텐츠 : 제목 (title)', [Description Content]에 '콘텐츠 : Body (body)'를 선택한다.

⓱ 하단의 [ATTRIBUTES AND STYLING]을 클릭하여 옵션을 펼친 후 [${title}], [${body}], [${field_count}]를 체크한다. 이는 향후 오픈레이어 Behavior에서 대체 텍스트 변수를 지정하기 위함이다. [Apply(all displays)] 버튼을 클릭한다.

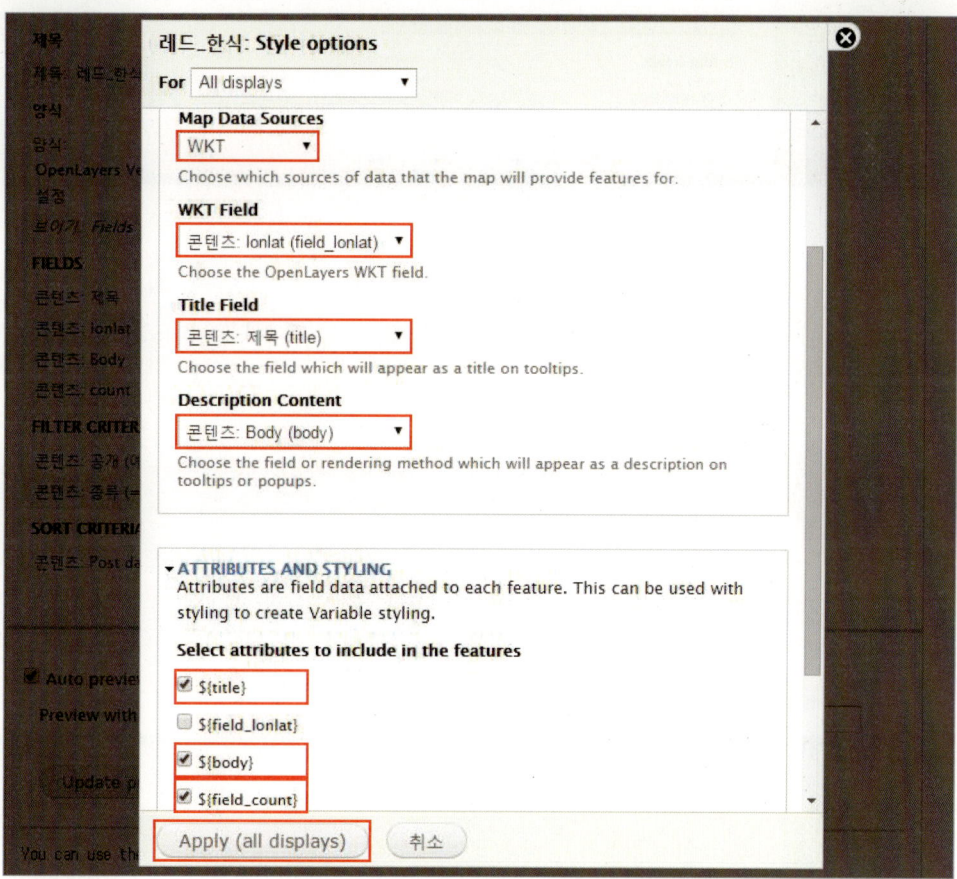

❷❷ 다시 [Displays] 설정으로 돌아와서 [보이기: Fields] 링크 오른쪽의 [설정]을 클릭하고 [Provide default field wrapper elements]의 체크를 해제한다. 이는 하단의 Auto Preview 에서 보이는 바와 같이 각 필드를 감싸는 불필요한 HTML 태그, 가령 ⟨div⟩나 ⟨span⟩ 등을 없애는 역할을 한다. [Inline fields]에는 어떤 필드도 선택하지 않는다. [Apply(all displays)] 버튼을 클릭한다.

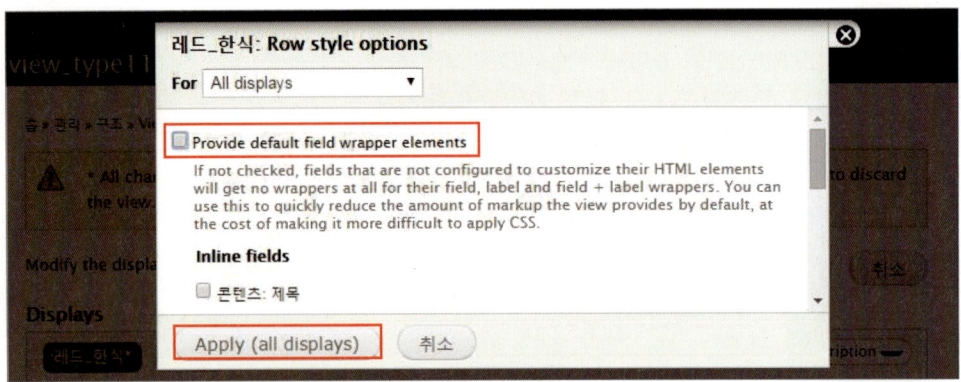

❷❸ [FILTER CRITERIA] 오른쪽의 [추가] 링크를 클릭한다. 필터 조건이라는 뜻의 [FILTER CRITERIA]는 필터에 논리식, 정규식 등 다양한 조건을 주어 콘텐츠 노드를 필터링하는 기 능을 제공한다.

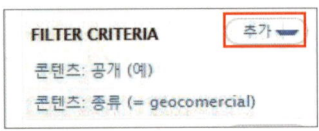

❷❹ [Add filter criteria]에서 [찾기]에 "sort"를 입력하고 하단의 찾기 결과 중 [콘텐츠: sort(field_sort)]를 체크한 후 [Apply(all displays)] 버튼을 클릭한다.

㉕ 이어지는 필터 구성에서 [Operator]의 'Is equal to'를 선택하고 [Value]에 "11"을 입력한다. 이는 sort 필드의 값이 11인 노드를 선택적으로 필터링하겠다는 의미이다. [Apply(all displays)] 버튼을 클릭하고 Auto Preview 영역을 보면 sort 값이 11에 해당하는 한식 콘텐츠만 나타나는 것을 확인할 수 있을 것이다.

❷❻ 다시 [Displays] 설정으로 돌아와서 [FILTER CRITERIA] 오른쪽의 추가 링크를 클릭한
다. [Add filter criteria]에서 [찾기]에 "zone"을 입력하고 하단의 찾기 결과 중 [콘텐츠:
zone(field_zone)]을 체크한다. [Apply(all displays)] 버튼을 클릭한다.

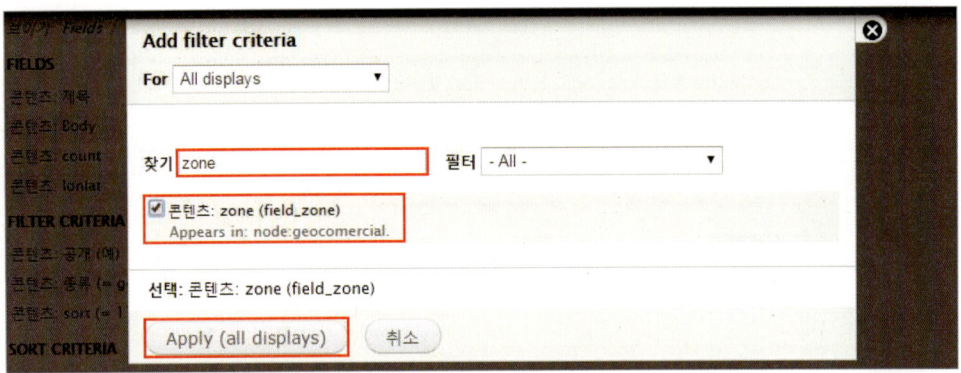

❷❼ 이어지는 필터 구성에서 [Operator]의 [Is one of]를 클릭하고 [선택 사항]에서 'red'를
선택한다. 이는 zone 필드의 값이 red인 노드를 선택적으로 필터링하겠다는 의미이다.
[Apply(all displays)] 버튼을 클릭한 후 Auto Preview 영역을 보면 sort 값이 11에 해당하
는 한식 콘텐츠 중 zone 값이 red에 해당하는, 즉 레드오션 지역의 콘텐츠만 나타나는 것을
확인할 수 있다.

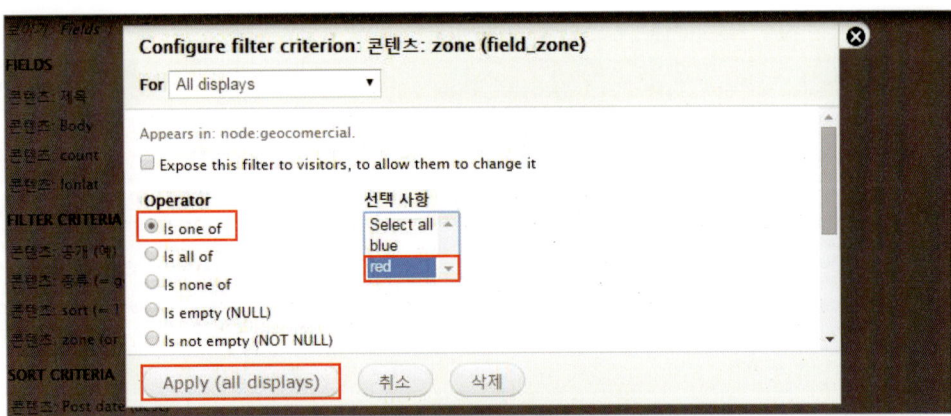

❷❽ 다시 [Displays] 설정으로 돌아와서 [PAGER] 그룹의 [Paged, 10 items] 링크를 클릭한 후 [레드_한식: Pager options]에서 [Items to display]를 "10000"으로 변경한다. 노드가 한 페이지당 최대 10000개까지 표시될 것이다. [Apply(all displays)] 버튼을 클릭한다.

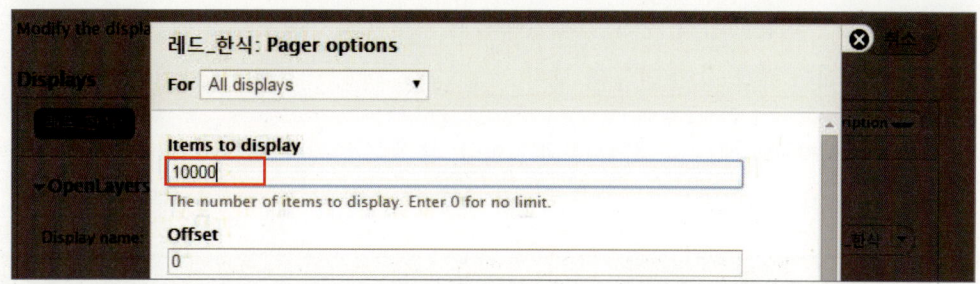

❷❾ [Displays] 설정으로 돌아와서 상단의 [저장] 버튼을 클릭한다. 화면 가운데에 무언가가 진행 중임을 나타내는 아이콘이 움직이고 있더라도 이것이 사라지기를 기다리지 않고 바로 [저장] 버튼을 클릭해도 된다. 만약 [저장] 버튼을 클릭하지 않으면 지금까지 작업한 것이 모두 사라진다.

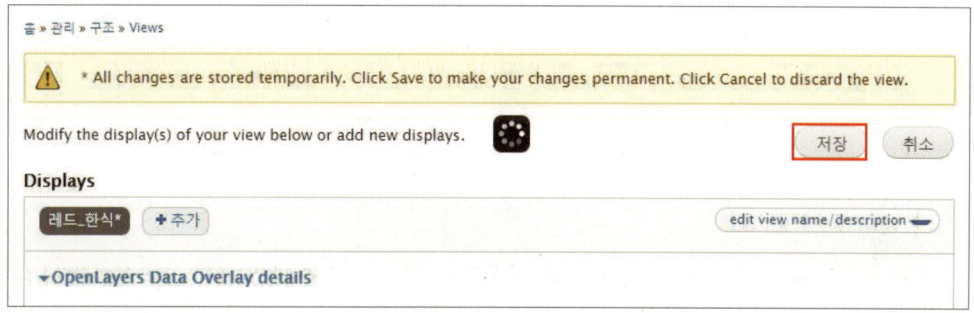

이것으로 레드오션 지역의 한식 업태(그룹)에 대한 오픈레이어 데이터 오버레이 설정을 마쳤다. 이제 나머지 37개의 오픈레이어 데이터 오버레이를 만드는 일이 남았다. 앞에서 수행한 모든 작업을 반복할 필요는 없다. 다만 'view_type11_red'를 복제해서 타이틀 및 디스플레이 네임을 변경하고 필터 조건만 약간 수정하면 되겠다.

09 오픈레이어 뷰(OpenLayers View) 제작 2

앞에서 만든 오픈레이어 데이터 오버레이를 바탕으로 clone을 통해 여러 과정을 단축한 오픈레이어 뷰를 같이 만들어 보자.

❶ 상단의 관리자 메뉴에서 [구조>뷰]를 클릭한다. 뷰 목록 중에서 [view_type11_red]를 찾아서 [수정하기] 버튼 오른쪽의 화살표를 누르고 펼쳐진 메뉴 중 [Clone]을 선택한다.

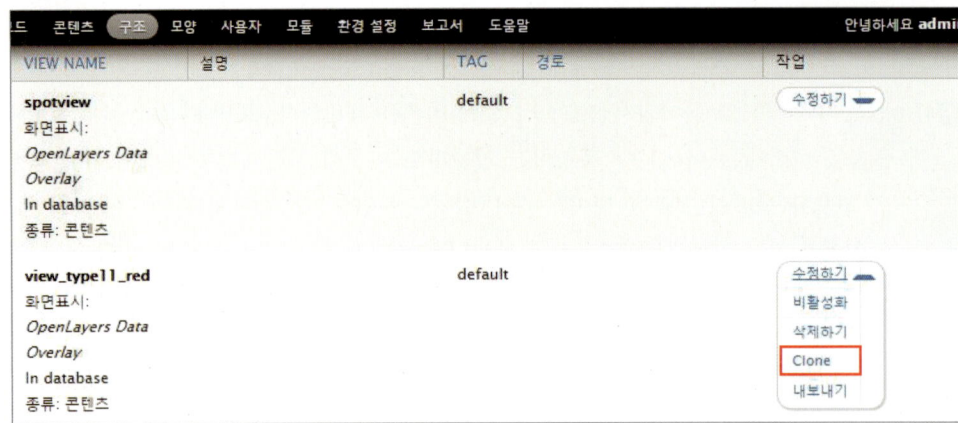

❷ [View name]에 "view_type11_blue"라고 입력하고 [계속] 버튼을 클릭한다.

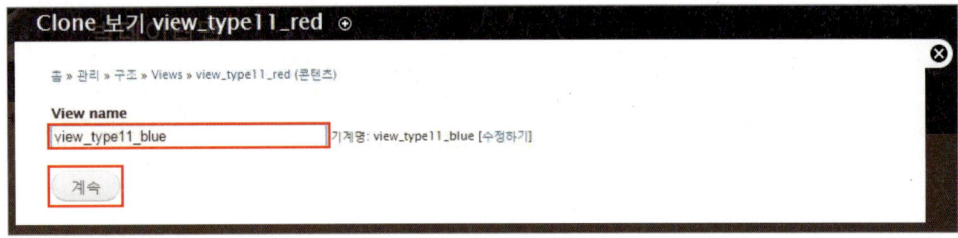

❸ [Display name] 오른쪽의 [레드_한식] 링크를 클릭하고 이름을 [블루_한식]으로 변경한다.

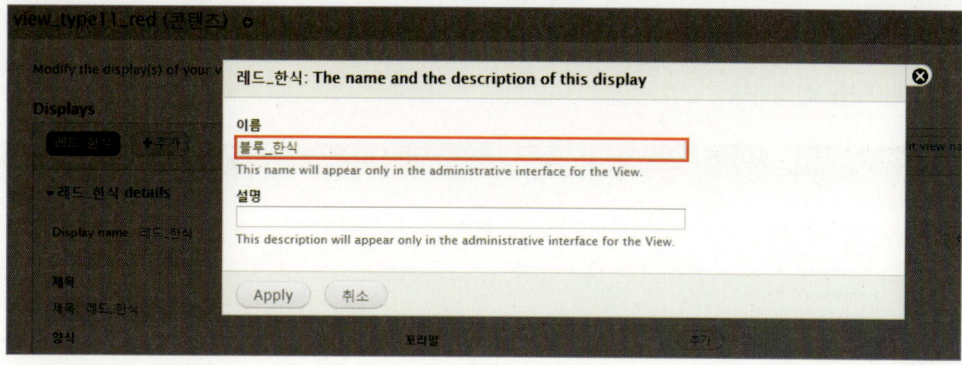

❹ [Displays] 설정으로 돌아와서 [FILTER CRITERIA] 그룹으로 스크롤한다. [콘텐츠: zone (=red)] 링크를 클릭한다.

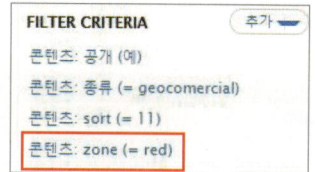

❺ 이어지는 필터 구성에서 [Operator]의 [Is one of]를 선택하고 [선택 사항]에서 'blue'를 선택한 후 [Apply(all displays)] 버튼을 클릭한다. [Displays] 설정으로 돌아와서 상단의 [저장] 버튼을 클릭한다.

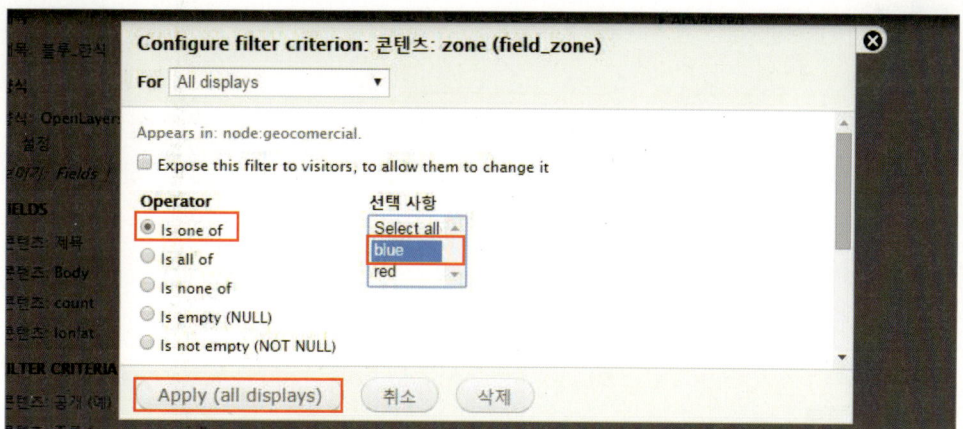

❻ 관리자 메뉴에서 [구조〉뷰]를 클릭한다. 이제 뷰 목록에 [view_type11_blue]가 생긴 것을 볼 수 있다.

다음으로 레드오션 지역 중식에 해당하는 오픈레이어 데이터 오버레이를 추가해 보자.

❶ [view_type11_red]의 [수정하기] 버튼 오른쪽에 보이는 화살표를 누르고 펼쳐진 메뉴 중 [Clone]을 선택한다.

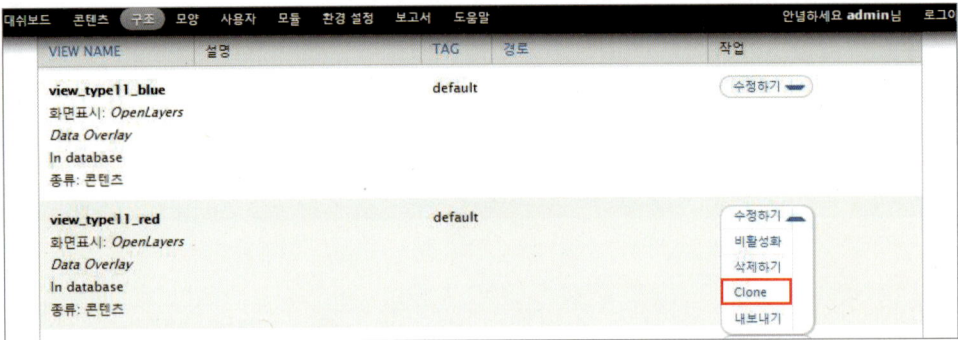

❷ [View name]에 "view_type12_red"라고 입력하고 [계속] 버튼을 클릭한다. 'type12'는 중식의 업태 코드번호이다.

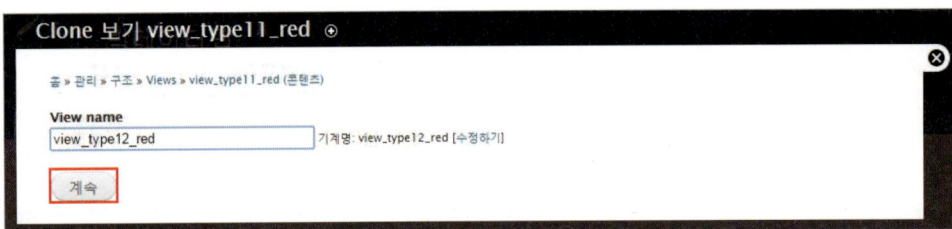

❸ [Display name] 오른쪽의 [레드_한식] 링크를 클릭하고 이름을 [레드_중식]으로 변경한다. [제목] 오른쪽의 [레드_한식] 링크를 클릭하고 이름을 [레드_중식]으로 변경한다.

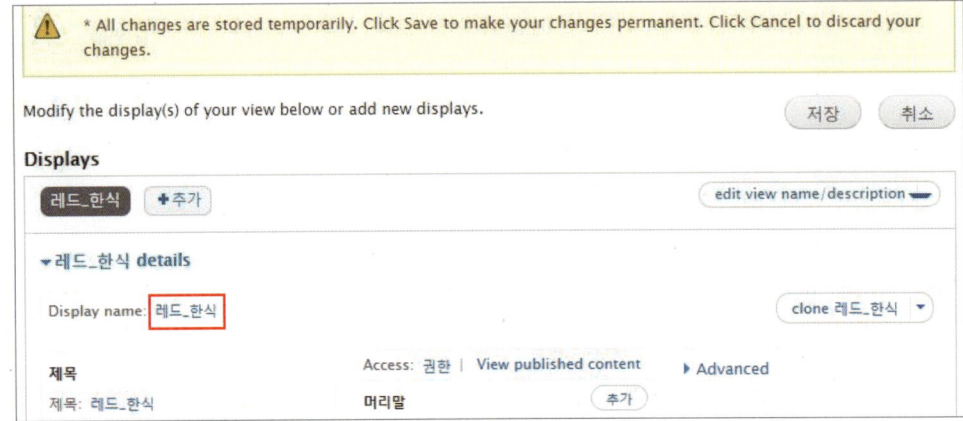

❹ [Displays] 설정으로 돌아와서 [FILTER CRITERIA] 그룹
화면으로 이동하여 [콘텐츠: sort (=11)] 링크를 클릭한다.

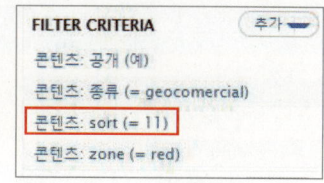

❺ 이어지는 필터 구성에서 [Operator]의 'Is equal to'를 선택하고 [Value]에 "12"를 입력한다.
[Apply(all displays)] 버튼을 클릭한 후 [Displays] 설정으로 돌아와서 상단의 [저장] 버튼
을 클릭한다.

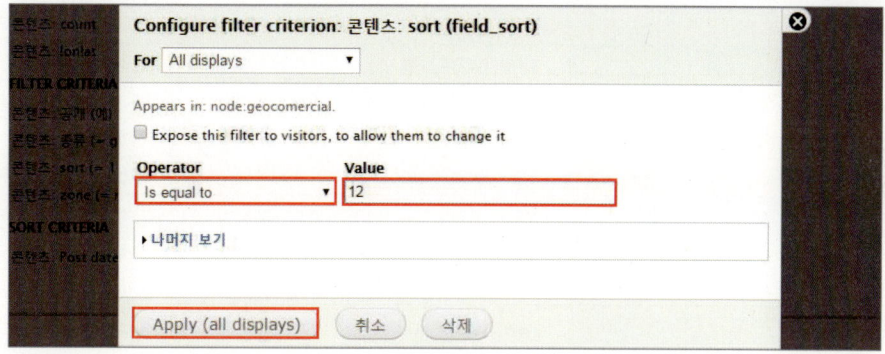

❻ 나머지 36개 항목에 대해서도 앞에서 설명한 방식처럼 기존의 뷰를 복제해서 디스플레이 네
임과 제목을 수정하고 sort 혹은 zone 필드의 필터 조건을 변경시킨 후 저장하는 작업을 반
복한다.

●업태 그룹 뷰 목록(전체)

디스플레이 네임 및 제목	기계명	sort 필터 조건	zone 필터 조건
블루_건강기능/식품/수입	view_type1_blue	is equal to 1	is one of blue
블루_기타/과자/식품	view_type2_blue	is equal to 2	is one of blue
블루_유흥주점	view_type3_blue	is equal to 3	is one of blue
블루_호프/술집	view_type4_blue	is equal to 4	is one of blue
블루_분식/일반 조리	view_type5_blue	is equal to 5	is one of blue
블루_급식 관련	view_type6_blue	is equal to 6	is one of blue
블루_식품 관련 제조	view_type7_blue	is equal to 7	is one of blue
블루_유통/영업점	view_type8_blue	Is equal to 8	is one of blue
블루_다단계/방문/통신	view_type9_blue	is equal to 9	is one of blue
블루_치킨/패스트푸드	view_type10_blue	is equal to 10	is one of blue
블루_한식	view_type11_blue	is equal to 11	is one of blue

디스플레이 네임 및 제목	기계명	sort 필터 조건	zone 필터 조건
블루_중식	view_type12_blue	is equal to 12	is one of blue
블루_일식/회	view_type13_blue	is equal to 13	is one of blue
블루_양식/뷔페/탕류	view_type14_blue	is equal to 14	is one of blue
블루_카페/다방	view_type15_blue	is equal to 15	is one of blue
블루_즉석판매제조	view_type16_blue	is equal to 16	is one of blue
블루_제과점	view_type17_blue	is equal to 17	is one of blue
블루_백화점	view_type18_blue	is equal to 18	is one of blue
블루_자판기	view_type19_blue	is equal to 19	is one of blue
레드_건강기능/식품/수입	view_type1_red	is equal to 1	is one of red
레드_기타/과자/식품	view_type2_red	is equal to 2	is one of red
레드_유흥주점	view_type3_red	is equal to 3	is one of red
레드_호프/술집	view_type4_red	is equal to 4	is one of red
레드_분식/일반 조리	view_type5_red	is equal to 5	is one of red
레드_급식 관련	view_type6_red	is equal to 6	is one of red
레드_식품 관련 제조	view_type7_red	is equal to 7	is one of red
레드_유통/영업점	view_type8_red	is equal to 8	is one of red
레드_다단계/방문/통신	view_type9_red	is equal to 9	is one of red
레드_치킨/패스트푸드	view_type10_red	is equal to 10	is one of red
레드_한식	view_type11_red	is equal to 11	is one of red
레드_중식	view_type12_red	is equal to 12	is one of red
레드_일식/회	view_type13_red	is equal to 13	is one of red
레드_양식/뷔페/탕류	view_type14_red	is equal to 14	is one of red
레드_카페/다방	view_type15_red	is equal to 15	is one of red
레드_즉석 판매 제조	view_type16_red	is equal to 16	is one of red
레드_제과점	view_type17_red	is equal to 17	is one of red
레드_백화점	view_type18_red	is equal to 18	is one of red
레드_자판기	view_type19_red	is equal to 19	is one of red

10 스타일 만들기

빅데이터 분석 결과 각 셀이 블루오션 지역에 해당하는지 레드오션 지역에 해당하는지를 셀 위에 색을 입혀 구분하기 위해 블루오션 스타일과 레드오션 스타일을 각각 만들고자 한다.

❶ 관리자 메뉴에서 [구조〉OpenLayers〉Styles]를 클릭한다. 미리 등록된 스타일 목록 중 [default] 스타일의 오른쪽 화살표 버튼을 누르고 [Clone]을 선택한다.

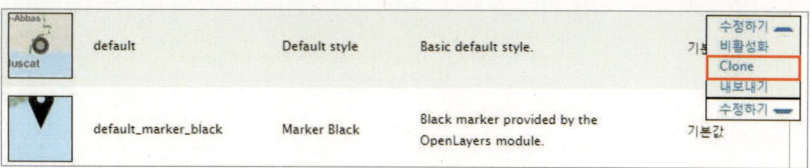

❷ [Style title]에 "blueocean_style"을 입력하고 [이름]도 "blueocean_style"로 변경한다.

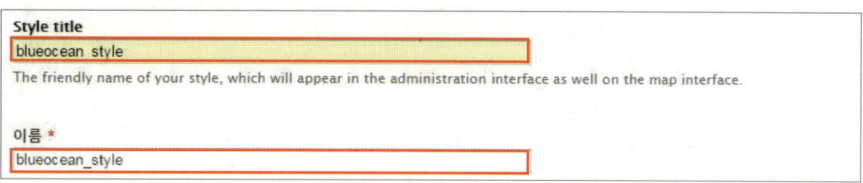

❸ [pointRadius]는 점을 그릴 경우의 반지름 값으로 최소값인 "1"로 변경하고, [fillColor]는 파란색 계열인 RGB값 "#3333DD"를, [fillOpacity]는 색채우기 투명도로 0부터 1사이의 값을 입력하는데 여기서는 "0.3"을 입력한다. [strokeColor]는 외곽선의 색으로 채우기 색과 동일한 "#3333DD"를 입력한다. [strokeWidth]는 외곽선 굵기로 "1" 픽셀을 입력한다. [strokeOpacity]는 외곽선의 투명도로 "0.5"를 입력한다.

pointRadius

`1`

The radius of a vector point or the size of an icon. Note that, when using icons, this value should be half the width of the icon image.

fillColor

`#3333DD`

This is the color used for filling in Polygons. It is also used in the center of marks for points: the interior color of circles or other shapes. It is not used if an externalGraphic is applied to a point. This should be a hexadecimal value like #FFFFFF.

fillOpacity

`0.3`

This is the opacity used for filling in Polygons. It is also used in the center of marks for points: the interior color of circles or other shapes. It is not used if an externalGraphic is applied to a point. This should be a value between 0 and 1.

strokeColor

`#3333DD`

This is color of the line on features. On polygons and point marks, it is used as an outline to the feature. On lines, this is the representation of the feature. This should be a hexadecimal value like #FFFFFF.

strokeWidth

`1`

This is width of the line on features. On polygons and point marks, it is used as an outline to the feature. On lines, this is the representation of the feature. This is a value in pixels.

strokeOpacity

`0.5`

This is opacity of the line on features. On polygons and point marks, it is used as an outline to the feature. On lines, this is the representation of the feature. This should be a value between 0 and 1.

❹ [title]에는 대체 텍스트로 "${title}"을 입력한다. [label]에는 대체 텍스트로 "${field_count}"를 입력한다. field_count는 셀 내에 존재하는 영업 중인 업체 수를 의미한다. [labelAlign]에는 'Center, middle'을 선택한다. 이는 라벨을 세로 중앙, 가로 중앙에 배치하겠다는 의미이다.

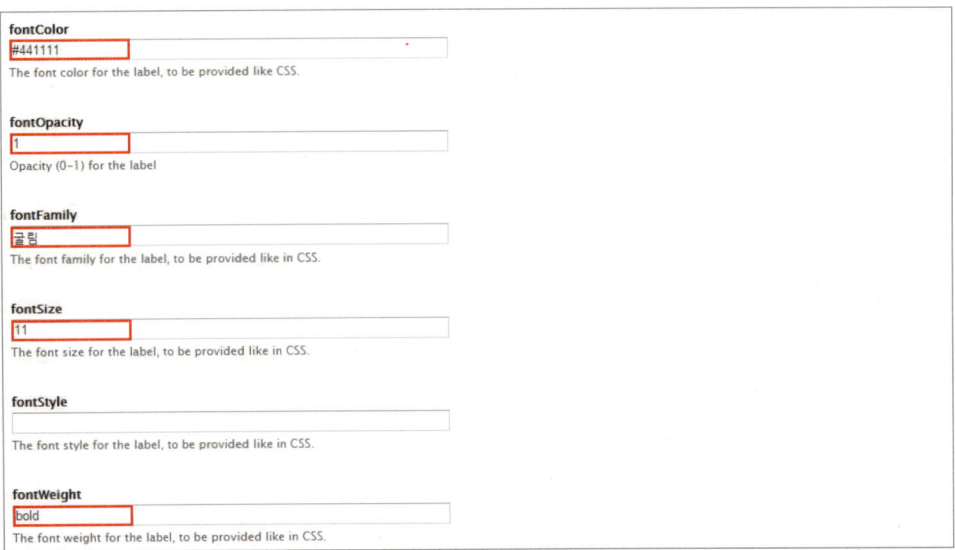

❺ 아래쪽으로 이동하여 폰트와 관련된 설정을 진행한다. [fontColor]는 붉은색 계열인 "#441111", [fontOpacity]는 "1", [fontFamily]는 "굴림", [fontSize]는 "11", [fontWeight]는 "bold"를 입력하고 [저장] 버튼을 클릭한다.

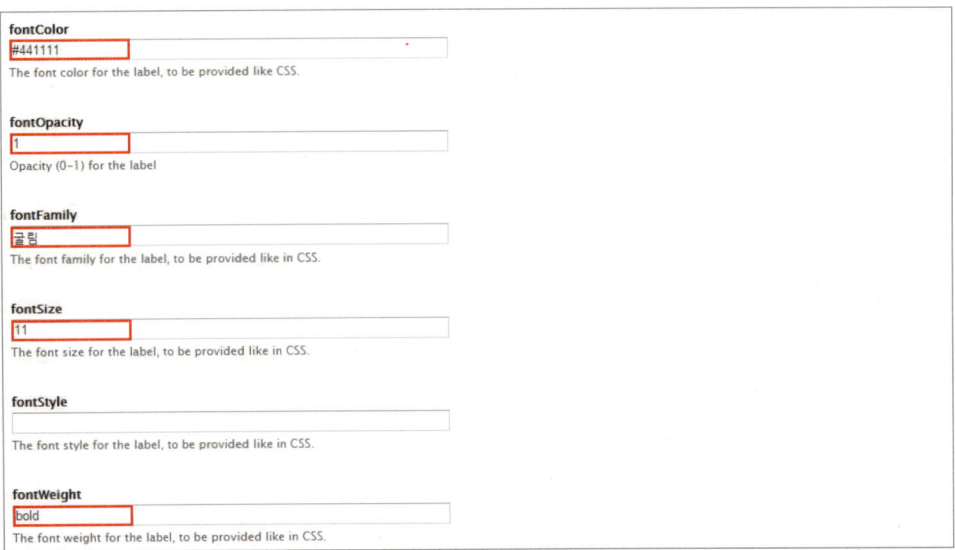

❻ 스타일 목록 중 방금 저장한 [blueocean_style]을 찾아 오른쪽의 화살표 버튼을 클릭하고 [Clone]을 선택한다. 이제 redocean_style을 만들고자 한다.

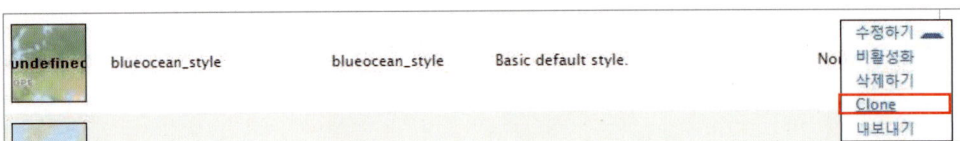

❼ [Style title]에 "redocean_style"을 입력하고 기계명도 "redocean_style"로 변경한다.

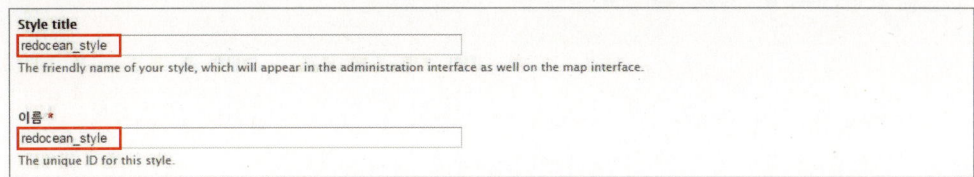

❽ [fillColor]는 붉은색 계열인 RGB값 "#DD3333"으로 변경하고, [strokeColor]도 "#DD3333"으로 변경한다. 나머지 항목은 그대로 둔다.

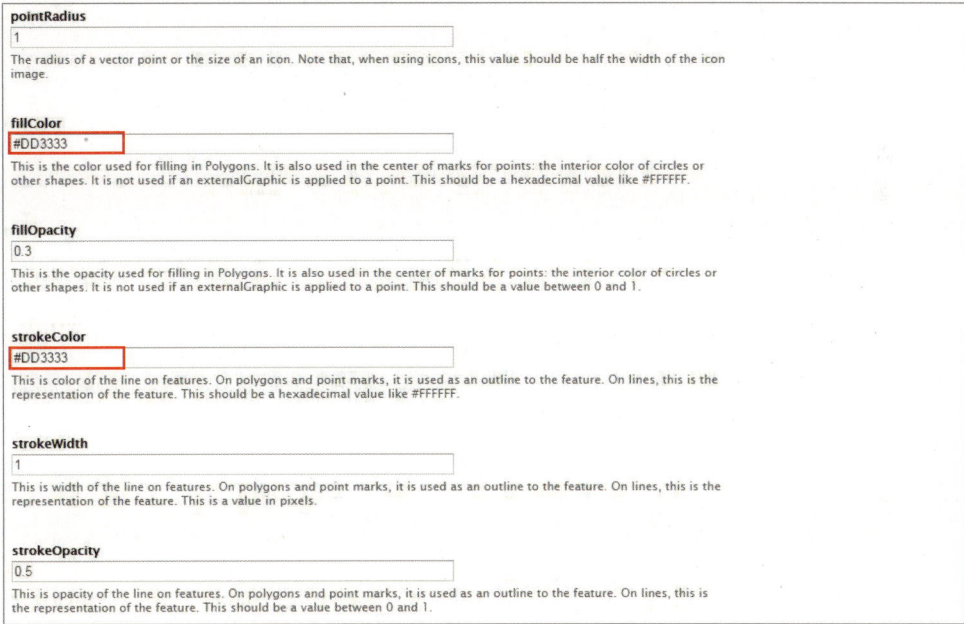

❾ [fontColor]로 이동하여 "#111144"로 변경한다. 나머지 항목은 그대로 두고 [저장] 버튼을 클릭한다.

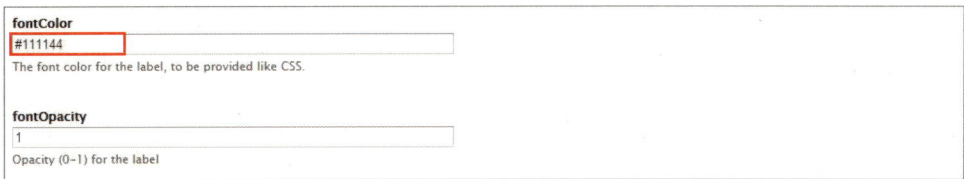

오픈레이어 맵 제작

이제 대망의 하이라이트이자 이 책의 주제라 할 수 있는 빅데이터 분석지도, 즉 레드 오션·블루오션 상업지구 분석 오픈레이어 맵을 제작해 보자.

❶ 관리자 메뉴에서 [구조>OpenLayers>Maps]를 클릭하고 맵 목록 중 [example_google]을 찾아 이동한다. [Example google Map]의 오른쪽에 위치한 [수정하기] 화살표 버튼을 누르고 [Clone]을 선택한다.

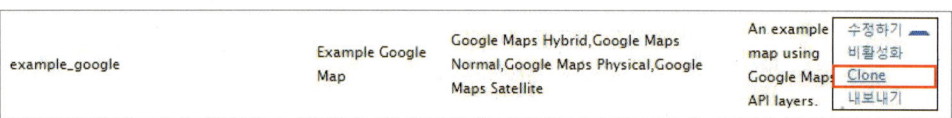

❷ [Infos] 탭에서 [Map Title]에 "foodmap"이라고 입력한다. 기계명 [clone_of_example_ google] 옆의 수정하기 버튼을 클릭하여 기계명도 "foodmap"으로 변경한다. 맵의 [너비]는 "auto"로, [높이]는 "800px"로 변경한다.

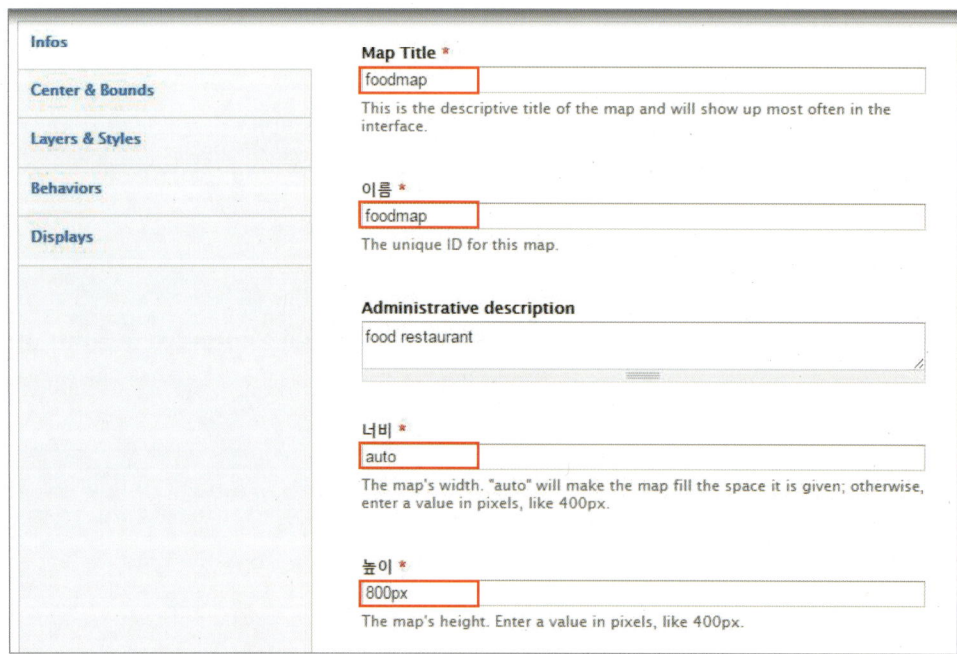

❸ [Center & Bounds] 탭에서 왼쪽 상단의 상하좌우 이동 버튼(✛)으로 중심을 이동시키고 확대 버튼(✚)으로 지도를 확대하여 성북구를 찾아 초기 중심점 좌표와 줌 레벨을 설정한다.

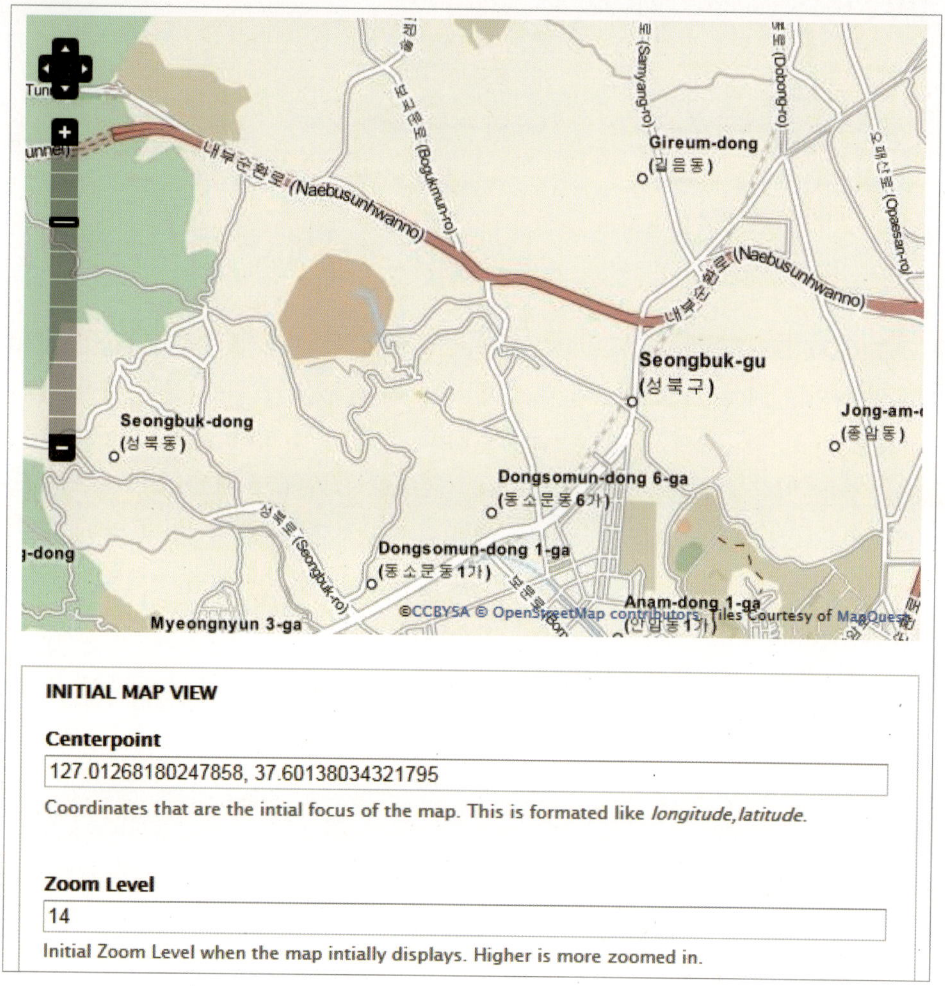

INITIAL MAP VIEW

Centerpoint

127.01268180247858, 37.60138034321795

Coordinates that are the intial focus of the map. This is formated like *longitude,latitude*.

Zoom Level

14

Initial Zoom Level when the map intially displays. Higher is more zoomed in.

❹ [Layers & Styles] 탭의 [PROJECTIONS]에서 [EPSG 3857]을 선택한다. [Display Projection]은 [EPSG 4326]으로 둔다.

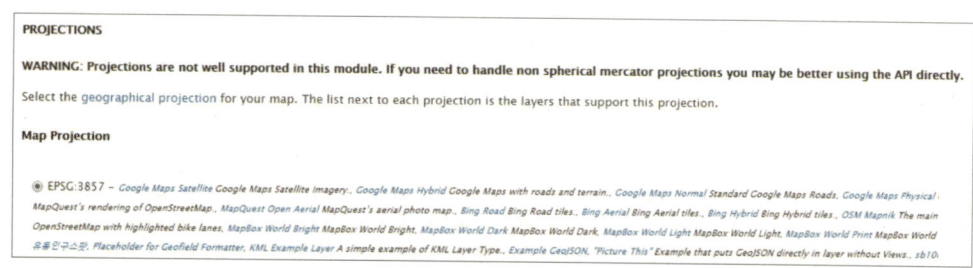

PROJECTIONS

WARNING: Projections are not well supported in this module. If you need to handle non spherical mercator projections you may be better using the API directly.

Select the geographical projection for your map. The list next to each projection is the layers that support this projection.

Map Projection

⦿ EPSG:3857 – *Google Maps Satellite Google Maps Satellite Imagery., Google Maps Hybrid Google Maps with roads and terrain., Google Maps Normal Standard Google Maps Roads, Google Maps Physical: MapQuest's rendering of OpenStreetMap., MapQuest Open Aerial MapQuest's aerial photo map., Bing Road Bing Road tiles., Bing Aerial Bing Aerial tiles., Bing Hybrid Bing Hybrid tiles., OSM Mapnik The main OpenStreetMap with highlighted bike lanes, MapBox World Bright MapBox World Bright, MapBox World Dark MapBox World Dark, MapBox World Light MapBox World Light, MapBox World Print MapBox World 유통인구소문, Placeholder for Geofield Formatter, KML Example Layer A simple example of KML Layer Type., Example GeoJSON, "Picture This" Example that puts GeoJSON directly in layer without Views., sb10h*

❺ 하단의 [LAYERS & STYLES] 그룹의 [Base Layers] 목록 중에서 'Google Maps Satellite', 'Google Maps Hybrid', 'Google Maps Normal', 'Google Maps Physical'의 [사용]을 체크한다. 기본값은 'Google Maps Normal'을 선택한다.

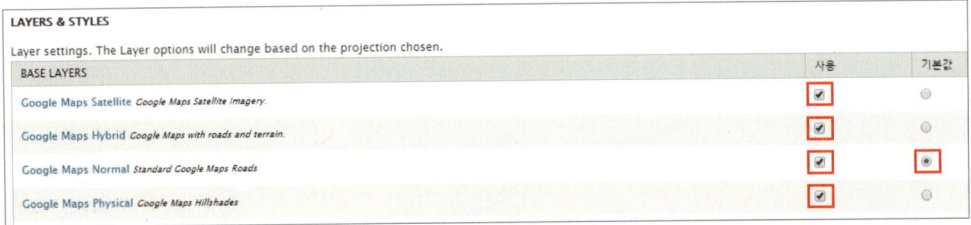

❻ [OVERLAY LAYERS] 그룹에서 [view_type12_blue_블루_중식], [view_type13_red_레드_일식/회], [view_type11_red_레드_한식], [view_type11_blue_블루_한식], [view_type12_red_레드_중식], [view_type14_blue_블루_양식/뷔페/탕류], [view_type13_blue_블루_일식/회], [view_type14_red_레드_양식/뷔페/탕류]를 모두 체크하고 [IN SWITCHER]도 모두 체크한다. [STYLE]에는 블루로 시작하는 레이어일 경우 'blueocean_style'을 선택하고 레드로 시작하는 레이어일 경우 'redocean_style'을 선택한다. [Save & Edit] 버튼을 클릭하여 지도를 저장한다.

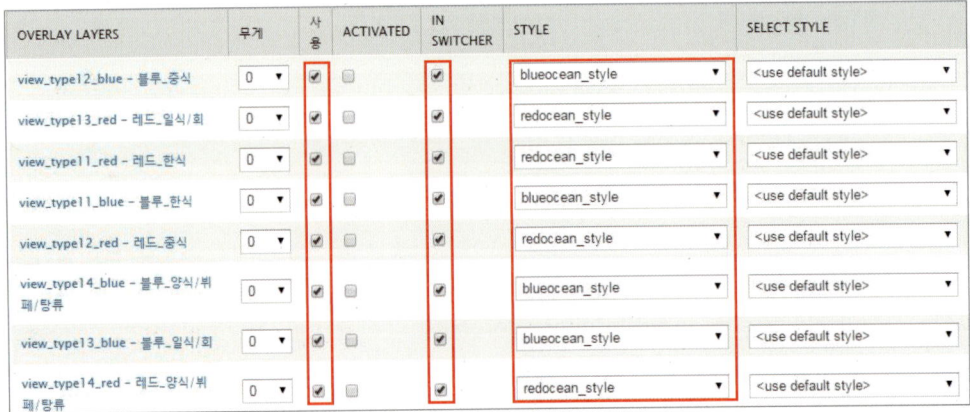

❼ 다시 [Behaviors] 탭으로 이동하여 [Pop up for features]를 체크하고 하단의 [Layers] 목록에서 [view_type12_blue_OpenLayers_1], [view_type13_red_OpenLayers_1], [view_type11_red_OpenLayers_1], [view_type11_blue_OpenLayers_1], [view_type12_red_OpenLayers_1], [view_type14_blue_OpenLayers_1], [view_type13_blue_OpenLayers_1], [view_type14_red_OpenLayers_1]을 체크한다. [Select Where the popup should pop up]에서 'Computed from the center of the feature'를 선택한다.

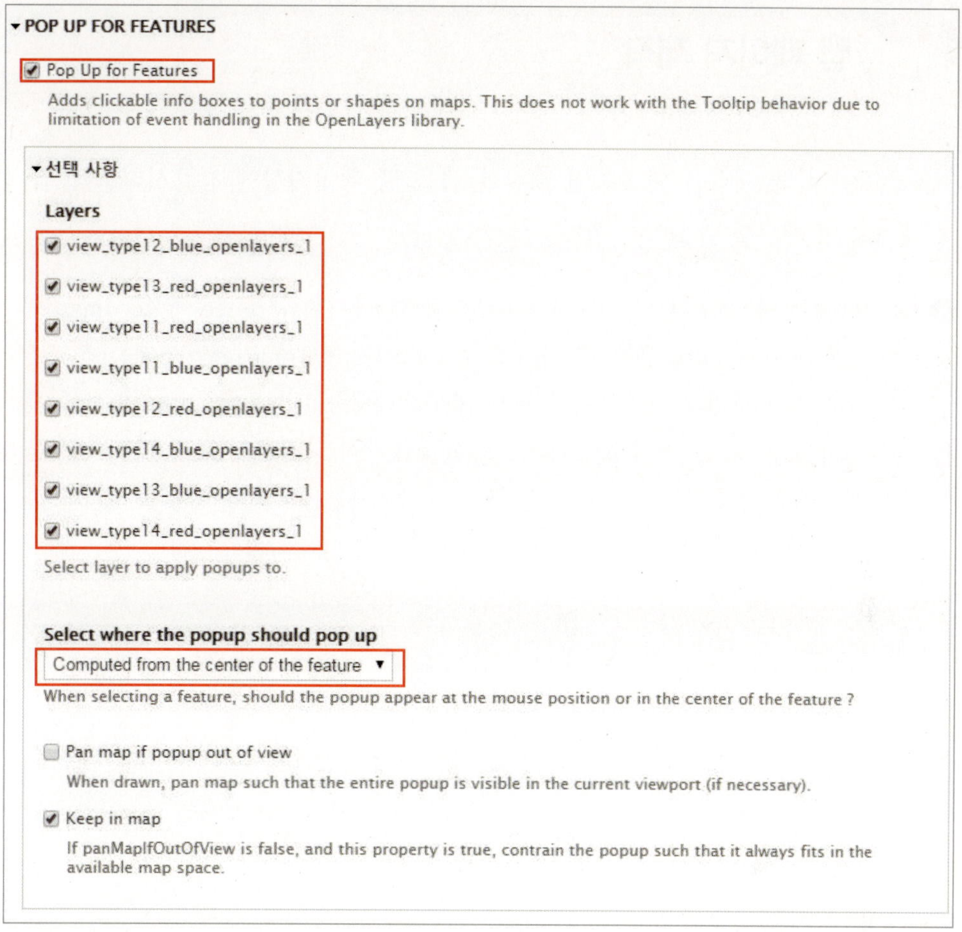

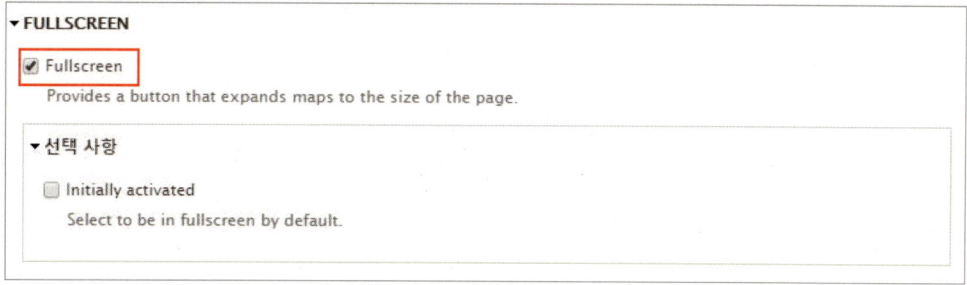

▼ POP UP FOR FEATURES

☑ Pop Up for Features

    Adds clickable info boxes to points or shapes on maps. This does not work with the Tooltip behavior due to limitation of event handling in the OpenLayers library.

    ▼ 선택 사항

    Layers

    ☑ view_type12_blue_openlayers_1

    ☑ view_type13_red_openlayers_1

    ☑ view_type11_red_openlayers_1

    ☑ view_type11_blue_openlayers_1

    ☑ view_type12_red_openlayers_1

    ☑ view_type14_blue_openlayers_1

    ☑ view_type13_blue_openlayers_1

    ☑ view_type14_red_openlayers_1

    Select layer to apply popups to.

    Select where the popup should pop up

    Computed from the center of the feature ▼

    When selecting a feature, should the popup appear at the mouse position or in the center of the feature ?

    ☐ Pan map if popup out of view

        When drawn, pan map such that the entire popup is visible in the current viewport (if necessary).

    ☑ Keep in map

        If panMapIfOutOfView is false, and this property is true, contrain the popup such that it always fits in the available map space.

❽ [FULLSCREEN] 그룹으로 가서 [Fullscreen]을 체크한다. 여기까지 설정을 완료했으면 맨 하단의 [저장] 버튼을 클릭한다.

▼ FULLSCREEN

☑ Fullscreen

    Provides a button that expands maps to the size of the page.

    ▼ 선택 사항

    ☐ Initially activated

        Select to be in fullscreen by default.

⑫ 맵 페이지 제작

오픈레이어 맵 제작을 마쳤으면 제작한 맵을 웹 페이지상에서 표시하도록 맵 전용 뷰 페이지 및 메뉴를 만들어야 한다.

❶ 관리자 메뉴에서 [구조〉뷰〉Add new view]를 클릭한다. [View name]에 "foodmap"을 입력한다. 경로는 foodmap을 유지한다. [Create a page]를 체크하고 [페이지 제목]에 "상업지구분석(식당)"을 입력한다. [Use a pager]의 체크를 해제하고, [Create a menu link]를 체크한다. [Display format]은 'OpenLayers Map'을 선택하고 [Continue & Edit] 버튼을 클릭한다(만약 메뉴 생성 위치를 묻는 입력 필드가 나오면 [메뉴]에서 '주 메뉴'를 선택하고 [Link text]에는 "상업지구분석(식당)"을 입력한다).

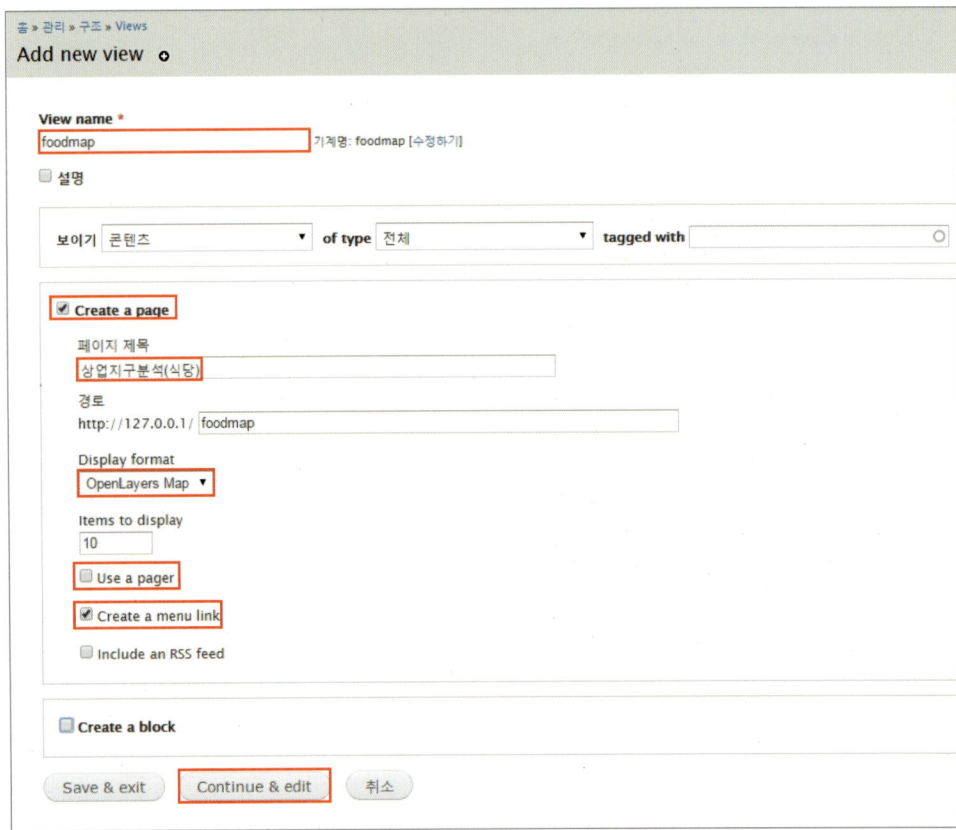

❷ 계속되는 [Displays] 설정에서 [양식] 그룹 내에 [OpenLayers Map] 옆의 [설정] 링크를 클릭한다.

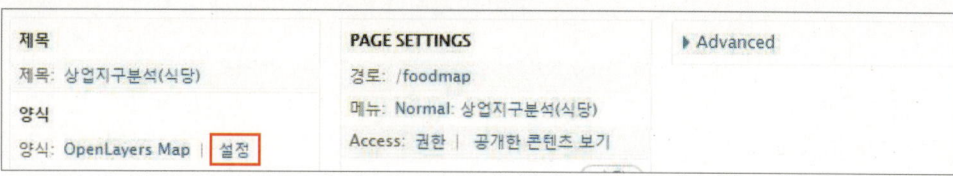

❸ [Page: Style options] 설정에서 [Map] 목록을 클릭하고 'foodmap'을 선택한 후 [Apply(all displays)] 버튼을 클릭한다.

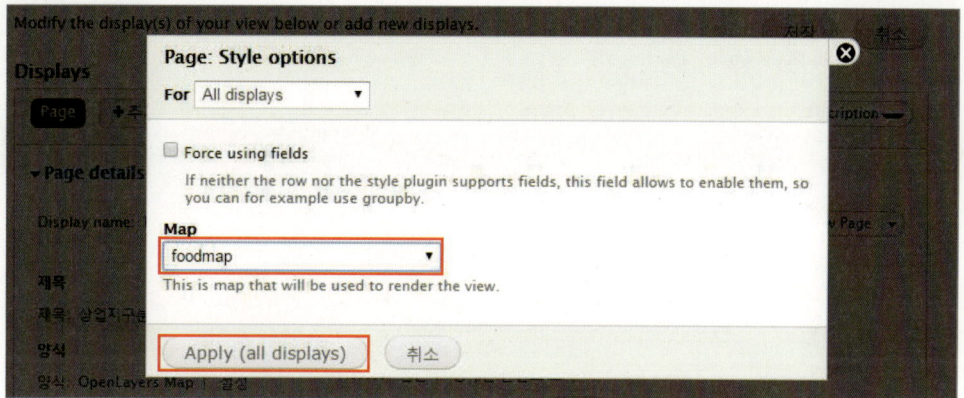

❹ [Displays] 설정으로 다시 돌아와서 상단의 [저장] 버튼을 클릭한다. 이제 웹 브라우저를 띄우고 주소창에 'http://127.0.0.1/foodmap'을 입력한다.

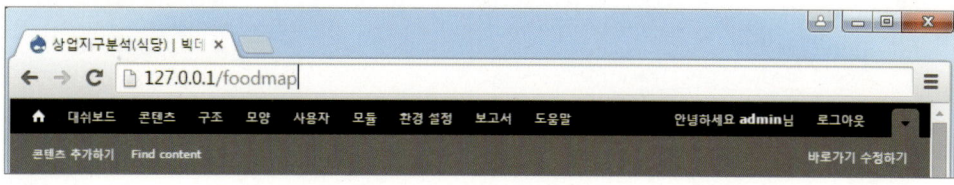

❺ [상업지구분석(식당)] 맵이 뜨면 우측 상단의 레이어스위처를 클릭하고 [업태(그룹)]를 클릭한다. 100M 사각형 셀에 숫자1(숫자2) 형태의 라벨을 볼 수 있다. 앞서 설정한 대로 숫자1은 영업 중인 사업자 수이고 숫자2는 폐업한 사업자 수이다. 셀 위에는 블루오션·레드오션을 뜻하는 색상이 입혀져 있다. 블루오션·레드오션의 구분 기준은 전 지역에 걸친 해당 업태(그룹)의 폐업률 평균과 개별 셀의 해당 업태(그룹)의 폐업률 평균을 비교하여 해당 셀의 폐업률이 전체 폐업률보다 크면 레드오션에 속하고, 그 반대이면 블루오션에 속한다고 가정한다.

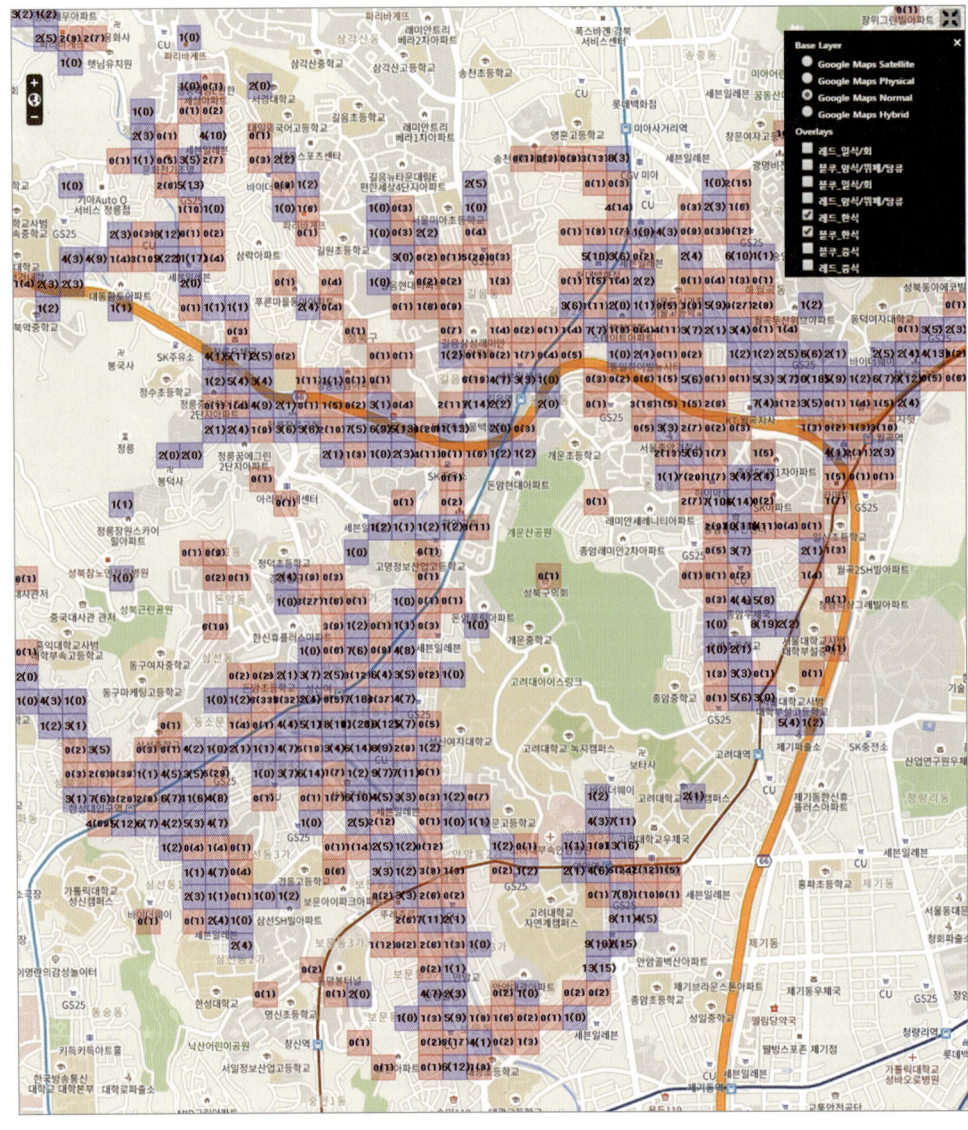

▲ 상업지구 분석 맵(완성 화면)

❻ 각 셀 위의 숫자가 적힌 라벨을 클릭하면 업태(그룹별) 셀 보고서를 볼 수 있다. 셀 보고서에는 셀 내에서 진행된 해당 업태(그룹)의 사업자 등록·폐업의 모든 히스토리가 일목요연하게 정리되어 있다.

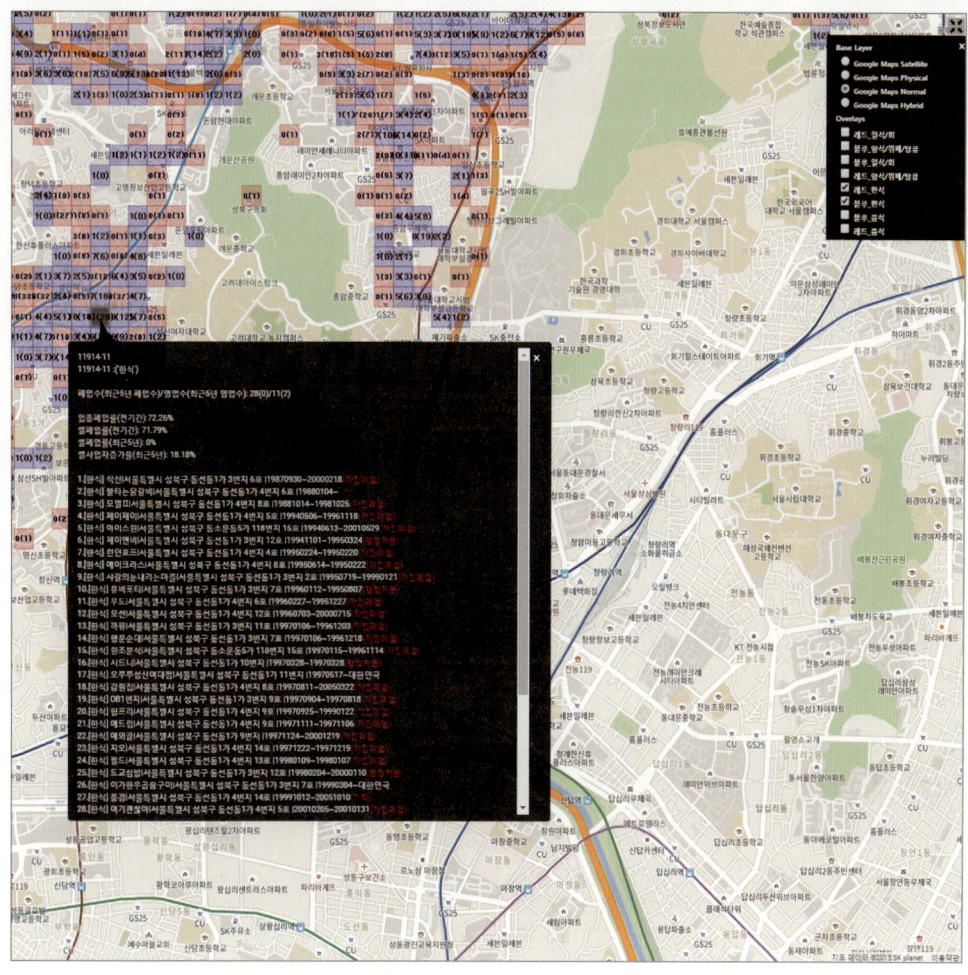

▲ 상업지구 분석 맵 업태(그룹) 히스토리(예시)

이것으로 예비 창업자에게 좋은 참고자료가 되는 상업지구 분석 지도가 완성되었다. 현재 3종류의 업태(그룹)에 대해 [상업지구분석(식당)] 메뉴를 만든 것처럼 분식, 술집, 카페, 자판기, 영업점 등 업태(그룹)에 대해서도 유사한 방식으로 맵을 구축할 수 있을 것이다. 한 지도에 너무 많은 데이터 오버레이를 연계시키면 로딩 속도가 느려지므로 적절히 배분하여 맵을 만들 필요가 있다.

CHAPTER

7
테마&팁

●●● 　드루팔에서는 수많은 서드 파티 벤더가 디자인한 옷을 사이트에 입힐 수 있다. 드루팔로 만든 사이트에 입힐 수 있는 옷, 그것을 바로 테마라고 부른다.

이 CHAPTER에서는 드루팔 개발 시 부딪히는 여러 난관을 돌파할 수 있는 팁을 알아보고, 사이트 디자인을 새롭게 바꿔주는 테마를 이용하여 실제로 데이터 맵을 작성해본다.

메뉴

드루팔에서 메뉴(Menu)는 잘 만들어진 드루팔 프레임워크의 일부이다. 메뉴는 블록이라는 드루팔 구성 요소와 밀접한 관련이 있다. 드루팔에서 블록을 만들면 여기에 메뉴를 연계할 수 있는 것이다.

❶ 관리자 메뉴에서 [홈>관리>구조]를 클릭한다. 메뉴를 구성할 수 있는 목록으로 Features, Main menu, Management, Navigation, User menu 등 5개 블록을 확인할 수 있다. Features 블록의 오른쪽에 [링크 추가] 버튼을 클릭한다(메뉴 링크를 추가하기 전에 이전에 만든 서울 지도로 들어가서 "북서울꿈의숲" 위치를 찾은 후 URL을 복사한다).

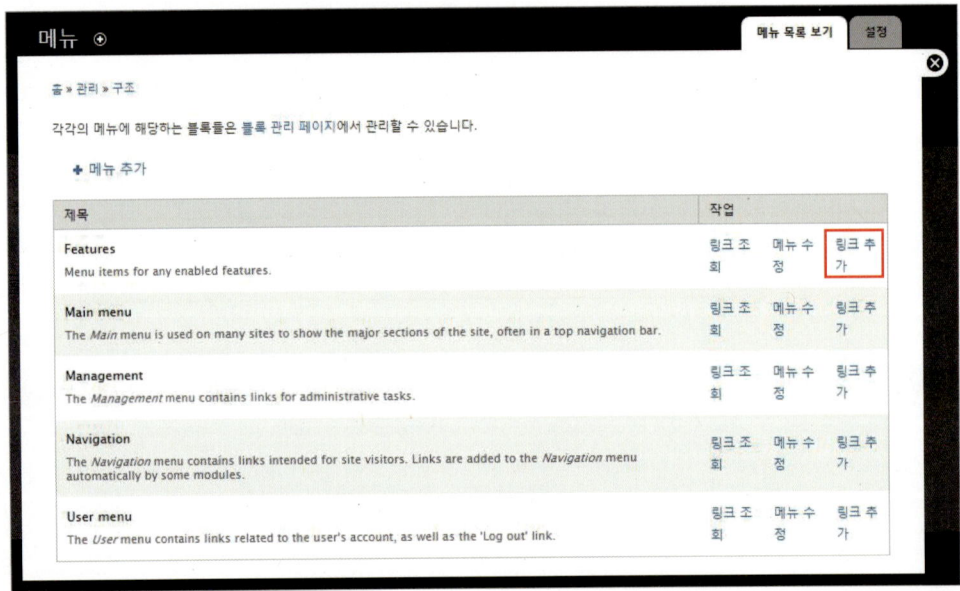

❷ [메뉴 링크 제목]에 "유동 인구(북서울꿈의숲)"라고 입력하고, [경로]에는 '북서울꿈의숲'의 좌표를 실행 파라미터로 한 뷰 경로인 "seoulmap#zoom=16&lat=37.61595&lon=127.04575"를 입력한다.

메뉴 링크 제목 *

유동 인구(북서울꿈의숲)

메뉴에서 이 링크의 제목으로 사용할 텍스트입니다.

경로 *

seoulmap#zoom=16&lat=37.61595&lon=127.04575

이 메뉴 링크에 대한 경로입니다. *node/add* 같은 드루팔 내부 경로나 *http://drupal.org* 같은 외부 URL를 입력할 수 있습니다. 웹사이트의 첫 번째
페이지로 연결하려면 *<front>*을 입력하세요.

설명

메뉴 링크 위에 마우스가 올라갔을 때 나타납니다.

☑ 사용

사용하지 않는 메뉴 링크는 실제 메뉴에 표시되지 않습니다.

☐ 펼친 상태로 노출

이 메뉴 링크에 하위 링크가 있고 이 선택 사항을 선택한 경우 이 메뉴는 항상 펼쳐진 형태로 나타납니다.

상위 링크

<Features>   ▼

링크 및 그 하위 링크들의 최대 길이가 9으로 제한되어 있습니다. 몇몇 메뉴 링크들을 선택했는데 이 값을 초과할 경우 해당 링크들은 상위 요소로 사
용하지 못할 수도 있습니다.

무게

0   ▼

❸ [저장] 버튼을 클릭하고 [Features] 블록에 추가된 [유동 인구(북서울꿈의숲)] 메뉴 링크를 클릭하면 '북서울꿈의숲'이 바로 나타나는 지도를 볼 수 있다.

▲ 지도 시작 좌표 적용(예시)

참고로 각 메뉴와 연결된 블록의 이름은 다음과 같다.

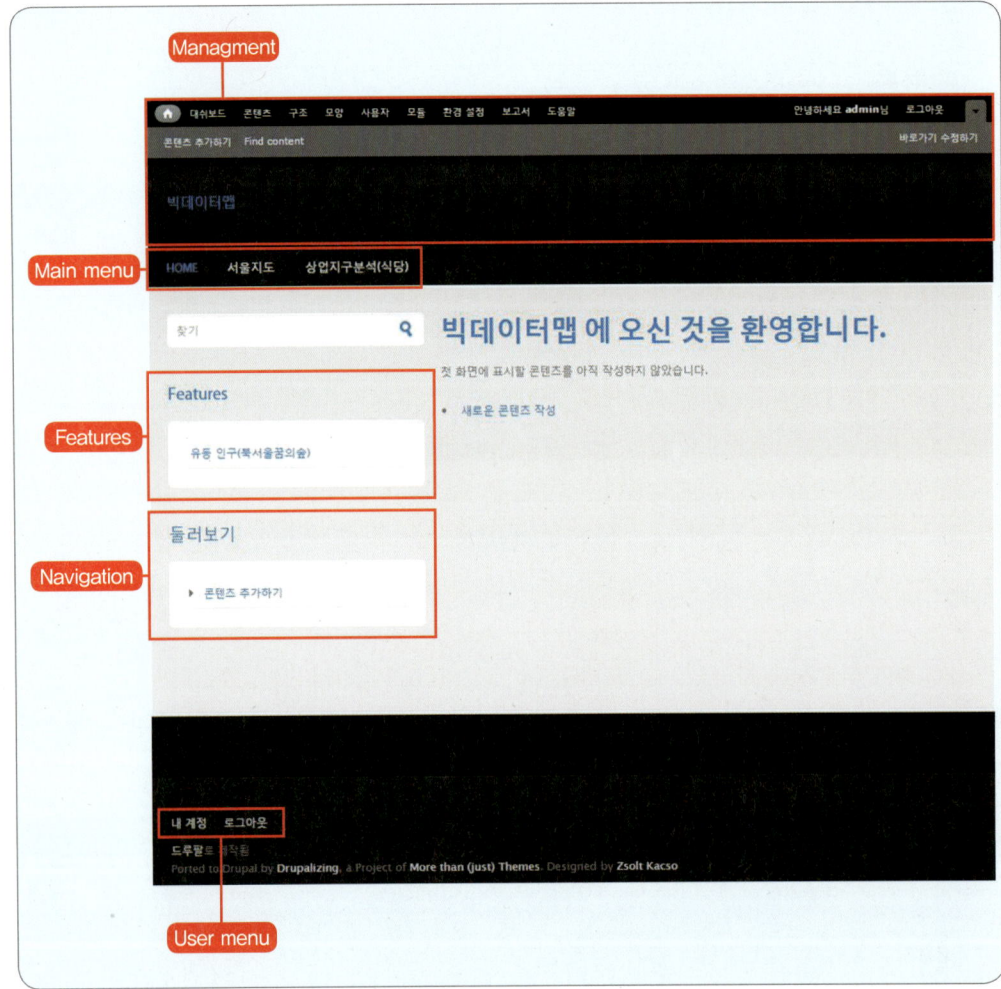

▲ 메뉴와 연계된 드루팔 블록 구조(예시)

02 캐시

드루팔은 내부적으로 각종 파일이나 라이브러리 캐시를 통해 서비스를 제공하도록 설계함으로써 성능 향상을 구현했다. 하지만 이로 인해 소스 코드의 수정이나 콘텐츠 추가 등 행동에 대한 반응이 나타나지 않는 경우가 발생하는데, 이럴 때는 캐시를 비워야 정상 적으로 작동하는 경우가 종종 있다.

드루팔 관리자 메뉴에서 [환경 설정〉개발〉성능]을 클릭하면 [모든 캐시 비우기] 버튼을 찾을 수 있다.

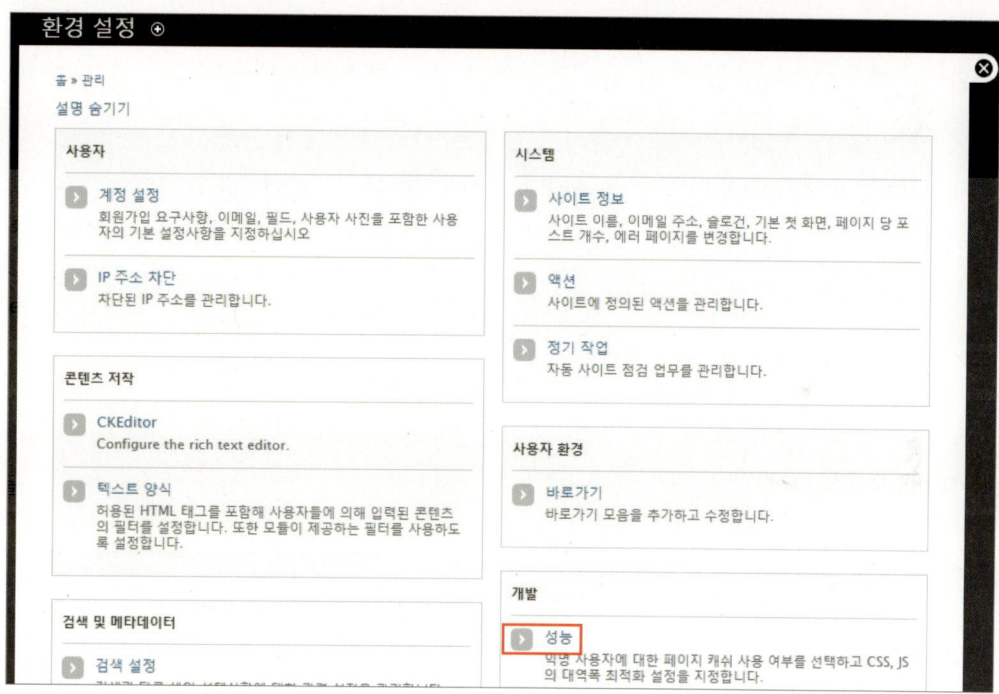

또는 URL 명령을 통해 캐시를 비우기도 하는데, 그 명령어는 다음과 같다.

```
http://도메인/?nocache=1
```

드루팔에서 제공하는 기본적인 캐싱 기능보다 더 강력한 캐싱을 원하면 [Memcache] 모듈을 설치하는 것이 좋다. Memcache는 보다 많은 동시 접속자를 처리하기 위해 메모리 캐싱 기능을 제공한다.

캐싱 만료 기능과 관련하여 일정시간이 지나면 자동으로 세션이 끊겨 로그아웃 되는 기능을 제공하는 [Automated Logout] 모듈도 있으니 참고하기 바란다.

 ## 관리자 메뉴 모듈

관리자 메뉴(Administration menu) 모듈은 즉시 반응하는 풍부한 관리자 서브 메뉴를 제공하는 모듈이다. 기존의 관리자 메뉴는 최상위 메뉴를 클릭하면 화면이 바뀌는데 시간이 소요되고 원하는 기능을 찾았더라도 또 다시 클릭하고 들어가는 등 보통 2~4단계의 마우스 클릭과 화면 로딩 절차를 밟아야 했다. 하지만 관리자 메뉴 모듈을 설치하면 이러한 불편함이 즉시 해소된다.

[Administration menu] 모듈의 7.×-3.0-rc5 버전을 다운로드하여 설치한다. 설치된 모듈의 [사용]을 체크하고 저장한다.

Administration menu

Posted by sun on *January 12, 2007 at 2:40am*

Provides a theme-independent administration interface (aka. "navigation", "back-end"). It's a helper for novice users coming from other CMS, a time-saver for site administrators, and useful for developers and site builders.

Administrative links are displayed in a CSS/JS-based menu at the top on all pages of your site. It not only contains regular menu items — tasks and actions are also included, enabling fast access to any administrative resource your Drupal site provides.

Downloads

Recommended releases

Version	Download	Date	Links
7.x-3.0-rc5	tar.gz (52.15 KB) | zip (62.64 KB)	2014-Dec-19	Notes
6.x-1.9	tar.gz (27.01 KB) | zip (32.5 KB)	2015-Feb-21	Notes

이제 드루팔 사이트 관리자 메뉴에 마우스 포인터를 위치시키면 서브 메뉴가 즉시 반응하여 나타나는 것을 볼 수 있다.

가령 드루팔 캐시 비우기 기능을 수행할 경우 기존에는 몇 번의 마우스 클릭을 거쳐야 해당 메뉴를 찾을 수 있었지만, 관리자 메뉴 모듈을 설치하면 [홈] 버튼에 마우스를 올리면 나타나는 서브 메뉴에 [Flush all caches] 메뉴가 바로 나타난다.

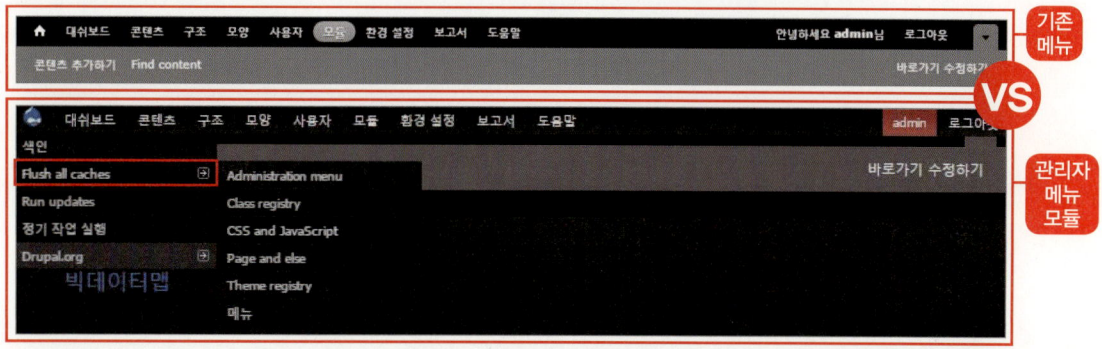

04 Devel 모듈

많은 PHP 변수로 유지·관리되는 드루팔의 실시간 환경을 클라이언트 브라우저로 확인할 수 있는 방법은 없을까? 이 물음에 대한 해답이 Devel 모듈에 있다.

❶ [Devel] 모듈의 Devel 7.×−1.5를 다운로드하여 설치한 후 모듈을 [사용]으로 체크한다. 별도의 설정은 없다.

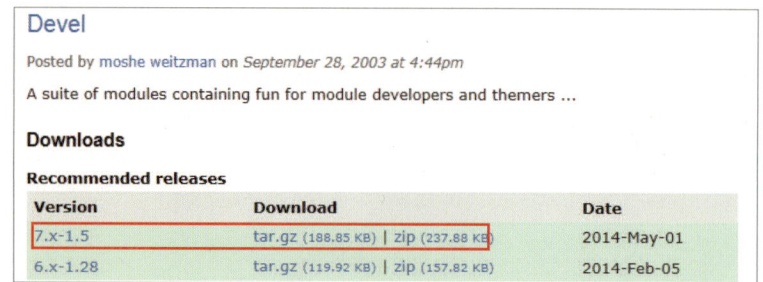

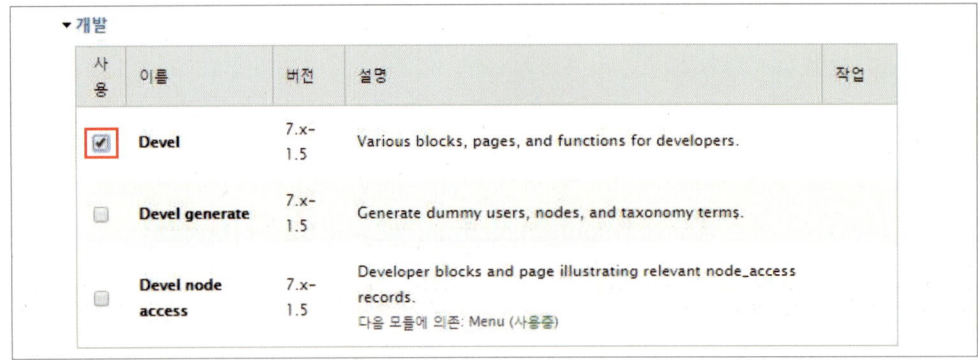

❷ [Devel] 모듈의 [사용]을 체크해도 UI는 전혀 변화가 없다. 현재 사이트 화면에서 사용 중인 변수 등 프로그래밍을 위한 정보를 보기 위해서는 현재 사용 중인 테마의 'template.php' 소스 코드를 수정하는 약간의 작업이 필요하다. [APM_Setup₩htdocs₩sites₩all₩themes₩corporateclean] 폴더로 이동하여 'template.php' 파일을 열고 corporateclean_process_page 함수로 이동한다. Devel의 함수를 호출하는 코드 'dpm($variables);'를 추가한다.

```
82   /**
83    * Override or insert variables into the page template.
84    */
85   function corporateclean_process_page(&$variables) {
86     // Hook into color.module.
87     if (module_exists('color')) {
88       _color_page_alter($variables);
89     }
90     dpm($variables);      ← 추가
91   }
```

❸ 이제 사이트 내 페이지를 열 때마다 다음과 같은 초록색 박스를 볼 수 있을 것이다. 노란색 탭의 […]을 클릭하면 현재 페이지에 로딩된 상세한 PHP 변수 현황을 볼 수 있다.

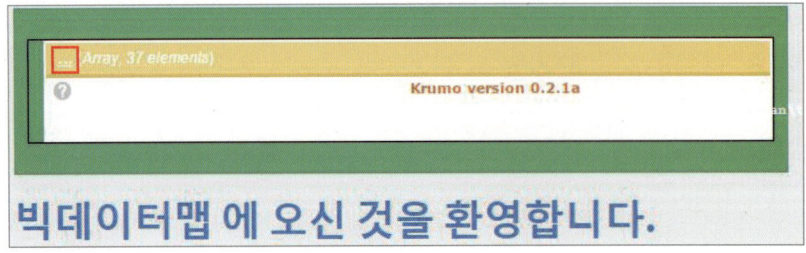

❹ 드루팔에서는 다양한 상황에서 특수한 동작을 구현하기 위해 여러 가지 Hooking 함수를 지원한다. 개발자는 [Devel] 모듈을 통해 제공되는 다양한 변수를 통해 사이트 커스터마이징(customizing, 사용자의 기호에 맞게 변경하는 것)에 필요한 정보를 얻을 수 있다.

```
... (Array, 37 elements)
    page (Array, 24 elements)
    theme_hook_original (String, 4 characters ) page
    theme_hook_suggestions (Array, 2 elements)
        0 (String, 10 characters ) page__node
        1 (String, 11 characters ) page__front
    zebra (String, 3 characters ) odd
    id (Integer) 1
    directory (String, 54 characters ) sites/all/themes/corporateclean-7.x-2.3/corpora...
    classes_array (Array, 1 element)
    attributes_array (Array, 0 elements)
    title_attributes_array (Array, 0 elements)
    content_attributes_array (Array, 0 elements)
    title_prefix (Array, 0 elements)
    title_suffix (Array, 0 elements)
    user (Object) stdClass
        uid (String, 1 characters ) 1
        name (String, 5 characters ) admin
        pass (String, 55 characters ) $$$DDEk0BZOhbzKoskdRBpZXTgXAYsY/coKtM8ZXKGcqNZk...
        mail (String, 19 characters ) webmaster@localhost
        theme (String, 0 characters )
```

▲ [Devel] 모듈이 보여주는 런타임 변수명과 값

05 모듈 설치 에러 조치

　모듈 설치 후 [사용]을 체크하면 에러가 발생하는 경우가 있다. 이럴 경우 버전을 낮추어 설치하면 성공적으로 모듈이 기동되기도 한다. 하지만 때로는 모듈이 성공적으로 기동되고 난 후 특정 기능을 사용할 때 에러가 발생하기도 한다. 만약 다음과 같이 SQL과 관련한 에러가 발생한다면 모듈 제거 시 관련 테이블이 정리가 안된 경우로 볼 수 있다. 이럴 때는 모듈을 제거하면서 그 모듈과 관련된 테이블도 같이 수작업으로 삭제하면 된다.

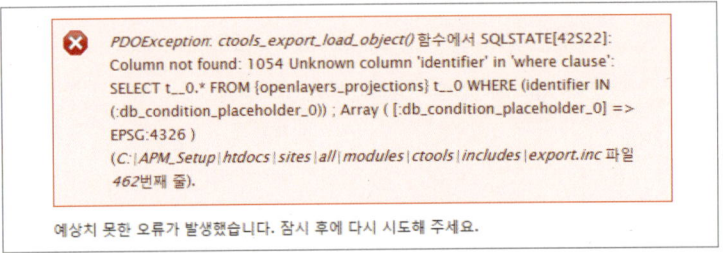

　위와 같은 에러의 경우 [openlayers_projections] 테이블에 [identifier] 칼럼을 발견할 수 없다는 내용이므로 [openlayers_projections] 테이블을 삭제한 후, 모듈을 다시 설치하거나 [openlayers_projections] 테이블에 [identifier] 칼럼을 추가하면 정상 작동할 것이라 예상할 수 있다.

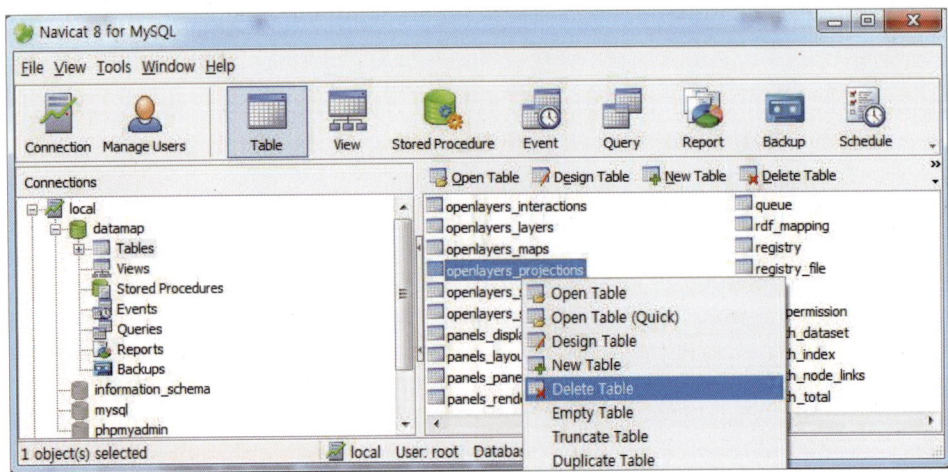

하지만 이렇게 테이블을 강제로 삭제하면 경우에 따라서 다음과 같은 또 다른 문제가 생길 수도 있다. 이럴 경우에는 모듈의 제거 과정을 정상적으로 수행했는지 다시 확인한다.

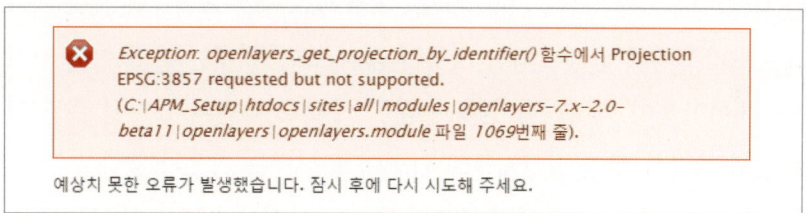

Exception: openlayers_get_projection_by_identifier() 함수에서 Projection EPSG:3857 requested but not supported. (C:\APM_Setup\htdocs\sites\all\modules\openlayers-7.x-2.0-beta11\openlayers\openlayers.module 파일 1069번째 줄).

예상치 못한 오류가 발생했습니다. 잠시 후에 다시 시도해 주세요.

관리자 메뉴에서 [모듈]로 이동하여 오픈레이어에 관련된 모든 모듈의 [사용]을 해제한 후 저장한다. 그리고 [제거] 탭을 눌러 정상적인 제거 프로세스를 거치도록 한다. 그리고 나서 다시 설치하면 정상적으로 작동한다.

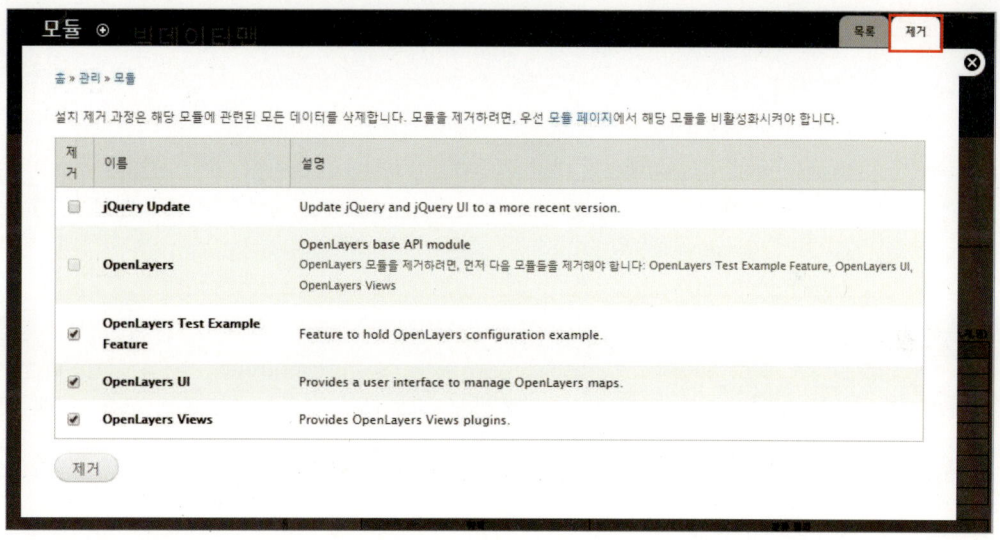

모듈 사용 세팅 후 이상이 있을 때는 종종 드루팔 캐시를 비워야 정상적으로 가동되는 경우도 있으니 참고하기 바란다.

06 IE 호환성 보기

드루팔로 구축된 사이트나 모듈은 IE(Internet Explorer) 보다는 크롬(Chrome)이나 파이어폭스(Firefox) 브라우저에서 개발되는 경우가 많다. 크롬에서는 잘 보이는 사이트가 IE에서는 종종 레이아웃이 깨지거나 원하지 않는 배열로 화면이 표시될 수도 있는데, 이때는 IE 호환성 보기를 끄면 정상적으로 화면이 표시되는 경우가 있다.

IE 호환성 보기는 메타 태그로도 설정할 수 있다. 드루팔 사이트에 메타 태그를 추가하기 위해서는 해당 테마의 preprocess_html 함수를 오버라이드(재정의)하면 된다.

'template.php' 소스코드를 열고 preprocess_html 함수를 찾아 다음과 같이 코드를 추가한다.

```
62   function corporateclean_preprocess_html(&$variables) {
63
64       if (!theme_get_setting('responsive_respond','corporateclean')):
65       drupal_add_css(path_to_theme( ) . '/css/basic-layout.css', array('group'
         => CSS_THEME, 'browsers' => array('IE' => '(lte IE 8)&(!IEMobile)', '!IE' =>
         FALSE), 'preprocess' => FALSE));
66       endif;
67
68       drupal_add_css(path_to_theme( ) . '/css/ie.css', array('group' => CSS_THEME,
         'browsers' => array('IE' => '(lte IE 8)&(!IEMobile)', '!IE' => FALSE), 'preprocess'
         => FALSE));
69
70       // Setup IE meta tag to force IE rendering mode
71       $meta_ie_render_engine = array(
72       '#type' => 'html_tag',
73       '#tag' => 'meta',
74       '#attributes' => array(
75       //'content' =>  'IE=8',
76       'http-equiv' => 'X-UA-Compatible',
77       'content' => 'IE=Edge',
78       )
79       );
```

```
80        // Add header meta tag for IE to head
81        drupal_add_html_head($meta_ie_render_engine, 'meta_ie_render_engine');
82
83    }
```

위의 코드는 IE가 최신 버전일 경우 X-UA-Compatible 메타 태그를 통해 [호환성 보기] 기능을 끄도록 만든다.

무료 테마 사용하기

테마는 드루팔 모듈처럼 독립적인 개발 단위로서 사이트 구성 요소(메뉴, 콘텐츠, 뷰, 블록 등)의 디자인 전반에 걸친 컨트롤 타워 역할을 한다. 테마는 사이트의 머리서 부터 발끝까지 입는 옷과 액세서리 일체라고 생각하면 쉽다. 드루팔 사이트에는 다양한 서드 파티 벤더들이 유·무료로 개발해 놓은 테마가 많이 있으므로 적은 비용으로 입맛에 맞는 디자인을 찾아 적용할 수 있다.

❶ 'http://www.drupal.org'에 접속하여 [Download & Extend]를 선택하고 [Themes] 탭을 클릭한다.

❷ [Search Themes]에 "corporate clean"을 입력하고 [Search] 버튼을 클릭한다(corporate clean 테마는 저자가 선호하는 깔끔한 디자인의 테마 중 하나이다).

332 Themes match your search

Maintenance status — - Any -

Development status — - Any -

Core compatibility — - Any -

Status — Full projects

Search Themes — corporate clean

Sort by — Most installed

Search

Corporate Clean은 기업용 사이트를 위한 테마로서 전광판 형태의 슬라이드 쇼를 제공하고 다양한 웹 클라이언트 환경을 지원하는 인기 있는 테마 중 하나이다. Corporate Clean은 이미 만들어진 틀 혹은 이미지 위주가 아니라 각자에게 맞는 세부적인 css 세팅을 할 수 있도록 지원하기 때문에 사이트를 맞춤형으로 심플하게 디자인하기에 무난한 테마라고 할 수 있다.

Corporate Clean

Posted by skounis on *July 12, 2011 at 6:22pm*

Corporate Clean for Drupal by More than (just) Themes is based on the homonymous PSD template, which was designed and published by Zsolt Kacso.

Corporate Clean theme has been ported to Drupal and is supported by More than (just) Themes, as part of our ongoing effort to bring top quality themes to Drupal community. **Corporate Clean** theme 7.x-2.x releases come with a **responsive** grid layout.

To stay tuned with new theme releases, updates to existing themes, offers and other goodies follow us on Twitter or like us on Facebook. Check out our blog too.

❸ Corporate Clean의 7.×-2.3 버전을 다운로드한다. [APM_Setup₩htdocs₩sites₩all₩ themes] 폴더 밑에 다운로드한 테마 압축 파일을 푼다.

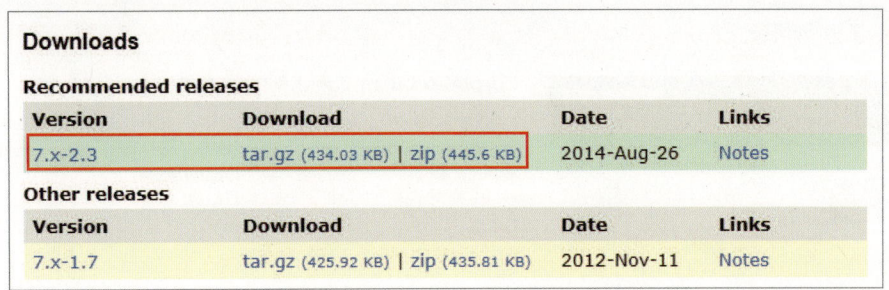

❹ 드루팔 관리자 메뉴에서 [모양]을 클릭하면 [사용 중인 테마들]에 Bartik 7.35(기본 테마)가 선택된 것을 확인할 수 있다.

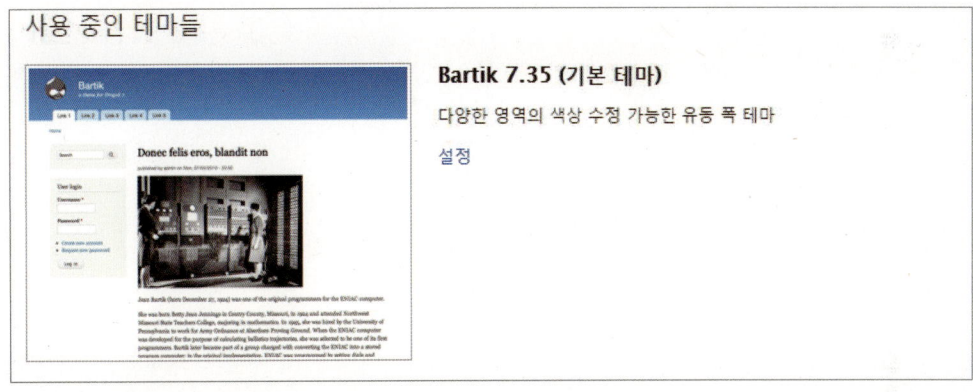

❺ [비활성화된 테마] 목록 중 'CorporateClean 7.×-2.3' 테마 아래쪽의 [사용하고 기본 테마로 지정] 링크를 클릭한다.

❻ [사용 중인 테마들]에서 'CorporateClean 7.×−2.3 (기본 테마)'로 변경된 것을 확인한 후 하단의 [설정] 링크를 클릭한다.

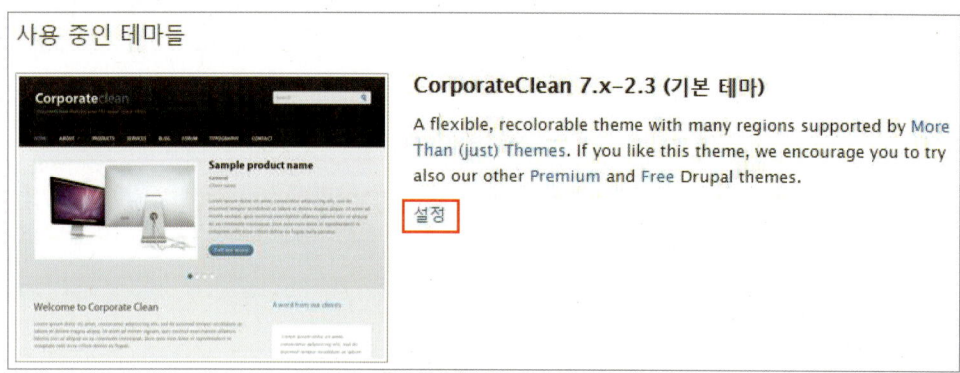

❼ [로고 이미지 설정]에서 [기본 로고 사용]의 체크를 해제한다.

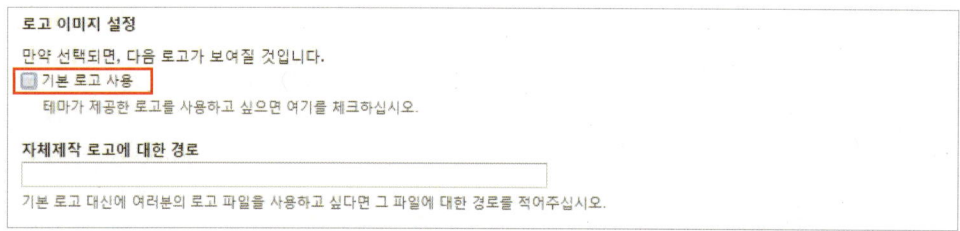

❽ [FRONT PAGE SLIDESHOW] 설정에서 [Show slideshow]의 체크를 해제하고, 카테고리 내의 옵션들도 모두 체크 해제한 후 하단의 [설정 저장] 버튼을 클릭한다.

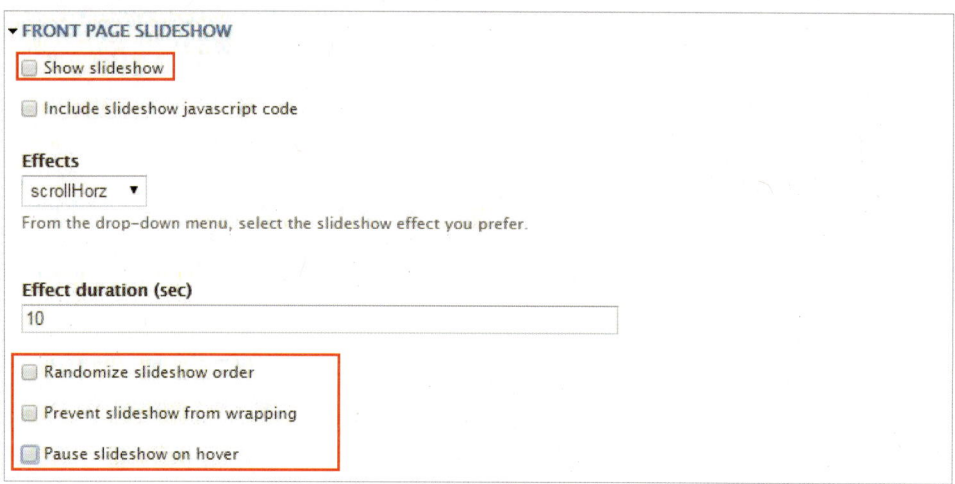

❾ 사이트 홈으로 이동하면 사이트의 디자인이 변경된 것을 확인할 수 있다.

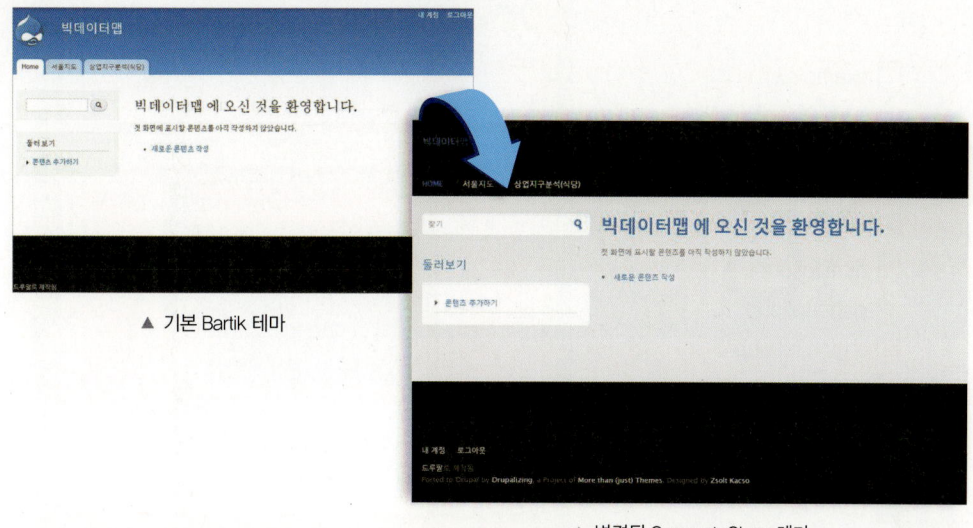

▲ 기본 Bartik 테마

▲ 변경된 CorporateClean 테마

08 테마 만들기

드루팔은 CMS를 비롯하여 사이트 운영에 필요한 대부분의 기능이 이미 구현되어 있는 완성도 높은 웹 퍼블리싱 솔루션이다. 드루팔로 사이트를 구축한다고 할 때 실질적인 개발의 대부분은 테마 영역에서 진행된다. 사이트를 차별화하는 가시적인 차이점이 테마를 통해 나타나므로 테마 제작은 드루팔을 이용한 사이트 개발에서 큰 비중을 차지한다. 그럼 이제 나만의 테마를 만드는 방법을 알아보자.

1 테마 시스템 구조

테마는 표현(presentation) 레이어를 정의하는 파일의 묶음이다. 우리는 하나 또는 그 이상의 서브 테마를 만들거나 한 테마를 기초로 변형된 테마를 만들 수 있다. 테마 제작에 필수적인 파일은 오직 .info 파일이지만, 필요하다면 그 외 다른 파일들도 만들어서 사용할 수 있다. 다음은 전형적인 테마나 서브 테마에 발견되는 파일들과 각 파일들이 구현하는 영역을 화면상에 매칭한 그림이다.

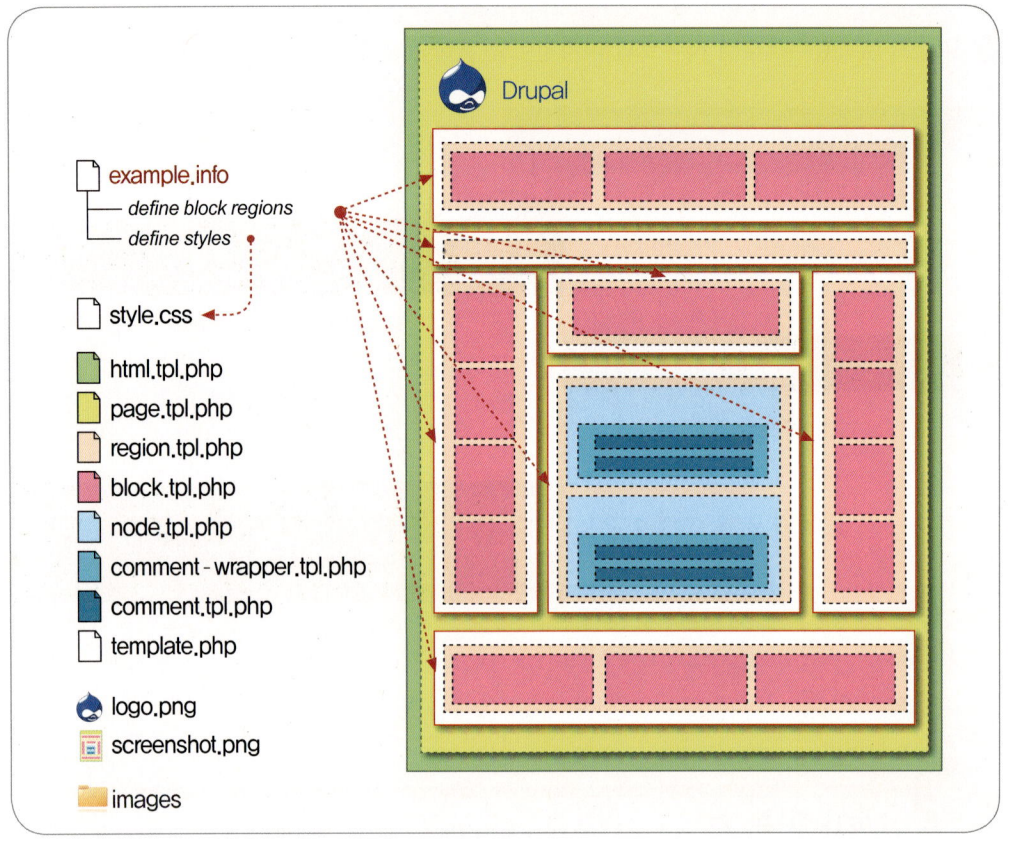

example.info
├── define block regions
└── define styles

style.css

html.tpl.php
page.tpl.php
region.tpl.php
block.tpl.php
node.tpl.php
comment - wrapper.tpl.php
comment.tpl.php
template.php

logo.png
screenshot.png
images

(1) .info(필수)

테마임을 인식하기 위해 드루팔이 필수로 요구하는 것은 단지 .info 파일이 전부이다. 테마에는 메타 데이터, 스타일시트, 자바스크립트 그리고 그 밖에 다른 파일들이 있지만 모두 선택 사항(옵션)에 불과하다. 테마의 내부 이름은 이 파일의 이름을 사용한다. 예를 들어 파일명을 "drop.info"로 정했다면 드루팔은 테마의 이름을 "drop"으로 인식한다.

(2) template files(.tpl.php)

템플릿은 HTML과 PHP 변수를 사용한다. 어떤 상황에서는 다른 타입, 예를 들면 xml이나 rss 같은 형태의 데이터를 출력할 수도 있다. 각 .tpl.php 파일은 특정 테마 영역 부위의 출력을 다룬다. 이 파일들은 모두 선택 사항(옵션)이다. 만약 아무 파일도 존재하지 않는다면 드루팔에서 기본적으로 정의한 출력 방식으로 처리될 것이다. 이들 파일에는 복잡한 로직을 담는 것을 삼가는 것이 좋다. 그래서 대부분의 경우 직접적인

HTML 태그와 PHP 변수들이 사용된다. 몇몇 템플릿 파일은 코어 모듈이나 기여 모듈이 존재하는 디렉터리에 존재한다. 이들을 특정 테마에 복사하는 것은 드루팔로 하여금 복사한 버전을 읽도록 만들 것이다.

> **주의 |** 테마 레지스트리는 사용 가능한 테마 데이터에 관한 정보를 캐싱한다. 템플릿 파일 혹은 테마 함수를 더하거나 뺄 경우 반드시 캐시를 리셋(reset)해야 한다.

(3) template.php

조건 로직을 구현하거나 출력과 관련한 데이터 처리를 위해서 'template.php' 파일이 존재한다. 템플릿 파일류는 필수는 아니지만 tpl.php 파일들을 간소하게 유지하기 위한 변수들을 생성하기 위해서 전처리함수(preprocessors)를 보유할 수 있다. 커스텀 함수(사용자의 기호에 맞게 별도로 제작한 함수), 오버라이딩 테마 함수 등 본래 출력의 변형을 가하는 어느 것도 여기서 처리된다. 이 파일은 〈?php 태그로 시작한다. 마감 태그는 필요하지 않으며 오히려 생략하는 것을 권장한다.

(4) 기타 파일들

로고와 스크린샷은 테마가 동작하는 데 필수는 아니지만 만약 테마를 드루팔 리포지트리에 기증할 경우 만들 것을 권장한다. 스크린샷은 테마 내부 관리자 페이지와 테마를 선택하기 위한 사용자 계정 세팅 등을 보여줄 것이다(더 많은 정보는 드루팔 사이트의 스크린샷 가이드라인을 참고한다).

▶관리자 UI 세팅 혹은 로고, 검색, 미션 등 피처를 제공하기 위해서는 'theme-setting.php' 파일이 필요하다. 이 파일은 고급 피처를 담는다(더 많은 정보는 드루팔 사이트의 고급 세팅(advanced setting) 핸드북을 참고하기 바란다).

▶컬러 모듈을 지원하기 위해 [color] 디렉터리에 'color.inc' 파일(다양한 지원 파일을 포함하여)이 필요하다.

▶만약 코어 테마에 기초하여 테마를 제작하려면 서브 테마를 만들거나 기존 테마를 복사하여 이름을 변경하는 것이 좋다. Bartik, Garland 혹은 Minnelli 등의 테마 이름을 직접적으로 변경하는 것은 추천하지 않는다. 이들은 설치 및 업그레이드 과정에서도 사용되기 때문이다.

▶코어 테마에 대한 모든 변형이나 비코어 테마는 [sites₩all₩themes] 폴더에 있어야 한다. 만약 하나의 드루팔 코드 베이스로부터 여러 사이트를 운영할 계획이라면 테마를 모든 사이트가

아닌 특정 사이트에 사용 가능하도록 만드는 것이 좋다(더 자세한 정보는 드루팔 사이트에서 다중–사이트 설치를 참고하기 바란다).

▶ page.tpl.php가 전체 html 구조를 포함하고 있는 드루팔 6과는 달리 드루팔 7에서는 html.tpl.php 가 새롭게 나타났다. 기본적으로 이 파일들은 [APM_Setup₩htdocs₩modules₩system] 폴더 에 저장된다. 이들 파일을 오버라이드(재정의)하려면 자신의 테마 폴더에 복사 및 붙여넣기를 하면 된다.

② .info 파일 만들기

.info 파일은 테마를 정의하고 구성하는 정적(static) 텍스트 파일이다. .info 파일의 각 행은 키(왼쪽)와 값(오른쪽)의 짝을 이루며 '이름=테마명'과 같이 이들 사이에 등호 (=)가 존재하게 된다. 세미콜론(;)은 한 행을 주석으로 처리하기 위해 사용된다. 몇몇 키는 값들의 목록(배열)을 구축하기 위해 중괄호([ ])와 결합된 특별한 문법을 사용한다 (만약 배열에 익숙하지 않다면 드루팔 설치 시 기본적으로 포함되어 있는 .info 파일을 보고 예제에 대한 설명을 읽어보기 바란다). .info 파일은 사용자의 컴퓨터에 설치된 에 디터 프로그램이나 노트패드 등의 응용 프로그램을 이용하여 편집하고 저장할 수 있다.

다음은 드루팔 6의 기본 테마인 Garland 테마의 .info 파일 예이다.

```
name = Garland
description = Tableless, recordless, multi–column, fluid width theme (default).
version = VERSION
core = 6. ×
engine = phptemplate
stylesheets[all][ ] = style.css
stylesheets[print][ ] = print.css
```

③ 테마 이름 요구 사항

테마 이름은 알파벳으로 시작해야 하며 숫자나 밑줄(_)을 포함할 수 있다. 그러나 하이픈(–), 공백 또는 콤마(,)는 허용되지 않는다. 테마명은 다양한 함수를 구성하기 위해 사용되기 때문에 함수 이름을 만들 때와 같은 제한이 따른다. 설치된 모든 컴포넌 트는 유일한 이름을 갖고 있어야 하므로 이미 사용 중인 모듈과 같은 이름은 선택하지 않는다.

고유의 테마 이름을 지정하려면 사용자 테마 이름을 지을 때 접두사를 사용한다. 예를 들어 'example.com'이라는 사이트는 'ex_themename'과 같은 테마 이름을 사용하여 생성한다.

.info 파일은 캐싱되므로 사이트의 변경 사항이 디스플레이되기 전에 반드시 캐시를 비워야 한다.

4 파일 인코딩

파일은 반드시 BOM(Byte Order Mark, 파일 맨 앞에 붙는 텍스트 인코딩 방식을 나타내는 2~3바이트)없이 UTF-8로 저장되어야 한다.

5 키워드

드루팔은 다음에 나열된 키워드를 인식한다. 드루팔은 필수가 아닌 키워드 중 .info 파일에 명시되지 않은 키워드에 대해서는 미리 정의한 기본값을 사용한다.

> ■ .info 주요 키워드 목록
>
> - name(필수)　　　　　- regions　　　　　- description(권장)　　　- features　　　　　- screenshot
> - theme settings　　 - version(비권장)　 - stylesheets　　　　 - core(필수)
> - scripts　　　　　　 - engine(드루팔 6에서 필수)　　　　　　 - php　　　　　　　- base theme

(1) name(필수)

사람이 인식하는 테마의 이름은 '기계'가 인식하는 내부적 이름과는 다르게 설정할 수 있다. 사람이 인식하는 이름을 만들 때는 기계명을 만들 때보다 허용된 캐릭터(문자열 세트)에 있어 제약이 더 적다.

> name = 멋지거나 그럴듯한 이름

(2) description(권장)

테마에 대한 간단한 설명으로 관리자 메뉴의 [모양>테마]를 클릭할 때 나오는 테마 선택 화면에 나타난다.

> description = 블로거를 위한 테이블이 없는 다중 칼럼 테마

(3) screenshot

선택 사항인 'screenshot' 키는 드루팔로 하여금 테마의 썸네일 이미지(관리자 메뉴 테마 선택 화면에서 보임)를 어디서 찾아야 할지를 말해 준다. 만약 이 키를 .info 파일에서 생략하면, 드루팔은 테마 디렉터리에 있을 것이라고 가정하는 'screenshot.png' 파일을 기본값으로 읽을 것이다.

만약 썸네일 파일명이 'screenshot.png'가 아니거나 테마의 기본 디렉터리 밖에 위치시키고 싶을 경우(**예** screenshot = images₩screenshot.png)에 이 키워드를 사용하면 된다.

```
screenshot = screenshot.png
```

(4) version(비권장)

버전은 배포판 및 압축 패키지가 만들어지면 'http://drupal.org' 사이트에 자동으로 부여된다. 그러므로 드루팔 사이트에 기증될 테마에 대해서는 이 값을 생략해도 된다. 그러나 drupal.org 사이트에 올리지 않을 테마라면 버전을 부여하는 것이 좋다.

```
version = 1.0
```

(5) core(필수)

6.×이상 버전부터 사용되는 모듈과 테마에 대한 .info 파일은 호환되는 드루팔 코어 버전이 무엇인지 반드시 명기해야 한다. 여기에 세팅된 값은 DRUPAL_CORE_COMPATIBILITY 상수와 비교된다. 만약 일치하지 않으면 테마는 사용할 수 없다.

```
core = 6.×
```

drupal.org 패키징 스크립트는 각 배포(판) 노드에 설정된 드루팔 코어 호환성에 기반하여 자동으로 이 값을 세팅한다. 그러므로 drupal.org로부터 테마 패키지를 다운로드한 사람들은 항상 올바른 버전을 받을 것이다.

(6) engine(드루팔 6에서 필수)

테마에서 사용하는 테마 엔진이다.

▶ 드루팔 6 : .theme 파일로 구현된 경우 테마 엔진이 없다면 테마는 독립적인 것으로 간주한다. 대부분 테마는 기본 엔진으로 phptemplate을 사용해야 한다.

▶ 드루팔 7 : 드루팔 7에서는 phptemplate이 기본으로 제공되므로 더 이상 엔진이 필요없다. phptemplate의 역할은 테마가 작동하기 위한 테마 함수와 템플릿을 찾는 것이다.

> engine = phptemplate

(7) base theme

서브 테마는 베이스 테마를 선언할 수 있다. 이것은 테마로 하여금 상속을 허용하며, 베이스 테마의 리소스는 서브 테마 내에서 재사용될 것이다. 서브 테마는 다른 서브 테마를 베이스로 선언할 수 있고, 이는 다중 상속을 허용함을 뜻한다. 베이스 테마의 이름은 기계가 읽을 수 있는 이름을 사용하는 것이 좋다. 다음은 garland 테마를 베이스로 사용하는 Minnelli 테마의 예이다.

> base theme = garland

(8) regions

테마에서 사용 가능한 블록 지역(region)은 'region' 키를 명시함으로써 정의되며, 이 키 뒤에 중괄호 안의 기계명과 함께 블록 지역명을 표시한다(**예** region[theRegion] = 블록 지역명).

만약 region을 정의하지 않으면 다음과 같은 값이 기본으로 간주된다.

■ **드루팔 6 regions 기본값**

regions[left] = Left sidebar
regions[right] = Right sidebar
regions[content] = Content
regions[header] = Header
regions[footer] = Footer

■ **드루팔 7 regions 기본값**

regions[header] = Header
regions[highlighted] = Highlighted
regions[help] = Help

```
regions[content] = Content
regions[left] = Left sidebar
regions[right] = Right sidebar
regions[footer] = Footer
```

(9) features

테마에 의해 다양한 페이지 요소를 출력하는 기능은 테마 구성 페이지에서 켜고 끄도록 설정할 수 있다. 'features' 키는 테마 구성 페이지에 표시되는 체크 박스를 다룬다. 이 키는 테마에 정의되지 않거나 사용되지 않는 요소에 대한 체크 박스를 숨기는 데 유용하다. 체크 박스를 숨기려면 해당 목록을 없애면 된다. 그러나 아무것도 정의하지 않으면 기본값을 사용하는 것으로 간주되어 모든 체크 박스가 표시된다.

■ 드루팔 6 features

```
features[ ] = logo
features[ ] = name
features[ ] = slogan
features[ ] = mission
features[ ] = node_user_picture
features[ ] = comment_user_picture
features[ ] = search
features[ ] = favicon
; These last two diabled by redefining the
; above defaults with only the needed features.
; features[ ] = primary_links
; features[ ] = secondary_links
```

■ 드루팔7 features

```
features[ ] = logo
features[ ] = name
features[ ] = slogan
features[ ] = node_user_picture
features[ ] = comment_user_picture
features[ ] = comment_user_verification
features[ ] = favicon
features[ ] = main_menu
features[ ] = secondary_links
```

(10) theme settings(테마 세팅)

.info 파일에 테마 세팅 키를 사용하여 특정 기능을 기본으로 체크 하거나 체크 해제 상태로 설정할 수 있다. 예를 들어 'settings[toggle_"feature"] = 0'은 토글 기능을 해제(혹은 사용 안 함)로 설정하는 것이다. 다음은 'settings' 키의 기본값 예시이다.

■ 드루팔 7

```
strings[toggle_logo] = 1
strings[toggle_name] = 1
strings[toggle_slogan] = 1
strings[toggle_node_user_picture] = 1
strings[toggle_comment_user_picture] = 1
strings[toggle_comment_user_verification] = 1
strings[toggle_favicon] = 1
strings[toggle_main_menu] = 1
strings[toggle_secondary_menu] = 1
```

(11) stylesheets

전통적으로 테마는 style.css를 기본으로 사용한다. 그리고 테마의 'template.php' 파일에서 drupal_add_css( ) 함수를 호출함으로써 스타일시트를 추가할 수 있다. 드루팔 6부터는 .info 파일을 이용하여 테마에 스타일시트를 추가할 수 있다.

```
stylesheets[all][ ]= theStyle.css
```

드루팔 7부터 테마는 더 이상 style.css를 기본으로(.info 파일에 명시하는 경우 제외) 사용하지 않는다.

(12) scripts

전통적으로 테마는 'template.php' 파일에서 drupal_add_js( ) 함수를 호출함으로써 자바스크립트를 추가할 수 있다. 드루팔 6.×부터 테마 디렉터리에 'script.js' 파일이 존재하면 그 파일은 자동으로 포함되었다. 그러나 드루팔 7에서는 .info 파일에 명시되었을 경우에만 'script.js' 파일이 포함된다.

```
scripts[ ] = myscript_js
```

(13) php

해당 테마가 지원하는 PHP 최소 버전을 명시한다. 기본값은 코어 전체가 요구하는 최소 버전이 명시된 DRUPAL_MINIMUM_PHP 상수로부터 받는다. 이 상수값은 필요 시 새로운 버전으로 높여서 재정의할 수 있으나 대부분의 테마들은 버전을 높여서 재정의해서는 안 된다.

```
php = 4.3.3
```

(14) 코어 테마의 .info 파일 예제

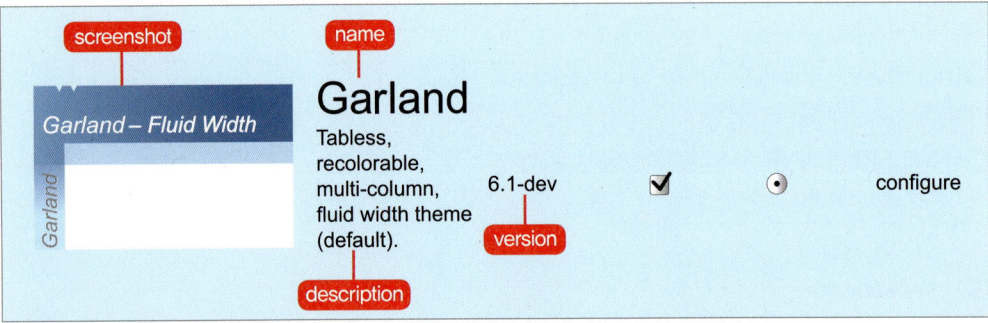

■ Garland

```
name = Garland
description = Tableless, recolorable, multi-column, fluid width theme(default).
version = VERSION
core = 6.×
engine = phptemplate
stylesheets[all][ ] = style.css
stylesheets[prints][ ] = print.css

; Information added by drupal.org packaging script on 2008-02-13
version="6.0"
project="drupal"
datestamp="1202913006"
```

■ Minnelli(Garland의 서브 테마)

```
name = Minnelli
description = Tableless, recolorable, multi-column, fluid width theme
```

```
version = VERSION
core = 6. ×
base theme = garland
stylesheets[all][ ] = style.css

; Information added by drupal.org packaging script on 2008-02-13
version="6.0"
project="drupal"
datestamp="1202913006"
```

6 .info 기본값

다음은 기본값을 나타낸다. 만약 키를 정의하지 않으면 테마는 자동으로 다음 값들을 취하게 된다. 기본값은 _system_rebuild_theme_data( )에 정의된다.

> **주의 |** 이 기본값들은 그룹으로 적용된다. 다시 말하면 하나의 지역(region)을 'regions[서브_헤더] = 서브-헤더' 형식으로 재정의하는 것은 나머지 다른 지역들의 기본값을 없애도록 만들 것이다. 다른 값들을 기본값으로 되돌리기 위해서는 반드시 그것들의 재정의해야 한다. 이 원리는 또한 'stylesheets' 키에도 동일하게 적용된다. 비록 stylesheets 기본값은 그룹이 아니지만, 이를 재정의하는 것은 style.css가 포함되는 것을 막을 것이다. 만약 이것을 따로 재정의하지 않는다면 말이다.

(1) regions

■ 드루팔 6

```
regions[left] = Left sidebar
regions[right] = Right sidebar
regions[content] = Content
regions[header] = Header
regions[footer] = Footer
```

■ 드루팔 7

```
regions[sidebar_first] = Left sidebar
regions[sidebar_second] = Right sidebar
regions[content] = Content
regions[header] = Header
regions[footer] = Footer
```

```
regions[highlighted] = Highlighted
regions[help] = Help
regions[page_top] = Page Top
regions[page_bottom] = Page Bottom
```

(2) engine

■ 드루팔 7

```
engine = phptemplate
```

(3) features

■ 드루팔 6

```
features[ ] = logo
features[ ] = name
features[ ] = slogan
features[ ] = mission
features[ ] = node_user_picture
features[ ] = comment_user_picture
features[ ] = search
features[ ] = favicon
features[ ] = primary_links
features[ ] = secondary_links
```

■ 드루팔 7

```
features[ ] = logo
features[ ] = name
features[ ] = slogan
features[ ] = node_user_picture
features[ ] = comment_user_picture
features[ ] = comment_user_verification
features[ ] = favicon
features[ ] = main_menu
features[ ] = secondary_links
```

(4) theme settings

■ 드루팔 7

```
strings[toggle_logo] = 1
strings[toggle_name] = 1
strings[toggle_slogan] = 1
strings[toggle_node_user_picture] = 1
strings[toggle_comment_user_picture] = 1
strings[toggle_comment_user_verification] = 1
strings[toggle_favicon] = 1
strings[toggle_main_menu] = 1
strings[toggle_secondary_menu] = 1
```

(5) screenshot

```
screenshot = screenshot.png
```

(6) Stylesheets와 Javascript 기본값

'style.css'와 'script.js' 파일은 드루팔 6에서만 기본값이었다. 드루팔 7에서는 테마에서 사용할 모든 css와 javascript 파일들을 정의해야 한다.

(7) stylesheets

```
stylesheets[all] = style.css
```

(8) scripts

```
scrips[ ] = script.js
```

(9) php(최소 지원)

DRUPAL_MINIMUM_PHP는 상수로서 드루팔 코어가 동작하기 위한 최소의 요구 사항을 나타낸다.

```
php = DRUPAL_MINIMUM_PHP
```

7 지역(regions)에 콘텐츠 할당

드루팔 6에서는 어느 것도 정의되어 있지 않을 경우 다음 값들로 설정된다.

```
regions[left] = Left sidebar
regions[right]=Rightsidebar
regions[content]=Content
regions[header]=Header
regions[footer]=Footer
```

드루팔 7에서는 highlighted와 help가 기본 지역으로 추가되었다. 기본적으로 help 지역의 텍스트 콘텐츠는 드루팔 6의 page.tpl.php에 있는 $help 변수와 같다. Sidebars의 기계명 또한 다음과 같이 바뀌었다.

```
regions[sidebar_first] = Left sidebar
regions[sidebar_second]=Rightsidebar
regions[content]=Content
regions[header]=Header
regions[footer]=Footer
regions[highlighted]=Highlighted
regions[help]=Help
```

드루팔 7의 Bartik 테마는 다음과 같은 기본 지역을 갖는다.

```
regions[header] = Header
regions[help]=Help
regions[page_top]=Pagetop
regions[page_bottom]=Pagebottom
regions[highlighted]=Highlighted
regions[featured] = Featured
regions[content]=Content
regions[sidebar_first]=Sidebarfirst
regions[sidebar_second]=Sidebarsecond
regions[triptych_first] = Triptych first
regions[triptych_middle]=Triptychmiddle
regions[triptych_last]=Triptychlast
regions[footer_firstcolumn] = Footer first column
```

```
regions[footer_secondcolumn]=Footersecondcolumn
regions[footer_thirdcolumn]=Footerthirdcolumn
regions[footer_fourthcolumn]=Footerfourthcolumn
regions[footer]=Footer
```

　기계명들은 'page.tpl.php' 템플릿 내의 지역(region) 변수 속으로 자동 변환된다. 앞의 예에서 [header] 지역은 할당된 모든 블록을 드루팔 6의 $header 변수 또는 드루팔 7의 $page['header']를 통해 출력할 것이다. PHP는 변수를 명명하는 데 몇 가지 문법적 제약을 규정하므로 내부명·기계명이 같은 제약을 따르도록 해야 한다. 기본적으로 내부 지역명은 오직 알파벳 문자와 숫자 그리고 밑줄(_)만을 포함할 수 있고 이름은 반드시 알파벳 문자로 시작해야 한다.

　중괄호 밖의 이름(사람이 읽기 좋은 이름 – 기계명과 상대적인 개념임)은 관리자 메뉴에서 [구조>블록]을 클릭했을 때 나타나는 블록 설정 화면에서 지역에 대한 라벨로 사용된다.

▲ Garland 테마에 대한 블록 관리 화면

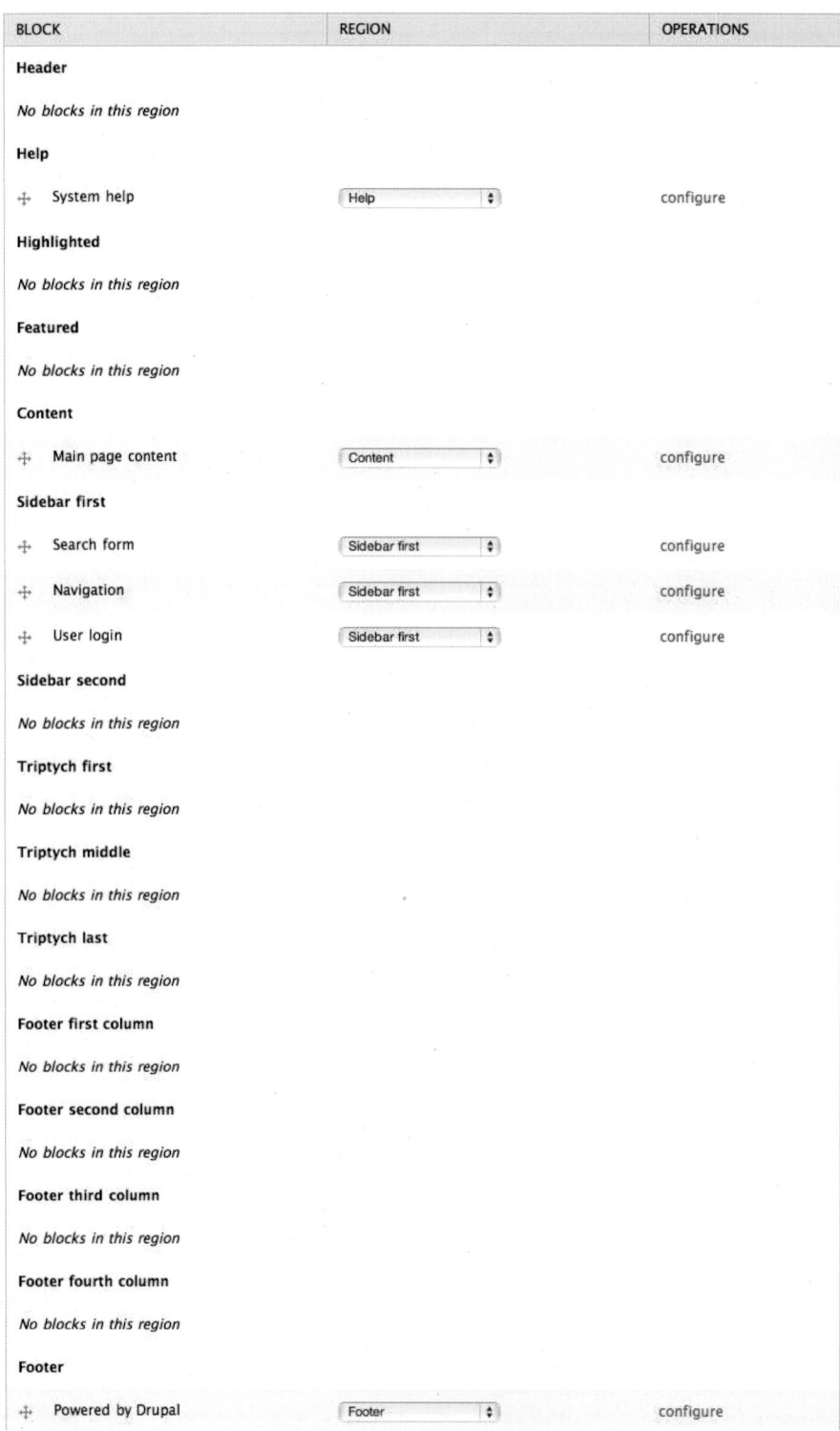

BLOCK	REGION	OPERATIONS
Header		
No blocks in this region		
Help		
✛ System help	Help ⬍	configure
Highlighted		
No blocks in this region		
Featured		
No blocks in this region		
Content		
✛ Main page content	Content ⬍	configure
Sidebar first		
✛ Search form	Sidebar first ⬍	configure
✛ Navigation	Sidebar first ⬍	configure
✛ User login	Sidebar first ⬍	configure
Sidebar second		
No blocks in this region		
Triptych first		
No blocks in this region		
Triptych middle		
No blocks in this region		
Triptych last		
No blocks in this region		
Footer first column		
No blocks in this region		
Footer second column		
No blocks in this region		
Footer third column		
No blocks in this region		
Footer fourth column		
No blocks in this region		
Footer		
✛ Powered by Drupal	Footer ⬍	configure

▲ Bartik 테마에 대한 블록 관리 화면

8 맵 전용 테마 만들기

기존에 적용한 테마들은 맵 서비스를 전문으로 하는 테마가 아니라 보편적인 콘텐츠 표시를 위해 만들어진 테마이므로 불필요한 블록이 존재하였다. 앞에서 익힌 테마 제작의 이론을 바탕으로 맵 서비스를 위한 보다 간략한 테마를 만들어보자.

❶ 테마의 이름은 "네비게이토"이며 사용하는 지역(regions)은 메뉴와 메인 콘텐츠, 푸터 (Footer) 단 세 개이다. style.css를 통해 각종 HTML 요소에 대한 색상을 정의할 것이므로 'stylesheets' 키를 넣고 Menu, Main Contents, Footer의 지역을 설정한다. 다음과 같이 'navigator.info' 파일을 작성해 보자.

```
01   ;----------// Theme Information
02
03   name        = 네비게이토
04   core        = 7.×
05   release     = 7.×-3.×
06   engine      = phptemplate
07
08   ;----------// Stylesheets
09
10   stylesheets[screen][ ] = style.css
11   stylesheets[screen][ ] = scripts/prettyPhoto.css
12
13   ;----------// Scripts
14
15   scripts[ ] = scripts/jquery.min.js
16   scripts[ ] = scripts/jquery-ui-1.8.13.custom.min.js
17   scripts[ ] = scripts/prettyphoto.js
18   scripts[ ] = scripts/activity.js
19   scripts[ ] = scripts/jquery.backstretch.min.js
20   scripts[ ] = scripts/jquery.animate-colors-min.js
21   scripts[ ] = scripts/custom.js
22
23   regions[menu] = Menu
24   regions[content] = Main Contents
25   regions[footer] = Footer
```

❷ 화면의 가장 바닥에 위치하는 템플릿 파일인 'html.tpl.php' 파일을 구현하자. 이 파일은 드루팔 변수 $page_top, $page, $page_bottem 등 우리가 필요로 하는 세 가지 지역을 단지 출력해주는 것이 전부다. 만약 더 이상 복잡한 코딩을 원하지 않는다면 마음에 드는 테마를 하나 선택하여 'html.tpl.php' 파일만 조금 바꿔줘도 큰 수확을 얻을 수 있다.

```
01  <!DOCTYPE html PUBLIC "-//W3C//DTD XHTML 1.0 Transitional//EN" "http://
    www.w3.org/TR/xhtml1/DTD/xhtml1-transitional.dtd">
02  <html xmlns="http://www.w3.org/1999/xhtml" dir="ltr" lang="<?php print
    $language->language; ?>">
03  <head profile="http://gmpg.org/xfn/11">
04  <?php print $head; ?>
05
06  <!--BROWSER TITLE-->
07  <title><?php print $head_title; ?></title>
08
09  <!--GOOGLE CUSTOM FONT LINK-->
10  <?php print $styles; ?>
11
12  <!--SCRIPTS-->
13  <?php print $scripts; ?>
14
15  </head>
16
17  <body>
18
19  <?php print $page_top; ?>
20  <?php print $page; ?>
21  <?php print $page_bottom; ?>
22
23  </body>
24  </html>
```

❸ 다음으로 'html.tpl.php' 파일을 제외하고 화면의 가장 바닥에 위치하는 템플릿 파일인 'page.tpl.php' 파일을 구현하자. 먼저 로고($logo)를 그린 후 주소를 첫 페이지($front_page)로 설정한다. 메뉴($page['menu'])를 그린 후 메시지나 탭이 있는지 확인하고 콘텐츠 ($page['content'])를 출력한다. 그리고 푸터와 기타 나머지를 출력한다.

```
01  <div id="header">
02   <!--LOGO-->
03   <?php if ($logo): ?>
04    <a id="logo" href="<?php print $front_page; ?>"><img src="<?php print $logo; ?>"
        alt="<?php print t('Home'); ?>" /></a>
05   <?php endif; ?>
06   <?php if ($site_name): ?>
07    <a href="<?php print $front_page; ?>" class="sbmiddle"><?php print $site_name;
        ?></a>
08   <?php endif; ?>
09
10
11   <!--NAVIGATION MENU-->
12   <div id="navigation">
13    <?php print render($page['menu']); ?>
14
15   </div>
16  </div><!--end header-->
17
18
19
20  <div id="contentContainer">
21   <div id="content">
22     <?php if($messages): print $messages; endif;?>
23     <?php if($tabs): print render($tabs); endif;?>
24    <?php print render($page['content']); ?>
25
26    <div class="clear"></div>
27   </div><!--end content-->
28  </div><!--end contentContainer-->
29
30  <div id="footer">
```

CHAPTER7 · 테마&팁 243

```
31
32   <!--SEARCH (NOT FUNCTIONAL)-->
33   <div id="footerSearch">
34    <form class="search-form" action="/search/node" method="post" id="search-
       form" accept-charset="UTF-8">
35     <input type="image" src="<?php echo base_path() . drupal_get_path('theme',
       'navigator') . '/images/mag_glass.png'; ?>" id="edit-submit searchsubmit"
       name="op" alt="GO!" value="Search" class="form-submit">
36     <input type="text" value="" onfocus="this.value=''; this.onfocus=null;"
       name="keys" id="s" class="form-text" />
37    </form>
38   </div>
39
40   <?php print render($page['footer']);  ?>
41
42   <!--THIS SHOULD BE THE TITLE OF THE PAGE-->
43   <div class="pageContent">
44    <h2>Blog List</h2>
45   </div>
46  </div><!--end footer-->
```

❹ 'style.css' 파일을 다음과 같이 작성해 보자. 전체적인 디자인을 검정 계열로 하고 메뉴는 반투명하게 메인 콘텐츠를 비추도록 한다(반투명 기능은 인터넷 익스플로러 8 이하에서는 지원되지 않으므로 크롬 브라우저에서 확인한다). css는 디자이너의 영역이고 매우 방대하므로 자세한 설명은 생략한다. 여기서는 각종 HTML 요소의 글꼴, 크기, 색깔, 위치, 배경 등을 광범위하게 설정한다.

```
01   /*  ──── 1~35행 : A, H, html, body, p 등 기본 태그 스타일 설정
02   Theme Name: The Navigator HTML version
03   */
04
05   * {padding: 0; margin: 0; line-height: 1.5em;}
06
07   /* -----BODY STUFF----- */
08   html { background-color: #555;}
```

```
09   body {height:auto; width:auto; font-family:Sans-Serif; color:#eee;}
10
11   /*---LIGHTBOX STYLE---*/
12   .pp_nav p {color: #333; width: 100px;}
13   div.pp_default .pp_content, div.light_rounded .pp_content {background: #f8f8f8
     !important}
14
15   /* -----A TAG STUFF----- */
16   a {text-decoration:none; color: #99b3cc }
17   a:hover {text-decoration:none; color: #fff;}
18
19   p {font-size: 11px;}
20
21   /* -----H TAG STUFF----- *//*--GOOGLE CUSTOM FONT CSS
     KEYWORD--*/
22   h1,h2,h3,   h4, h5, h6 {color: #fff; font-weight: normal; font-family: 'Gruppo',
     sans-serif; letter-spacing: 1px;}
23   h1,h1 a,h1 a:visited,
24   h2,h2 a,h2 a:visited,
25   h3,h3 a,h3 a:visited,
26   h4,h4 a,h4 a:visited,
27   h5,h5 a,h5 a:visited,
28   h6,h6 a,h6 a:visited {text-decoration:none;}
29   h1 a:hover,
30   h2 a:hover,
31   h3 a:hover,
32   h4 a:hover,
33   h5 a:hover,
34   h6 a:hover {text-decoration:none;}
35
36   /* -----PAGE STUFF----- */      ━━━  37~38행 : page.tpl.php에 구현된 콘텐츠 영역에 대한 스타일 설정
37   #contentContainer {width:100%; height: 100%; margin: 0;}
38   #content {padding:110px 35px 75px;}
39
40   #loading {width: 100%; height: 100%; position: fixed; z-index: 999; background-
     color: #222; background-repeat: no-repeat; background-position: 35px 20px;
     background-image: url(images/logo.png);}
41
42   #main {      ━━━  42~80행 : node.tpl.php에 구현된 메인 영역에 대한 스타일 설정
```

```css
43        width:300px;
44        padding: 20px 20px 20px 55px;
45        border: 1px solid #000;
46        z-index: 2;
47        position: relative;
48        background: #111;
49        background: rgba(0,0,0,.9);
50        -webkit-box-shadow: 3px 3px 5px   rgba(0,0,0,.3);
51        -moz-box-shadow: 3px 3px 5px   rgba(0,0,0,.3);
52        box-shadow: 3px 3px 5px   rgba(0,0,0,.3);
53   }
54   body.page #main {width: 505px;}
55   body.iPad #main {padding: 20px;}
56
57   #main.blog {width: 505px;}
58
59   #handle {
60        position: absolute;
61        cursor: move;
62        z-index: 4;
63        top: 0px;
64        left: 0px;
65        bottom: 0;
66        width: 30px;
67        border-right:1px solid #000;
68        background: #323232 url(images/draggable.png) no-repeat center 30px;
69   }
70   #handle:before {border: 1px solid #333; border: 1px solid rgba(255,2555,255,.05);
     content:""; position: absolute; right: 0; top: 0; bottom: 0; left: 0;}
71   body.iPad #handle {display: none;}
72
73   #moveNotice {position: absolute; left: 0; right: 0; top:0; bottom: 0; background:
     rgba(0,0,0,.7) url(images/mover.png) no-repeat 95% 30px; display: none; z-index: 3;}
74
75   #closeBox {position: absolute; cursor: pointer; top: 10px; left: 9px; width: 12px;
     height: 12px; background: url(images/close.png) no-repeat left top; display:
     block; z-index: 5}
76   body.iPad #closeBox {left: 5px; top: 5px;}
77
```

```css
78  #closeBox:hover {background: url(images/close.png) no-repeat right top;}
79
80  #crumbs {font-size: 10px; font-style: italic; margin-bottom: 15px; margin-top:
    -5px;}
81
82  /*---MAP STYLING---*/
83  #gMap {width: 500px; height: 500px; position: fixed !important; left: 0; z-index:
    1; top:0;}
84
85  /*---------HEADER STUFF-----------*/
86  #header {
87      position: fixed;
88      display: none;
89      right: 0;
90      left: 0;
91      padding: 0 35px;
92      z-index: 998;
93      background: #111;
94      background: rgba(0,0,0,.80);
95  }
96
97  a#logo {display: inline-block; position: relative; z-index: 2; float: left; padding:
    20px 20px 20px 0;}
98  a#logo img {vertical-align: middle;}
99
100 #description {
101     font-size: 10px;
102     font-family: sans-serif;
103     font-style: italic;
104     float: left;
105     color: #fff;
106     display: inline-block;
107 }
108
109 /*-------MAIN NAVIGATION STUFF--------*/
110 #navigation {
111     float: right;
112      position: relative;
113     display: inline-block;
```

86~95행 : page.tpl.php에 구현된 헤더 영역에 대한 스타일 설정

110~114행 : page.tpl.php에 구현된 내비게이션 영역에 대한 스타일 설정

```
114  }
115  #dropmenu {list-style:none; position:relative; z-index: 400;}
116  #dropmenu > li {list-style:none;   position:relative; display:inline-block;}
117  #dropmenu > li:hover {background-color: #111;}
118  #dropmenu > li > a {
119       display: block;
120       padding:0 15px;
121       font-size: 10px;
122       color: #fff;
123       position: relative;
124  }
125  #dropmenu > li > a:hover {
126       color: #fff;
127  }
128  #dropmenu li ul {
129       list-style:none;
130       display:none;
131       position:absolute;
132       width:180px;
133       padding:10px;
134       z-index:300;
135       top:70px;
136       right: -1px;
137       background: #111111;
138       border: 1px solid #000;
139       border-width: 0 1px 1px;
140  }
141  #dropmenu li ul:before {
142  content: "";
143  position: absolute;
144  z-index: 1;
145  top: 0px;
146  left: 0px;
147  right: 0px;
148  bottom: 0px;
149  border: 1px solid #222;
150  border-width: 0 1px 1px;
151  }
152
```

```
153    #dropmenu li ul li {position:relative; z-index: 2;}
154    #dropmenu li ul li a {line-height: 35px; padding: 0 15px; display: block; font-size:
       10px;}
155    #dropmenu li ul li a:hover {background: #222;}
156    #dropmenu li ul li ul {position:absolute;top:-10px; right:180px; border-width:
       1px;}
157    #dropmenu li ul li ul:before {border-width: 1px;}
158    #dropmenu li:hover ul ul,
159    #dropmenu li:hover ul ul ul,
160    #dropmenu li:hover ul ul ul ul {display:none;}
161    #dropmenu li:hover ul,
162    #dropmenu li li:hover ul,
163    #dropmenu li li li:hover ul,
164    #dropmenu li li li li:hover ul {display:block;}
165    #dropmenu > li.current-menu-item {background-image: url(images/active_nav.
       png); background-repeat: no-repeat; background-position: center top;}
166    #dropmenu li.current-menu-item > a {color: #fff;}
167
168    /*--------FOOTER STUFF--------*/          169~183행 : page.tpl.php에 구현된
169    #footer {                                 푸터 영역에 대한 스타일 설정
170        width:100%;
171        height: 40px;
172        border-top: 1px solid #000;
173        position: fixed;
174        bottom: 0;
175        left: 0;
176        z-index: 1000;
177        line-height: 40px;
178        font-size: 11px;
179        background: #171717;
180        background: -webkit-gradient(linear, left top, left bottom, from(#282828),
           to(#171717));
181        background: -moz-linear-gradient(top, #282828, #171717);
182    }
183    #footer:before {border-top: 1px solid #2c2c2c;border-top: 1px solid rgba(255,255,
       255,.05); content:""; position: absolute; top: 0; left: 0; right:0; bottom:0; z-index:
       0;}
184
185    .widgetsToggle {      185~211행 : 위젯에 대한 스타일 설정
```

```
186        height: 40px;
187        margin-left: -1px;
188        text-align: center;
189        line-height: 40px;
190        width: 35px;
191        font-size: 14px;
192        color: #fff;
193        position: relative;
194        z-index: 2;
195        float: right;
196        display: inline-block;
197    }
198    .widgetsToggle img {vertical-align: middle;}
199    .widgetsToggle:hover {
200        text-decoration: none;
201        background: #333;
202        background: -webkit-gradient(linear, left top, left bottom, from(#444444),
           to(#222222));
203        background: -moz-linear-gradient(top,  #444444, #222222);
204    }
205    #widgetsOpen {font-size: 14px;}
206    #widgetsClose {
207        display: none;
208        background: #333;
209        background: -webkit-gradient(linear, left top, left bottom, from(#444444),
           to(#222222));
210        background: -moz-linear-gradient(top,  #444444, #222222);
211    }
212
213    /*--SINGLE POST NAVIGATION---*/
214    a[rel~="prev"],
215    a[rel~="next"] {
216        float: left;
217        font-size: 20px;
218        line-height: 40px;
219        height: 40px;
220        position: relative;
221        text-align: center;
222        padding:0 12px;
```

```
223        padding: 0;
224        width: 35px;
225        margin: 0 -1px 0 0;
226        cursor: pointer;
227        border: 1px solid #000;
228        border-width: 0 1px;
229        color: #fff;
230        background: #222;
231        background: -webkit-gradient(linear, left top, left bottom, from(#323232),
           to(#171717));
232        background: -moz-linear-gradient(top,  #323232, #171717);
233 }
234 a[rel~="prev"]:before,
235 a[rel~="next"]:before {
236        border: 1px solid #363636;
237        border: 1px solid rgba(255,2555,255,.05);
238        content:"";
239        position: absolute;
240        top: 0;
241        left: 0;
242        right:0;
243        bottom:0;
244        z-index: 0;
245 }
246 a[rel~="prev"]:hover,
247 a[rel~="next"]:hover {
248        background: #333;
249        background: -webkit-gradient(linear, left top, left bottom, from(#444444),
           to(#222222));
250        background: -moz-linear-gradient(top,  #444444, #222222);
251 }
252
253 /*---CIRCULAR TARGET THING---*/
254 #target {position: fixed; display: none; width: 51px; height: 51px; top: 50%; left:
    50%; margin: -40px 0 0 -26px; background: url(images/target.png) no-repeat
    center bottom; z-index: 2;}
255
256 /*---MARKER TITLE POPUP---*/ ──  257~497행 : 구글 지도 관련 스타일 설정
257 .markerTitle {
```

```
258        font-size:10px;
259        color:#fff;
260        width:120px;
261        display: none;
262        position: absolute;
263        bottom: 32px;
264        bottom: 0;
265        left: -65px;
266        padding:7px;
267        text-align:center;
268        border: 1px solid #000;
269        background: #171717;
270        background: -webkit-gradient(linear, left top, left bottom, from(#323232),
           to(#171717));
271        background: -moz-linear-gradient(top,  #323232, #171717);
272        -moz-border-radius: 3px;
273        -webkit-border-radius: 3px;
274        border-radius: 3px;
275 }
276 .markerTitle:before {
277        border: 1px solid #333;
278        border: 1px solid rgba(255,2555,255,.05);
279        content:"";
280        position: absolute;
281        top: 0;
282        left: 0;
283        right:0;
284        bottom:0;
285        z-index: 0;
286 }
287 .markerTitle:after {
288    content:"";
289    display:block;
290    position:absolute;
291    bottom:-7px;
292    z-index: 1000;
293    left:55px;
294    width:0;
295    border-width:8px 8px 0;
```

```
296    border-style:solid;
297    border-color:#171717 transparent;
298  }
299
300  /*---MAP IMAGE POP-UP CONTAINER---*/
301  #mapStyleContainer {
302       position: absolute;
303       left: 50%;
304       margin-left: -26px;
305       bottom: 50px;
306       width: 42px;
307       height: 42px;
308       display: none;
309       padding: 5px;
310       z-index: 30000;
311       border: 1px solid #000;
312       background: #171717;
313       background: -webkit-gradient(linear, left top, left bottom, from(#323232),
             to(#171717));
314       background: -moz-linear-gradient(top,  #323232, #171717);
315       -moz-border-radius: 3px;
316       -webkit-border-radius: 3px;
317       border-radius: 3px;
318  }
319  #mapStyleContainer:before {
320       border: 1px solid #333;
321       border: 1px solid rgba(255,2555,255,.05);
322       content:"";
323       position: absolute;
324       top: 0;
325       left: 0;
326       right:0;
327       bottom:0;
328       z-index: 0;
329  }
330  #mapStyleContainer:after {
331    content:"";
332    display:block;
333    position:absolute;
```

```
334    bottom:-7px;
335    z-index: 1000;
336    left:19px;
337    width:0;
338    border-width:8px 8px 0;
339    border-style:solid;
340    border-color:#171717 transparent;
341 }
342
343 /*---MAP IMAGE POP-UP---*/
344 #mapStyle {width: 42px; height: 42px; background-image: url(images/mapType.
       jpg); background-position:right top;}
345 #mapStyle.satellite {background-position:left top;}
346
347 /*---MAP TYPE BUTTON CONTAINER---*/
348 #mapTypeContainer {
349        overflow: visible;
350        font-size: 10px;
351        margin-right: -1px;
352        line-height: 40px;
353        height: 40px;
354        width: 39px;
355        position: relative;
356        z-index: 1;
357        text-align: center;
358        padding:0 12px;
359        float: left;
360        color: #fff;
361 }
362
363 /*---MAP TYPE BUTTON---*/
364 #mapType {width: 39px; height: 25px; background: url(images/dial.png) no-
       repeat 0 -24px; cursor: pointer; margin: 7px 0 0; position: relative; z-index: 2;
       top: 0; left: 0;}
365 #mapType.roadmap {background-position:0 1px;}
366
367 /*---ZOOM CONTROLS---*/
368 .zoomControl {
369        margin-right: -1px;
```

```
370         line-height: 40px;
371         height: 40px;
372         width:35px;
373         cursor: pointer;
374         position: relative;
375         text-align: center;
376         float: left;
377    }
378    .zoomControl:hover {
379         background: #333;
380         background: -webkit-gradient(linear, left top, left bottom, from(#444444),
              to(#222222));
381         background: -moz-linear-gradient(top,  #444444, #222222);
382    }
383    .zoomControl img {vertical-align: middle; padding: 7px 0}
384
385    /*---FOOTER MARKER CONTAINER---*/
386    #markers {
387         line-height: 40px;
388         height: 40px;
389         display: inline-block;
390         float: left;
391         width: 330px;
392         position: relative;
393    }
394    body.iPad #markers {width: 280px;}
395
396    /*---MARKER NAVIGATION---*/
397    .markerNav {
398         line-height: 40px;
399         height: 40px;
400         display: inline-block;
401         float: left;
402         position: relative;
403         border: 1px solid #000;
404         border-width: 0 1px;
405         float: left;
406         position: relative;
407         line-height: 40px;
```

```
408        height: 40px;
409        color: #fff;
410        font-size: 20px;
411        padding: 0;
412        width: 35px;
413        text-align: center;
414        font-weight: normal;
415        cursor: pointer;
416        background: #222;
417        background: -webkit-gradient(linear, left top, left bottom, from(#323232),
           to(#171717));
418        background: -moz-linear-gradient(top,  #323232, #171717);
419 }
420 .markerNav:before {
421        border: 1px solid #333;
422        border: 1px solid rgba(255,2555,255,.05);
423        content:"";
424        position: absolute;
425        top: 0;
426        left: 0;
427        right:0;
428        bottom:0;
429        z-index: 0;
430 }
431 .markerNav:hover {
432        background: #333;
433        background: -webkit-gradient(linear, left top, left bottom, from(#444444),
           to(#222222));
434        background: -moz-linear-gradient(top,  #444444, #222222);
435 }
436 #nextMarker {margin-right: -1px;}
437
438 /*----FOOTER MARKER---*/
439 .marker {
440        font-size: 0px;
441        width: 0px;
442        height: 0px;
443 }
444
```

```css
445 /*---CUSTOM INFOWINDOW---*/
446 .markerInfo {
447     color: #333;
448     font-size: 12px;
449     width: 300px;
450     z-index: 1002;
451     background: #000;
452     color: #fff;
453     bottom: -1px;
454     left:36px;
455     position: fixed;
456     padding: 10px 15px;
457     display: none;
458     font-weight: normal;
459     border: 1px solid #000;
460     -webkit-box-shadow: 0px 0px 5px rgba(0,0,0,.5);
461     -moz-box-shadow: 0px 0px 5px rgba(0,0,0,.5);
462     box-shadow: 0px 0px 5px rgba(0,0,0,.5);
463     background: #222;
464     background: -webkit-gradient(linear, left top, left bottom, from(#323232),
            to(#171717));
465     background: -moz-linear-gradient(top,  #323232, #171717);
466 }
467 body.iPad .markerInfo {width: 250px;}
468 .markerInfo:before {
469     border: 1px solid #333;
470     border: 1px solid rgba(255,2555,255,.05);
471     content:"";
472     position: absolute;
473     top: 0;
474     left: 0;
475     right:0;
476     bottom:0;
477     z-index: 0;
478 }
479 .markerInfo h2 {line-height: 1em; margin: 3px 0 5px;}
480 .markerInfo h2 a {font-size: 14px; line-height: 1em;}
481 .markerInfo img {display: block; margin: 5px 15px 5px 0; float: left; border: 1px
    solid #000;}
```

482 .markerInfo a {position: relative; z-index: 2;}

483 .markerInfo a:hover img {border-color: #fff;}

484 .markerInfo p {font-size: 9px; line-height: 1.2em; margin-bottom: 10px;}

485 .markerLink {position: relative; line-height: 20px; font-size: 10px; margin: 10px 0 0;}

486

487 .markerTotal {font:italic 10px "Georgia"; width: 50px; text-align:right; position: absolute; z-index: 1; bottom: 15px; right: 15px;}

488

489 .smallInfo {height: 40px; padding: 0 15px; line-height: 40px;

490   -webkit-box-shadow: none;

491   -moz-box-shadow: none;

492   box-shadow: none;

493 }

494 .smallInfo img {display: none;}

495 .smallInfo p {display: none;}

496 .smallInfo h2 a {font-size: 10px; line-height: 40px;}

497 .smallInfo .markerLink {display: none;}

498

499 /*---FOOTER COPYRIGHT---*/

500 #footer #copyright {font-size: 9px; line-height: 40px; float: right; padding:0 15px;   padding: 0 10px; position: relative; z-index: 1;}

501 #footer #copyright a {color: #ddd; border-bottom: 1px dotted #ddd;}

502 #footer #copyright a:hover {border-bottom: 1px solid #ddd;}

503

504 /*---FOOTER SOCIAL ICONS---*/ ── 505~527행 : SNS 관련 스타일 설정

505 #socialStuff {float: right; line-height: 40px; height: 40px; position: relative; padding:0 0 0 10px;}

506

507 .socialicon {width: 18px; height: 18px; float: right; background-image: url(images/social.png); margin: 10px 10px 0 0; border: none !important; z-index: 1; position: relative;}

508 .socialicon:hover {border: none !important;}

509 #youtubeIcon {background-position: 0px 0px;}

510 #vimeoIcon {background-position: −18px 0px; }

511 #twitterIcon {background-position: −36px 0px; }

512 #skypeIcon {background-position: −54px 0px; }

513 #rssIcon {background-position: −72px 0px; }

514 #myspaceIcon {background-position: −90px 0px; }

515 #facebookIcon {background-position: −108px 0px; }

```css
516  #flickrIcon {background-position: -126px 0px; }
517  #linkedinIcon {background-position: -144px 0px; }
518
519  #youtubeIcon:hover {background-position: 0px -18px;}
520  #vimeoIcon:hover {background-position: -18px -18px; }
521  #twitterIcon:hover {background-position: -36px -18px; }
522  #skypeIcon:hover {background-position: -54px -18px; }
523  #rssIcon:hover {background-position: -72px -18px; }
524  #myspaceIcon:hover {background-position: -90px -18px; }
525  #facebookIcon:hover {background-position: -108px -18px; }
526  #flickrIcon:hover {background-position: -126px -18px; }
527  #linkedinIcon:hover {background-position: -144px -18px; }
528
529  /*---FOOTER PAGE TITLE POPUP---*/
530  .pageContent {
531      top: 40px;
532      margin-right: -1px;
533      display: inline-block;
534      position: relative;
535      z-index: 1;
536  }
537  .pageContent:hover h2 {
538      background: #333;
539      background: -webkit-gradient(linear, left top, left bottom, from(#444444),
         to(#222222));
540      background: -moz-linear-gradient(top,  #444444, #222222);
541  }
542  .pageContent h2 {
543      font-size: 14px;
544      line-height: 40px;
545      cursor: pointer;
546      position: relative;
547      padding: 0 15px;
548      display: inline-block;
549  }
550
551  /* -----SEARCH STUFF----- */
552  #footerSearch {
553      float: right;
```

```css
554        line-height: 40px;
555        height: 40px;
556        position: relative;
557        padding: 0 10px;
558        margin-left: -1px;
559        display: inline-block;
560  }
561
562  #searchBtn {height: 28px; width: 28px; background: url(images/search.png) no-
     repeat center top; cursor: pointer; display: none;}
563  #searchBtn:hover {background: url(images/search.png) no-repeat right top;}
564
565  #footerSearch form {position: relative; z-index: 2; background-image: url(images/
     search_bg.png); background-repeat: no-repeat; background-position: -1px 7px;
     width: 132px; overflow: hidden;}
566  #footerSearch #s {width:100px; padding: 0 5px; background: none; height: 40px;
     line-height: 40px; margin: 0; border: none; color: #ccc; font-size: 9px; position:
     relative; z-index: 1;}
567  #footerSearch #searchsubmit {cursor: pointer; height: 9px; width: 9px; margin:
     16px 0 0 10px; float: left;}
568  #footerSearch #searchsubmit:hover {text-decoration: none;}
569
570  #searchform {background: #fff; border: 1px solid #ddd; width: 260px; height:
     35px;}
571  #searchform #s {width:190px; padding:0 10px; height: 35px; line-height: 35px;
     margin: 0; background: none; border: none;}
572  #searchform #searchsubmit {cursor: pointer; padding:10px 0 10px 10px; float:
     left;}
573  #searchform #searchsubmit:hover {text-decoration: none;}
574
575  /* -----POST AND ENTRY STUFF----- */
576  .listing > div {margin: 0 0 30px;}
577  .listing h2.posttitle,
578  .listing .entrytitle {margin-bottom: 5px; font-size: 15px;}
579
580  h2.posttitle, .entrytitle {margin-bottom: 5px; font-size: 22px;}
581  .entrytitle {margin-bottom: 10px;}
582  .entry{font-size: 11px;}
583  body.single .entry {margin-top: 15px;}
```

```
584  .entry ol,.entry ul {margin:0 0 15px 15px; padding: 0; font-size: 11px;}
585  .entry li {padding:0; list-style-position:outside; line-height: 1.5em;}
586  .entry p {margin: 0 0 15px;}
587  .details {font-size: 11px; margin-bottom: 35px;}
588  .entry h1, .entry h2, .entry h3, .entry h4,.entry h5,.entry h6 {}
589
590  ul.goodList {list-style-image: url(images/check.png); margin-left: 20px;}
591  ul.okList {list-style-image: url(images/yield.png); margin-left: 20px;}
592  ul.badList {list-style-image: url(images/exclamation.png); margin-left: 20px;}
593
594  #postAddr {margin-bottom: 20px;}
595
596  .socialButton {float:left; height:24px; margin:0 8px 0 0;}
597  #socialButtons {margin: 15px 0; display: none;}
598
599  ul.galleryBox {list-style: none; margin:15px 0 10px; display: none;}
600  ul.galleryBox li {width: 53px; height: 53px; margin: 0; list-style: none; display:
     inline-block; border:1px solid #000;}
601  ul.galleryBox li:hover {border-color: #fff;}
602
603  #related {margin:15px 0; display: none;}
604  #related ul {list-style: none;}
605  #related ul li {width: 53px; height: 53px; margin: 0 0 5px 0; list-style: none;
     display: inline-block; border:1px solid #000;}
606  #related ul li:hover {border-color: #fff;}
607  #relatedItemsLink {text-align: right; display: block; margin-top: 10px;}
608
609  #tags {padding: 15px 0; display: none;}
610
611  /*-------BLOG POST STUFF-------*/
612  .blogThumb img {outline: 1px solid #000;}
613  .blogThumb:hover img {outline: 1px solid #fff;}
614  .blogTitle {font-size: 20px; margin-bottom: 5px;}
615  .readMore {display: block; margin-top: 10px; text-align: right;}
616  .blogMeta {font-size: 10px; border-bottom: 1px dotted #555; margin-bottom:
     10px; padding: 10px 0; font-style: italic;}
617
618  /* ----TOOL TIP STYLE----- */
619  .itooltip {
```

```css
620        display:none;
621        font-size: 11px;
622        color: #fff;
623        z-index: 10000000;
624        position:absolute;
625        background: #222;
626        padding: 5px 10px;
627        border: 1px solid #000;
628 }
629
630 /*-------CATEGORY PAGE NAVIGATION STUFF----------*/
631 .navigation {font-size:12px; width: 100%; margin-bottom: 0 !important}
632 .navigation .pagenav a {display: block;}
633
634 /*-----SIDEBAR STUFF----*/
635 #sidebar {position: fixed; bottom: 40px; right: 0; background: #111; background:
       rgba(0,0,0,.9); padding: 35px 0 0px; z-index: 800; display: none; border: 1px
       solid #000;}
636 #sidebar > ul {padding:0 0 30px;}
637 #sidebar ul li.widget {list-style: none; margin: 0 30px 30px 0; font-size: 11px;
       width: 260px; float: left;}
638 #sidebar ul li.widget h2.widgettitle {margin-bottom: 5px;}
639 #sidebar ul li.widget ul li {list-style-type:disc; list-style-position: outside;
       margin:0 0 10px 15px;}
640 #sidebar ul li.widget ul li ul {margin-top: 10px;}
641 #sidebar ul li.widget ul li ul li {list-style-type:disc; list-style-position: inside;}
642
643 /* -----COMMENT STUFF----- */
644 .toggleButton  {
645        cursor: pointer;
646        color: #fff;
647        clear: both;
648        font-size: 10px;
649        padding: 5px 8px;
650        position: relative;
651        border: 1px solid #000;
652        border-width: 1px 0 1px;
653        background: #333;
654 }
```

```
655  .toggleButton:before {border: 1px solid #444; border: 1px solid rgba(255,2555,255,.05);
     content:""; position: absolute; top: 0; left: 0; right:0; bottom:0; z-index: 0;}
656  .toggleButton:hover {color: #000;background: #99b3cc}
657  .toggleButton span {float: right;}
658
659  #commentsection {width:300px;   font-size: 11px; display: none; margin: 15px 0;}
660  .commentlist {width: 100%; list-style:none; }
661  h3.comments {margin:40px auto 20px;}
662  .commentlist li,#commentform input,#commentform textarea {font:.9em 'Lucida
     Grande', Verdana, Arial, Sans-Serif;}
663  .commentlist li {font-weight:bold;list-style:none; padding:15px 0; font-
     size:11px;}
664  .commentlist li img.avatar {float:left;margin-right:23px;}
665  .commentlist cite,.commentlist cite a {font-weight:bold;font-style:normal;}
666  .commentlist p {font-weight:normal; text-transform:none; margin:10px 5px 10px
     53px; font-size: 11px;}
667  .commentlist .pingback p {margin:10px 5px 10px;}
668  #commentform p {margin:5px 0;}
669  .commentmetadata {font-weight:normal;display:block; font-size:9px;
     padding:3px 0 0; text-transform:uppercase;}
670  cite.fn {text-transform:uppercase;}
671  .commentlist {padding:0 0 40px;}
672  .nocomments {text-align:center;}
673
674  /*---FORM STUFF---*/   ── 675~706행 : 입력 FORM 관련 스타일 설정
675  input[type="text"],input[type="password"]   {padding: 5px; width:150px;  }
676  textarea {padding: 4px; width:292px; height: 120px; font-family: "Sans-serif";
     font-size: 11px;}
677
678  input[type="text"],
679  input[type="password"],
680  textarea {
681      background: #333;
682      border: 1px solid #3a3a3a;
683      color: #fff;
684      margin:5px 0 0;
685      -moz-border-radius: 3px;
686      -webkit-border-radius: 3px;
687      border-radius: 3px;
```

```
688 }
689
690 #commentform input[type="submit"],
691 input[type="submit"] {
692     cursor: pointer;
693     border: none;
694     display: block;
695     background: #99b3cc;
696     padding: 3px 8px;
697     -moz-border-radius: 3px;
698     -webkit-border-radius: 3px;
699     border-radius: 3px;
700 }
701 #commentform input[type="submit"]:hover,
702 input[type="submit"]:hover {background:#333; color: #fff;}
703
704 #sidebar #searchform {padding: 0 0 10px;}
705 #sidebar input, #sidebar textarea {padding:3px}
706 #sidebar input[type="submit"]{cursor:pointer;}
707
708 /* -----MISC STUFF----- */
709 code {font:1.1em 'Courier New', Courier, Fixed;}
710 acronym,abbr,span.caps {font-size:.9em;letter-spacing:.07em;cursor:help;}
711 p img {max-width:100%;}
712 img.centered {display:block;margin:0 auto;}
713 img.alignright {display:inline;margin:0 0 10px 10px;}
714 img.alignleft {display:inline;margin:0 10px 10px 0;}
715 .alignright {float:right;}
716 .alignleft {float:left;}
717 acronym.abbr {border-bottom:1px dashed #999;}
718 blockquote {padding-left:20px;margin:15px;}
719 blockquote cite {display:block;margin:5px 0 0;}
720 .center {text-align:center;}
721 hr {display:none;}
722 a img {border:none;}
723 #hideme {visibility:hidden;}
724 .hidden {visibility: hidden; display: none;}
725 .rssSummary {padding-bottom:15px;}
726 .clear {clear: both;}
```

```
727  p.clear {height:1px; width:1px; }
728  .hide {display: none;}
729
730  /*-----TAG CLOUD WIDGET STUFF-------*/
731  .tagcloud a {
732      font-size: 11px !important;
733      display: block;
734      float: left;
735      padding: 2px 8px;
736      color: #000;
737      background: #99b3cc;
738      margin: 0 3px 3px 0;
739      border: 1px solid #000;
740      -moz-border-radius: 3px;
741      -webkit-border-radius: 3px;
742      border-radius: 3px;
743  }
744  .tagcloud  a:hover {color: #fff; background: #333;}
745  .tagcloud:after  {
746      content: ".";
747      display: block;
748      height: 0;
749      clear: left;
750      visibility: hidden;
751  }
752
753
754
755  /* custom */
756
757  .sbmiddle {
758      line-height: 89px;
759  }
760  #edit-submit {
761      display:inline;
762  }
763  .search-result p{
764      font-size:0.85em;
765  }
```

731~751행 : 태그 클라우드 스타일 설정

🟦 테마 적용

　나만의 테마 제작을 위한 소스코드를 모두 작성했으면 이제 사이트에 테마를 적용시켜 보자. 테마를 구동하기 위해서는 앞에서 직접 작성한 소스코드 외에도 소스코드에서 사용하는 라이브러리 파일과 이미지 파일까지 모두 필요하다(출판사 홈페이지의 자료실에서 테마 전체 소스코드를 다운로드 받을 것을 권장한다).

❶ 관리자 메뉴에서 [모양]을 클릭하고 비활성화된 테마에 새롭게 보이는 네비게이토 테마를 찾아 [사용하고 기본 테마로 지정]을 클릭한다.

❷ 관리자 메뉴에서 [구조>블록]을 클릭한다. 다음 그림과 같이 [메뉴] 블록 아래 [주 메뉴]가 위치하도록 [주 메뉴] 영역을 드래그하여 조정한다.

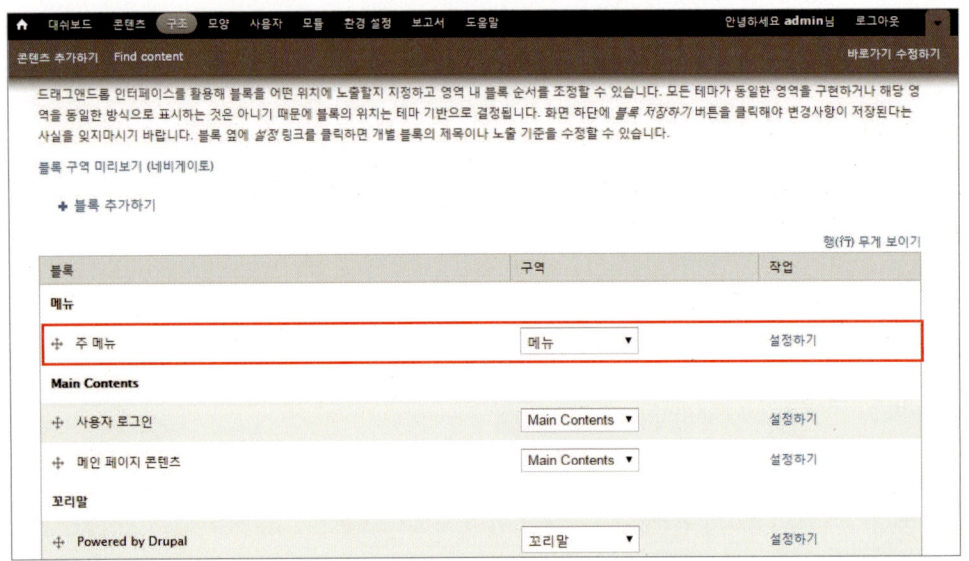

❸ [홈] 버튼을 클릭하면 처음에는 빈 화면이 나타난다. 이 때 첫 화면에 표시될 콘텐츠를 작성하는 작업이 필요하다(향후 첫 화면을 멋지게 디자인하여 지정하기 바란다). 관리자 메뉴에서 [구조〉메뉴]를 클릭하고 [Main Menu]의 [링크 조회]를 클릭한다. [링크 추가하기]를 클릭하여 화면에 표시할 메뉴 제목과 경로를 추가하고 [저장] 버튼을 클릭한다.

- [서울지도] 메뉴 경로 : seoulmap
- [상업지구분석(식당)] 메뉴 경로 : foodmap

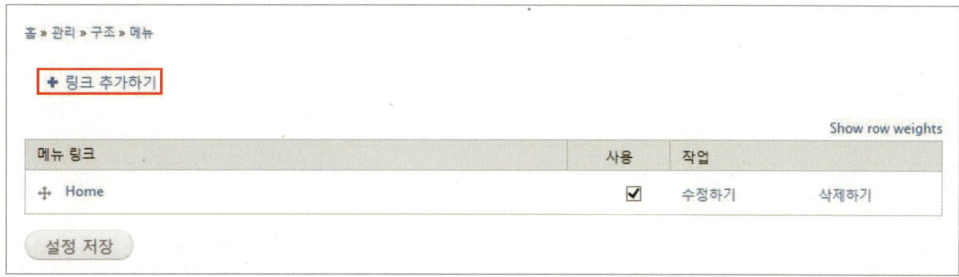

❹ [홈] 버튼을 클릭하면 변경된 테마를 확인할 수 있다.

제 1 조 [목적]

이 이용 약관(이하 '약관'이라 합니다)은 서울특별시(본부/사업소/산하기관, 공사/출연기관 및 25개 자치구(이하 '서울시')가 열린 데이터 광장 서비스의 이용에 관한 제반 사항과 기타 필요한 사항을 규정함을 목적으로 합니다.

제 2 조 [용어의 정의]

① 이 약관에서 사용하는 용어의 정의는 다음 각 호와 같습니다.

    가. 열린 데이터 광장 서비스라 함은 시민이 자발적인 참여를 통해 자유롭게 정보를 공유하고 창조적인 서비스를 생산할 수 있도록 하기 위하여 서울시가 제공 · 운영하는 Open API 서비스, 파일 변환 저장, 다운로드 등의 서비스를 말합니다.

    나. '데이터 제공 기관이라 함은 열린 데이터 광장 서비스를 위해 보유한 데이터를 제공하는 서울특별시 본부 · 사업소 · 산하기관, 공사 · 출연기관 및 25개 자치구를 말합니다.

    다. API라 함은 Application Programming Interface의 약자로서 열린 데이터 광장 서비스를 시민이 자신이 구축한 사이트에서 자유롭게 사용할 수 있도록 서울시가 제공하는 등록 값의 집합을 말합니다.

    라. Open API 서비스라 함은 서울시가 운영하는 API(Application Programming Interface)를 시민에게 개방하거나 제공하는 등의 서비스를 말합니다.

    마. 인증Key라 함은 API 서비스 이용허가를 받은 사람임을 식별할 수 있도록 서울시가 시민에게 개별적으로 할당하는 고유한 값을 말합니다.

    바. 파일 변환 저장이라 함은 서울시가 데이터베이스 정보를 데이터 파일로 변환 저장하는 기능을 제공하는 것을 말합니다.

    사. 다운로드라 함은 서울시가 데이터 파일을 저장할 수 있는 기능을 제공하는 것을 말합니다.

② 이 약관에서 명시되지 않은 사항에 대해서는 공공 데이터 개방 및 이용 활성화에 관한 법률(법률 제11956호) 등 관계 법령 및 공공 데이터의 제공 및 이용 활성화에 관한 법률 시행령(대통령령 제24812호), 공공 데이터의 제공 및 이용 활성화에 관한 법률 시행규칙(안전행정부령 제23)에 따르며, 그 외에는 일반 관례에 따릅니다.

제 3 조 [적용 범위]

① 본 약관은 서울시 홈페이지 통합 회원에 가입한 후, 본 약관에 동의한 자(이하 "회원"이라 합니다) 또는 서울시 홈페이지 통합 회원에 가입하지는 않았으나 열린 데이터 광장 서비스 이용을 위하여 본 약관에 동의한 자(이하 "비회원"이라 합니다)에 대하여 적용합니다. 공공 데이터 활용 효율화를 위해 회원 가입은 서울시 홈페이지 통합 회원으로 가입이 됩니다. 서울시 통합 회원으로 가입하시면, 열린 데이터 광장 서비스를 자유롭게 활용하실 수 있습니다.

② 본 약관은 회원 또는 비회원에 대한 열린 데이터 광장 서비스 제공 행위 및 회원 또는 비회원의 열린 데이터 광장 서비스 이용 행위에 대하여 우선적으로 적용됩니다.

③ 본 약관에서 규정하지 않은 인증Key 발급 등 회원 관리에 관한 제반 사항은 서울시 통합회원 관리 정책을 준용합니다.

제 4 조 [이용 약관의 효력 및 변경]

① 본 이용 약관은 서비스의 이용을 위하여 회원 또는 비회원이 동의를 함으로써 효력이 발생합니다.

② 서울시는 합리적인 사유가 발생할 경우 본 약관을 변경할 수 있으며, 이 경우 일정한 기간을 정하여 적용일자 및 변경사유를 명시한 사항을 회원 또는 비회원에게 공지 또는 통지합니다.

③ 제2항에 따른 약관의 변경은 회원 또는 비회원이 동의함으로써 그 효력이 발생됩니다. 다만, 제2항에 따른 통지를 하면서 회원 또는 비회원에게 일정한 기간 내에 의사표시를 하지 않으면 의사표시가 표명된 것으로 본다는 뜻을 명확히 전달하였음에도 회원 또는 비회원이 명시적으로 거부의 의사표시를 하지 아니한 경우에는 회원 또는 비회원이 개정약관에 동의한 것으로 봅니다.

④ 회원 또는 비회원은 열린 데이터 광장 서비스를 이용할 시 주기적으로 공지사항을 확인하여야 할 의무가 있습니다.

⑤ 약관의 변경 사실 및 내역을 확인하지 못하여 발생한 모든 손해에 대한 책임은 회원 또는 비회원에게 귀속됩니다.

제 5 조 [열린 데이터 광장 서비스의 이용]

① 열린 데이터 광장의 모든 서비스는 본 약관에 동의한 회원 또는 비회원에 한하여 제공합니다. 다만, Open API 서비스는 회원에 한하여 제공하며 회원이 Open API 서비스를 이용하고자 하는 경우에는 회원가입 이외에 별도로 Open API 서비스 페이지를 통해 인증Key를 발급 받아야 합니다.

② Open API 서비스 이외의 열린 데이터 광장 서비스의 경우에는 별도의 회원자격을 요구하지 않으며, 본 약관에 동의한 경우 인증Key 없이 이용이 가능합니다.

제 6 조 [Open API 서비스의 제한]

① 서울시는 특정 Open API 서비스의 범위를 제한하거나 별도의 이용 가능 시간 또는 이용 가능 횟수를 지정할 수 있으며, 관련 법률 개정으로 인해 Open API 서비스 제공 대상이 변경되어 더 이상 활용을 할 수 없을 경우, 서비스 활용으로 인해 제공기관의 업무에 지장을 초래하거나 인프라 성능 등의 이유로 서비스 제공 상의 성능 문제가 발생한 경우 활용을 제한할 수 있습니다. 이 경우 이를 회원에게 사전에 고지하여야 합니다.

② 서울시는 회원이 Open API 서비스를 이용함에 있어 법령을 위반하거나 약관 또는 서비스 이용기준 등을 위반한 경우, 제공된 정보를 임의로 위조·변조하여 저작권을 위반하는 경우에는 제1항의 규정에도 불구하고 즉시 인증Key의 이용을 정지하는 등의 조치를 취할 수 있습니다.

③ 서울시는 회원이 Open API 서비스에 대한 불법적인 해킹 시도, 비정상적인 방식을 통한 오남용 시도, 네트워크 사용 초과 등의 시도를 하는 경우 제1항의 규정에도 불구하고 즉시 인증Key의 사용을 정지시킬 수 있습니다.

④ 서울시는 회원이 Open API 서비스를 활용함에 있어, 일정량 이상의 Traffic을 유발하는 경우, Open API 활용 사례 등록을 강제화할 수 있습니다. 이러한 규정에도 불구하고, 활용 사례를 등록하지 않을 경우 해당 인증Key의 사용을 제한할 수 있습니다.

제 7 조 [인증Key의 이용 및 관리]

① 회원은 발급 받은 인증Key를 타인에게 제공, 공개하거나 공유할 수 없으며, 발급 받은 회원 본인에 한하여 이를 사용할 수 있습니다.

② 서울시는 인증Key를 발급함에 있어 이용기간을 지정할 수 있으며, 이용기간을 변경하고자 하는 경우에는 사전에 이를 고지하여야 합니다.

제 8 조 [열린 데이터 광장 서비스 이용 시의 주의사항]

① 서울시는 관계 법령의 제·개정 및 기타 정책적 사유 등에 따라 열린 데이터 광장 서비스를 변경하거나 중단할 수 있습니다.

② 서울시는 열린 데이터 광장 서비스를 운영함에 있어 데이터의 특정 범위를 분할하거나 또는 전체에 대하여 별도의 이용가능 시간 또는 이용가능 횟수를 지정할 수 있으며 이를 사전에 고지하여야 합니다.

③ 회원 또는 비회원은 열린 데이터 광장 서비스를 이용한 검색 결과를 노출함에 있어 선정적, 폭력적, 혐오적인 내용을 포함하여 반사회적, 비도덕적, 불법적인 내용과 결합 또는 연계하거나 인접하도록 구성할 수 없으며, 검색 결과의 공공성을 준수하여야 합니다.

④ 서울시는 열린 데이터 광장 서비스를 이용한 검색 결과와 함께 광고를 게재할 권리를 가집니다. 다만 광고를 게재하고자 할 경우 사전에 회원 또는 비회원에게 이를 공지 또는 통지합니다.

⑤ 서울시는 개인정보 보호 정책을 공시하고 준수합니다.

제 9 조 [회원 또는 비회원의 의무]

① 회원 또는 비회원은 열린 데이터 광장 서비스를 이용함에 있어서 본 약관에서 규정하는 사항과 기타 서울시가 정한 제반 규정, 공지사항 및 관계 법령을 준수하여야 하며, 서울시의 업무에 방해가 되는 행위 또는 서울시의 명예를 손상시키는 행위를 해서는 안 됩니다.

② 열린 데이터 광장 서비스를 이용함에 있어서 회원 또는 비회원의 행위에 대한 모든 책임은 당사자가 부담하며, 회원은 서울시를 대리하는 것으로 오해가 될 수 있는 행위를 해서는 안 됩니다.

제 10 조 [열린 데이터 광장 서비스 저작권]

① 회원 또는 비회원은 열린 데이터 광장 서비스 이용 시 서울시 및 제3자의 지적재산권을 침해해서는 안 됩니다.

② 서울시가 제공하는 API 및 데이터 파일, 검색 결과 등에 대한 저작권은 서울시 혹은 제3자에 있고, 서울시의 이용 허락으로 인해 회원 또는 비회원이 당해 API 및 데이터파일, 검색 결과 등에 대한 저작권을 취득하는 것은 아닙니다. 다만, 회원이 제작한 프로그램에 대한 저작권은 회원 또는 비회원에게 귀속됩니다.

③ 회원 또는 비회원은 열린 데이터 광장 서비스를 이용하여 검색 결과를 노출할 경우, 해당 페이지에 "서울특별시 공공 데이터"를 사용한 결과임을 명시해야 합니다. 다만, 서울시가 별도의 표시 방식을 정한 경우에는 그에 따라야 합니다.

제 11 조 [API 및 데이터파일 이용허락 조건]

서울시는 열린 데이터 광장 서비스에 대하여 저작자 및 출처 표시 조건으로 자유 이용을 허락함을 원칙으로 합니다.

단, 서울시 이외에 제3자에게 저작권이 귀속된 개별 API 및 데이터 파일에 대하여는 해당 저작권자의 이용 허락 조건에 따릅니다.

제 12 조 [책임의 제한]

① 열린데이터 광장에서 제공하는 서비스 및 데이터에 대한 책임은 데이터를 보유한 제공기관에게 귀속됩니다. 서울시는 열린 데이터 광장 서비스에 관하여 약관, 서비스별 안내, 기타 서울시가 정한 이용 기준 및 관계 법령을 준수하지 않은 이용으로 인한 결과에 대하여 책임을 지지 않습니다.

② 서울시는 열린 데이터 광장 서비스의 사용불능으로 인하여 회원 또는 비회원에게 발생한 손해에 대하여 책임을 지지 않습니다.

③ 서울시는 회원 또는 비회원이 서울시 열린 데이터 광장 서비스를 이용하여 기대하는 수익을 얻지 못하거나 상실한 것에 대하여 책임을 지지 않습니다.

④ 서울시는 회원·비회원·제3자 상호 간에 열린 데이터 광장 서비스를 매개로 발생한 분쟁에 대해 개입할 의무가 없으며, 이로 인한 손해를 배상할 책임도 없습니다.

제 13 조 [이용 자격 박탈 및 손해 배상]

① 서울시는 회원 또는 비회원이 본 이용 약관을 준수하지 않는 경우 서비스 사용 중지 및 이용 자격을 박탈할 수 있습니다.

② 열린 데이터 광장 서비스 이용 상 회원 또는 비회원의 귀책 사유로 인하여 서울시에 손해가 발생한 경우 서울시는 본 약관에 따른 계약의 해지와는 별도로 손해 배상을 청구할 수 있습니다.

③ 서울시 열린 데이터 광장 서비스의 이용으로 서울시와 회원 또는 비회원간에 발생한 분쟁에 관하여 소송이 제기되는 경우 각 당사자는 자신의 주소지를 관할하는 법원에 소송을 제기할 수 있습니다.

가. 〈부칙〉 제 1 조 (시행일) 본 약관은 2014년 2월 17일부터 적용됩니다.

공공 데이터 요약 목록

가

가격 안정 모범업소

가격 안정 모범업소 상품 목록

가계 소비 지출 현황

가계 자산 및 부채 현황(전가구 평균)

가계 대출 규모

가구원수별 가구수(동별)

가구 추계(가구원수별)

가구 추계(가구주 성별)

가구 형태별 가구 및 가구원(동별)

가로 녹시율(구별)

가로 녹시율(생활권역별)

가로수 공간 정보

가로수 현황

가로 판매대 공간 정보

가사 노동 분담률

가사 분담 실태(남편)

가사 분담 실태(부인)

가사 분담에 대한 견해

가스 공급량

가을철 평균 기온(1998~2009년 평균) 공간 정보

가정 생활 만족도

가정 실내 간접 흡연 노출률

가정용 상수도 요금

가정 폭력 발생 현황

가정 폭력 관련 시설 운영 실적

가족 안전 위험 여부

가족 관계 만족도 – 배우자 부모와의 관계

가족 관계 만족도–배우자와의 관계

가족 관계 만족도 – 배우자의 형제·자매와의 관계

가족 관계 만족도–자기 부모와의 관계

가족 관계 만족도–자녀와의 관계

가족 관계 만족도–전반적인 가족 관계

가족 관계 만족도 – 형제·자매와의 관계

가족 생활 가치관

가족 생활 위험도

가축 사육업체 현황

간선 도로 지점별 교통량

강북문화대학 운영 교육 프로그램 정보

강북문화원 운영 강좌 정보

강수량

개발 제한 구역

개별 공시지가

개인 서비스 요금 정보

개인적인 고민거리

개인정보 침해 현황

거소 신고인수 현황

건강 관리 방법

건강 보험 가입 현황

건강 보험 급여(구별)

건강 보험 적용 인구 현황(구별)

건강 보험 적용 인구 현황(성별/연령별)

건강 보험 진료

건강 보험 급여

건강 보험 대상자 진료 실적(구별)

건물군 공간 정보

건물 주변 녹지 현황

건설 폐기물 수집 운반업 정보

건설 기술 심의 사업

건설 수주 동향

건설 알림이

건설 장비 현황

건설 폐기물 발생량 및 처리 현황

건축년도별 주택 현황

건축물 내진 설계 현황

건축물 연면적

건축허가

건축허가(증감률)

걷고 싶은 서울길

겨울철 평균 기온(1998~2009년 평균) 공간 정보

결정 고시

결핵 관리 현황

결혼 생활에 대한 태도 – 결혼 생활은 당사자보다 가족 간의 관계가 우선해야 한다.

결혼 생활에 대한 태도 – 결혼하지 않고도 자녀를 가질 수 있다.

결혼 생활에 대한 태도 – 남녀가 결혼을 하지 않아도 함께 살 수 있다.

결혼 생활에 대한 태도 – 외국인과 결혼해도 상관없다.

결혼에 대한 견해

경로당 현황

경제 사절단 파견 실적

경제적 이유로 인한 미충족 의료 비율(치과 의료 미포함)

경제적 이유로 인한 치과 미충족 의료 비율

경제 활동별 시내 총생산(기준년 가격)

경제 활동별 시내 총생산(당해년 가격)

경제 활동 인구

경지 규모별 농가

경지 면적

경찰 공무원 현황

경찰서 현황

계층 이동 가능성

고등학교 현황 정보

고령자 현황(구별)

고령자 현황(동별)

고민 의논 대상

고시 공고

고압 가스 시설 현황

고용 보험 피보험자수 현황

고용 지표

고위험 음주율

고혈압 유병률

공고 번호 조회

공공 WiFi 위치 정보

공공 건축물 석면 정보

공공 구매 인증 사업자 정보

공공 기관의 중소기업 제품 구매 비중

공공 도서관 정보

공공 도서관(구별)

공공 도서관(설립 주체별)

공공 도서관 지표

공공 서비스 예약 상세 정보

공공 시설물 인증 제품

공공 와이파이(WiFi) 구축 현황 정보

공공 정보 개방 경제적 가치 측정

공공 체육 시설

공공 체육 시설 현황(2008년 이전)

공공 체육 시설별 운영 프로그램

공공 체육 시설별 종목 시설명

공공 체육 시설 정보

공동 주택 현황 정보

공동 주택내 어린이 놀이터 현황 정보

공무원 1인당 담당 인구

공무원 공개 채용

공무원 국외 훈련 보고

공무원 총괄(정원)

공무원(현원)

공무원 교육 훈련

공무원 정원 지표

공연장 정보

공연장 정보

공영 주차장 정기권 판매 현황

공영 주차장 주차가능대수

공원

공원 프로그램 정보 조회

공원(1인당 공원 면적)

공원 ID별 공원 프로그램 정보 조회

공원 ID별 공원 정보 정보 조회

공원명별 공원 프로그램 정보 조회

공원명별 공원 정보 정보 조회

공원 및 사유지 수목 공간 정보

공원별 운영 생태 프로그램 정보
(2009~2014)

공원 정보 정보 조회

공유 재산

공장 등록 현황

공장 등록 현황

공중 위생업 현황(구별)

공중 위생업 현황(동별)

공중 위생 업소 소재지별 운영 현황

공중 위생 업소 소재지별 운영 현황
(법정동별)

공중 위생 업소(전체)

공중 화장실 공간 정보

과거 5년동안 이사 경험 및 변화

과실 생산량

관광 사업체 등록 현황

관광 사업체 현황

관광 호텔 등록 현황

관내 마을기업 현황

관내 사회적 기업 현황

관내 체육 시설 현황

관용 차량 기관별 정비비

관용 차량 등록 정보

관용 차량 정비 이력

관절염 유병률

관측소별 실시간 기상 관측 정보

광업 및 제조업 현황(동별)

광업 및 제조업 현황(산업중분류별)

광업 및 제조업 현황(종사자 규모별)

교량

교량 공간 정보

교량 지점별 교통량

교원 1인당 학생수(구별)

교육 공공 서비스 예약 정보

교육 대학교

교육 대학 프로그램

교육비 특별 회계 세입 결산

교육비 특별 회계 세출 결산

교육재정 지원 현황

교육 정도별 인구(6세 이상)

교육 정도별 취업자

교육 정보

교육 환경 만족도

교통 돌발 상황 조회

교통방송 eFM 편성표 정보

교통방송 FM 편성표 정보

교통방송 TV 편성표 정보

교통 불편 민원 신고 현황

교통 사고 현황(사고 유형별)

교통 사고 현황(사망, 부상자)

교통 사고 현황(자동차 종류별)

교통 사고 발생 지표

교통 수단별 내국인 출국

교통 안전 지수

교통 이용 만족도

구 공무원(정원)

구 공유 재산

구강 보건 사업(2008년 이전)

구강 보건 사업(2009년 이후)

구두 수선소 공간 정보

구민 생활 체육관 강좌

구정 현황

구조 구급대 1인당 시민수

구조 구급대 이용률

국가보훈 대상자

국가보훈 대상자 자녀 취학

국가보훈 대상자 취업

국민 기초 생활 보장 수급자(1999년
이전)

국민 기초 생활 보장 수급자(구별)

국민 기초 생활 보장 수급자(동별)

국민 기초 생활 보장 수급자 지표

국민연금 가입 사업장 현황

국민연금 가입자

국민연금 지급 현황

국민연금 징수 현황

국세 징수
국제 결혼
국제 결혼 지표
국제 기구 가입 현황
국제 기구 유치 현황
국제 물류 주선업체 정보
국제 자매 도시
국제 행사 개최 현황
국제 협력 FIAC 위원 정보 현황
국제 협력 SIBAC 위원 현황
국제 협력 명예 시민 현황
국제 협력 외신 보도 현황
국제 협력 우호 도시 현황
국제 협력 인적 정보 현황
국제 협력 자매 도시 현황
국제 협력 통신원 자료실 현황
국제 협력 해외 통신원 현황
국제 협력 협력 도시 현황
국회 및 지방의회 의원 현황
굴뚝 측정 정보
권역별 실시간 대기 환경 정보
귀농 · 귀촌 전입 가구수(서울→타지역)
규칙적인 운동 실천 비율
근로 청소년 복지관 진로 교육 정보
금연 구역 정보
금융 거래 규모
금융 기관 현황
금융 기관(구별)
금융 기관(동별)
급수 사용량 및 사용료
기간별 시간 평균 대기 환경 정보
기간별 일 평균 대기 환경 정보
기대수명
기대수명(구별)
기부 형태
기상 개황
기술 심의 위원 현황
기술 용역 타당성 심사

기아 · 미아 · 부랑아 발생 및 조치 현황(2009년 이전)
기업의 인건비 부담
기업의 조세 부담
기존 무허가 건물 정리(2008년 이전)
기존 무허가 통계 정보
기준 재정 수요 충족도(재정력 지수)
기초 노령 연금 수급자 현황
기초 생활 보장 수급자 급여 집행 실적
기타 수질 오염원 공간 정보
기타 사업
기타 학교
기후 변화 지표

나

난지도의 동식물
난지 캠핑장 공간 정보
남부여성발전센터 교육 강좌
남산예술센터 공연 정보
남산예술센터 이벤트 정보
년도/월별 불편 신고 건수
년도별 등록업체 통계
년도별 평균 대기 오염도
노년 부양비 지표
노동조합
노동조합(구별)
노동조합(구별)(2008년 이전)
노동조합(산업연맹별)(2008년 이전)
노동조합(산업연맹별/구별)
노동조합(산업연맹별/구별)(2007년 이전)
노령연금 지급 현황(연령별)
노사분규 발생 현황
노선별 지하철역 검색 기능
노선 정보 조회 서비스
노인 건강 상태
노인 사회 활동 참가

노인 월평균 소득
노인 교실 현황
노인 복지 시설
노인 복지 시설 재가 장기 요양기관
노인 복지 시설 정보
노인 여가 복지시설(구별)
노인 여가 복지시설(동별)
노인의 경제적 사회 활동 참가 형태
노인의 월평균 의료비
노인의 의료 현황
노인 의료 복지 시설(2008년 이후)
노인 의료 복지 시설 정보
노인 주거 복지 시설(2008년 이후)
노인 주거 · 의료 복지 시설(1993년~200 7년)
노인 학대 신고 접수율
노후 생활 희망 정도
노후 준비율 및 방법
녹색 장터 일정, 장소
녹지대 공간 정보
녹지 현황
농가 인구(연령별)
농가 현황
농림수산물 수출입 실적
농림수산물 수출입 실적(구별)
농수산물 경매 정보
농수산물 도매시장별 유통량
농수산물 등급별 가격
농업용 기계 보유
농업협동조합
누수율

다

다단계 판매업체 현황
다문화 사회에 대한 시민의 주관적 태도
다문화 가정 학생 현황

다문화 인구 지표
당뇨병 유병률
대규모 점포
대기 지역 구 검색
대기오염
대기오염(구별)
대기오염 지표
대부업
대상 사업 접수 현황
대안학교 현황 정보
대장암 검진 수진율
대중교통 수단별 이용 현황
대중교통 요금
대중교통 환승 경로 조회 서비스
대중문화 활동 참여율
대표자 연령대별 사업체 현황(동별)
대학교
대학원
대학 진학률 지표
대형 소매점 판매액 및 지수
대형 폐기물 품목별 부과 기준
도로 현황
도로 현황(도로율)
도로 현황(폭원별)
도로 구간 공간 정보
도로 굴착 공사 정보
도로 굴착 관리구 경계 공간 정보
도로 굴착 예정지 공간 정보
도로 굴착 제한구역 공간 정보
도로명 주소 정보(자치구별)
도로변 기간별 일평균 대기 환경 정보
도로변 측정소별 실시간 대기 환경
도로 시설물
도서관 강좌/교육 정보
도서관 공간 정보
도서관 이용 시간/휴관일 정보
도서관 일정 정보
도서관 행사 정보

도서관 현황
도서관 현황 정보
도시가스 보급률
도시가스 용도별 공급량
도시가스 이용 현황(용도별)(2003년 이전)
도시가스 이용 현황(용도별/구별)
도시가스 이용 현황(용도별/동별)
도시 개발 사업
도시 건축 공동위원회
도시 계획 공간 정보
도시 계획 용어 설명
도시 계획 정비 사업
도시 계획 시설
도시 계획 열람 공고
도시 계획 위원회
도시 계획 이력
도시 고속도로 옹벽 정보
도시 관리 계획 입안 현황
도시 기상 관측망 공간 정보
도시 위험도
도시철도공사 비상 대피 안내도
도시 환경 정비 사업
도심 지점별 교통량
도축 검사 실적
독거 노인 현황(성별/구별)
독거 노인 현황(성별/동별)
독거 노인 현황(연령별/구별)
독거 노인 현황(연령별/동별)
독거 노인 지표
독서 현황
동공무원(정원/구별)
동공무원(정원/동별)
동물 병원 현황
동물 약국 현황
동물 의료기기 판매 및 임대 업체 현황
동물 의약품 도매업체 현황
동별 CCTV 설치 현황(2014.8월 현재)
동별 방범용 CCTV 현황

동별 보안등 현황
동작여성인력개발센터 교육 강좌
두류 생산량
둘레길 선형 공간 정보
둘레길 점형 공간 정보
등록 외국인 현황(국적별/구별)
등록 외국인 현황(국적별/동별)
등록 외국인 현황(국적별/체류 자격별)
등록 외국인 현황(연령별/구별)
등록 외국인 현황(연령별/국적별)
등록 외국인 현황(연령별/동별)
등록 외국인 현황(체류 자격별/구별)
등록 외국인 현황(체류 자격별/동별)
디자인 심의 신청 정보

마

마을 기업 교육 정보
마을 마당 현황 정보
마을 버스 현황
마을 버스 현황 정보
마포 청소년 수련관 시설 대관 안내
만성질환 급여 현황
맞벌이 가구 현황
매장용 빌딩 임대료 ·공실률 및 수익률(2013년 이후)
먹거리 안전도
모범 음식점(신청 현황)
모범 음식점(지정 현황)
모범 음식점(취소 현황)
모자 보건 사업
묘지 및 납골 시설(납골)
묘지 및 납골 시설(묘지)
묘지 및 납골 시설(화장)
무료 급식 기관 현황
무선 인터넷 이용률
무선국 현황
무인 민원기 설치 현황

서울대공원 식물 정보

서울 도서관 도서 분야/성별 대출 통계

서울 도서관 분야별 장서 현황

서울 도서관 소장 자료 정보

서울 도서관 연령대별 등록 회원수

서울 도서관 인기 대출 도서 목록 100선

서울 도서관 최다 대출 도서 목록

서울도시철도공사 계약 실적 정보

서울도시철도공사 계약 체결 정보

서울도시철도공사 입찰 공고

서울 버스 서비스 만족도

서울 서베이 도시 정책 지표 조사(2005~2013)

서울시(예비) 사회적 기업 지정 현황

서울시 NPO 지원 센터 국내외 자료

서울시 각종 학교 현황

서울시 간행물 정보

서울시 강우량 정보

서울시 건설공사 추진 현황

서울시 고등기술학교 현황

서울시 고등학교 현황

서울시 공무원 인사 교류 현황

서울시 공유서가 현황 정보

서울시 관광호텔 등록 현황

서울시 교육청,소재구별 학교 현황

서울시 권역별 오존 예경보

서울시 뉴타운 개발 사업 구역 현황

서울시 뉴타운 개발 사업방식별 현황

서울시 뉴타운 개발 지구지정 현황

서울시 뉴타운 개발 추진현황

서울시 도로명 현황 정보

서울시 도로분진 청소 현황

서울시 미세먼지 예경보

서울시 및 해외 우수정책

서울시 방송통신고등학교 현황

서울시 버스 정보 안내 단말기(BIT) 설치 현황

서울시 비즈니스 서비스 기업 정보

서울시 빗물 펌프장 가동 누적 정보

서울시 빗물 펌프장 가동 정보

서울시 사업체 조사 결과(1994~2010)

서울시 사회 복귀 시설 정보

서울시 생활권 계획 권역 구분 정보

서울시 소방서 현황

서울시소재NPO정보

서울시 숙박업소 등록 현황

서울시 식품 접객업 등록 현황

서울시 알코올 기관 정보

서울시 어르신 복지 시설 현황

서울시 여론조사 응답 결과

서울시 여론조사 현황

서울시 여성 가족 재단 행사 정보

서울시 예산 현황

서울시 예술단 공연 정보 제공

서울시 월별 폐전지 입고 현황

서울시 유치원 현황

서울시 일반 음식점 등록 현황

서울시 장난감 도서관 위치 현황

서울시 장애인 등급별 등록 현황

서울시 장애인 연령별 등록 현황

서울시 장애인 자치구별 등록 현황

서울시 장애인 생산품 판매 시설 현황 정보

서울시 정신 건강증진센터 정보

서울시 종합 생태 정보

서울시 종합 생태 탐방 정보

서울시 중학교 현황

서울시 지정 · 인증업소 정보 조회

서울시 초등학교 현황

서울시 초미세먼지 예경보

서울시 택시 운행 분석 데이터

서울시 특수학교 현황

서울시 하천 수위 정보

서울시 홈페이지 입찰공고

서울시 화장실 공공정보 POI 정보 조회

서울시 황사 경보

서울시민 고향 인식도

서울시민으로서의 자부심

서울시사편찬 위원회 소장 도서 목록

서울시 여성능력개발원 교육 강좌

서울시 의회 국제 교류 활동 보고서

서울시 의회 용어 정보

서울 안심 먹거리 목록

서울 안심먹거리 정보조회

서울 애니메이션센터 만화의 집 보유 도서

서울 애니메이션센터 현재 상영작

서울연구원 연구 보고서 및 정기 간행물 정보

서울의 가계 수지

서울 의료원 주간 진료 시간표 현황

서울 인구 지표

서울 축제 관심도

서울 풍물시장 정보

서초여성인력개발센터 교육 강좌

석유류 소비량

석유 판매소 현황

석유 판매업

석탄 사용량

섬 공간 정보

성동여성인력개발센터 교육 강좌

성매매 피해 상담소 상담 실적

성매매 피해 상담소 지원 실적

성별 연령별 상주(야간) 인구

성별 연령별 주간 인구

성별 연령별 내국인 출국

성폭력 관련 시설 운영 실적

세계와 도시 발간 목록

세대원수별 세대수(동별)

세종문화회관 공연 및 전시 정보

세종예술아카데미 강좌 및 수강 신청 정보

소공원 현황 정보

소기업 · 소상공인 체감 경기 지표(경기 전반 지수)

소기업 · 소상공인 체감 경기 지표(고용 여력 수준)

소기업 · 소상공인 체감 경기지표(상시 종업원 수준)

소기업 · 소상공인 체감 경기 지표(자금 사정 수준)

소년 · 소녀 가장 기초 수급 현황

소년 · 소녀 가장 현황(구별)

소년 · 소녀 가장 현황(동별)

소년 범죄 발생 현황

소년 범죄 발생 현황(1988년 이전)

소독업소 관리

소독업소 정보

소득 대비 부채 현황

소득 인식 수준

소방 공무원(정원)

소방서 현황

소방서당 담당 인구

소방 용수 시설

소방 장비

소비자 피해 구제 현황(2005년 이전)

소비자 피해 구제 현황(2006년 이후)

소비자 물가지수

소비자 물가지수(주요 품목별)

소비자 물가지수(품목 성질별)

소비자 물가지수 지표

소비자 체감 경기 지수(CSI)

소외 여성 복지 시설

소음도

소장품 정보

소장품 정보(영문)

소장품 정보(일문)

소장품 정보(중문-간체)

소장품 정보(중문-번체)

소재지별 등록업체 통계

소하천 경계 공간 정보

소화기 비치율

송파여성인력개발센터 교육 강좌

수 · 출입 통관 실적(구별)

수 · 출입 통관 실적(월별)

수돗물 수질 검사

수변 모래 일광욕장 공간 정보

수산업협동조합

수영장 공간 정보

수용재결 사업 진행 정보

수의 계약 내역서

수의사 현황

수입 실적(품목별)

수입차(승용 일반형) 등록 현황

수질 지역 목록 구 검색 기능

수질 지역 목록 동 검색

수질 검사 현황(취수장별)

수질 현황

수출 실적(품목별)

숙련 노동력 구인 용이성

순수 문화 활동 참여율

스마트앱 다운로드 현황

스트레스 인지율

스트레스 정도(가정 생활)

스트레스 정도(전반적인 생활)

스트레스 정도(직장 생활)

스트레스 정도(학교 생활)

스포츠 레저 활동 참여율

승용차 통행 속도(시간대별)

시가화 면적

시간 평균 대기 오염도

시계 지점별 교통량

시내버스 정류소 현황

시내버스 현황

시내 주요 기관(경찰 · 소방관서)

시내 주요 기관(기타)

시내 주요 기관(법원 · 검찰관서)

시내 주요 기관(지방행정관서)

시내 주요 기관(협동조합)

시내 총생산에 대한 지출(기준년 가격)

시내 총생산에 대한 지출(당해년 가격)

시니어 포털 50 + 서울 인생 이모작 교육

시립 동대문 청소년 수련관 이용 및 프로그램 안내

시립 운동장

시민 감사 청구 현황

시민 디자인 도서관

시민 담세 및 조세 부담률

시민 제안 접수 현황

시민청 실내 공간 정보(3ds)

시민청 실내 공간 정보(CityGML)

시민청 실내 공간 정보(KML(collada))

시민 행복 지수

시본청 공무원(정원)

시설 녹지 현황

시설 대관 공공 서비스 예약 정보

시의회, 직속 기관, 사업소 공무원(정원)

시장과의 대화 접수 현황

시장 마트 정보

시장 현황(구별)

시장 현황(동별)

시정 거리

시중 노임 단가

시행 계획 고시

시행 계획 공고

식량 작물 생산량(정곡)

식중독 발생 현황

식중독 발생 현황(월별)

식품 위생업 현황(동별)

식품 수거 검사(식품 위생업소)

식품 수거검사(전체)

식품 안전 정보 제공자 신뢰도

식품 안정성 미확보율

식품 위생업 현황(구별)

식품 위생업소 소재지별 운영 현황

식품 위생업소 소재지별 운영 현황(법정동별)

식품 위생업소(전체)

식품 위생업체 및 위반 건수

신고 · 등록 체육 시설

신선 식품 지수

자

장르별 문화 공간 정보 현황
장비 경비
장소별 화재 발생(구별)
장소별 화재 발생(동별)
장소별 화재 발생(소방서별)
장애 등급 심사 현황
장애여성 인력개발센터 교육 강좌
장애 연금 지급 현황(연령별)
장애인 생활 시설(입퇴소 현황)
장애인 생활 인원(2006년 이전)
장애인 생활 인원(2007년 이후)
장애인 시설 정보
장애인 취업
장애인 편의시설
장애인 현황(등급별/동별)
장애인 현황(등급별/연령별)
장애인 현황(연령별/동별)
장애인 현황(장애유형별)
장애인 현황(장애유형별/동별)
장애인 지표
장애인 도서관 정보
장애인 복지시설 현황 정보
재가노인 복지시설(2004년-2007년)
재가노인 복지시설(2008년 이후)
재가노인 복지시설(가정 봉사원)
(2004년-2007년)
재가노인 복지시설 정보
재가 장기 요양기관 현황
재개발 재건축 정비 사업 정보
재정비 촉진 사업
재정 자립도
재정 자주도
재혼에 대한 견해
저소득 한부모 가족
저수조 청소업 대장
저체중 출생아 비율
저체중률
저출산 문제
적령 아동 취학

적십자 회비 모금 및 구호 실적
전력 사용량(계약종별/동별)
전력 사용량(용도별)
전력 사용량(제조업중분류별)
전문계 고등학교 취업률(2010년 이전)
전문계 고등학교(국·공립)(2010년 이전)
전문계 고등학교(사립)(2010년 이전)
전문대학
전문예술법인 지정 단체
전시 정보
전시 정보(영문)
전입지 이동규모별 이동 건수
전입지 이동사유별 인구 이동
전진기지 위치 정보
전출지 이동 규모별 이동 건수
전출지 이동 사유별 인구 이동
전통시장 정보
전통시장 현황
전통 핵가족 비율 지표
전화 권유 판매업
전화 시설 및 가입자수(2007년이전)
전·월세 전환율(구별)
전·월세 전환율(기타 주거 유형)
전·월세 전환율(보증금 규모별)
전·월세 전환율(주택 유형별)
정류소 정보 조회 서비스
정보 공개율
정보화 교육 강좌 운영 정보
정부 예산 대비 서울시 점유 비중
정비 사업 추진 경과 정보
정비 사업 협력업체 정보
정책 토론방 운영 현황
정화조 청소업체 정보
제설함 위치 정보
제왕절개 현황
제왕절개 분만 평가 지표
제조업 현황(산업중분류별)
조세 부담률 지표

조직도 및 직원 업무
조합 입찰 공고
종사상 지위별 종사자수(동별)
종사상 지위별 취업 인구(구별)
종사상 지위별 취업자
종합 민원 위원회 운영 현황
종합사회복지관 현황 정보
주거지 선택 고려 요인
주관적 건강 나쁨 비율
주관적 구강 건강 나쁨 비율
주로 이용하는 운동 장소
주말·휴일 여가 활동
주민등록 전입지별 인구 이동(구 ← 타지역)
주민등록 전출지별 인구 이동(구 → 타지역)
주민등록 세대당 인구 지표
주민등록 연앙 인구(연령별/구별)
주민등록 연앙 인구(연령별/동별)
주민등록 인구(구별)
주민등록 인구(내국인 각세별)
주민등록 인구(내국인 각세별/구별)
주민등록 인구(동별)
주민등록 인구(연령별/구별)
주민등록 인구(연령별/동별)
주민인구 현황 정보
주소별 공원 프로그램 정보 조회
주소별 공원정보 정보 조회
주요 암 사망 원인별 사망(성별/구별)
주요 관광 지점 입장객(4대궁 및 종묘)
주요 관광 지점 입장객(박물관 및 전시관 등)
주요 생필품 소요량(2008년 이전)
주요 전염병 예방접종 실적
주유소 위치 정보
주차장 확보율
주차장(구별)
주차장(동별)
주택 소유 비율

최초 주택 구입 시 대출금 비율

추천 도서 정보

축산가구 및 가축

축산물 운반 차량 등록 현황

축산물 보관업체 현황

축산물 운반업체 현황

축산물 판매업체 현황

출생·사망(신고기준)(동별)

출생 사망(동별)

출생 사망(월별)

출생아수 지표

출판·인쇄 및 기록 매체 복제업(구별)

출판·인쇄 및 기록 매체 복제업(동별)

출판 관련 업체 현황(2006년 이전)

출판사 및 인쇄소 현황

취업 시간별 취업자

치과 기공소 현황 정보

친환경 농·축산물 출하 현황

퇴직 사유별 공무원

퇴직 사유별 공무원(구별)

투표 현황

특별회계 세입세출 예산 개요(본청)

특별회계 예산 개요(구별)

특별회계 예산 결산

특성화 고등학교취업률(2011년 이후)

특성화 고등학교(국·공립)(2011년 이후)

특성화 고등학교(사립)(2011년 이후)

특수목적 고등학교(국·공립)(2011년 이후)

특수목적 고등학교(사립)(2011년 이후)

특수학교

특수학교 현황 정보

특용작물 생산량

특정 소방 대상물 현황(구별)

특정 소방 대상물 현황(소방서별)

특정 소방 대상물당 화재 발생 건수

평생교육기관 학습자(주제별/구별)

평생교육기관 학습자(주제별/유형별)

평생교육기관 현황 정보

평생교육기관(설립 주체별/유형별)

평생교육기관(유형별/구별)

평생교육사(구별)(2010년 이전)

평생교육사(기관별)(2010년 이전)

평생학습포털 사이버 강의

평생학습포털 오프라인 강좌

평생학습포털 평생교육기관

폐기물 재활용 현황

폐수 배출 시설 지도 점검 결과 위반율

폐수 배출업소 1개소당 위반 건수

품목별 수입 실적(구별)

품목별 수출 실적(구별)

프로그램 ID별 공원 프로그램 정보 조회

프로그램명별 공원 프로그램 정보 조회

프로그램 수강 인원 통계 정보

피의자(연령별)

피의자(학력별)

카

컨벤션 시설 현황

타

택지 개발 사업 실적

토지 거래 현황

토지 거래 허가 현황

토지 현황(지목별)

토지 현황(지목별/법정동별)

통근·통학 및 주간 인구(12세이상)

통근·통학 시 이용하는 교통 수단

통근 통학

통근 통학(소요 시간)

통반장 현황 정보

통신 판매업

파

평가서 초안 현황

평가서 현황

평균 초혼 및 재혼 연령

평균 초혼연령(구별)

평균 결혼연령 지표

평균 연령(동별)

평균 출산연령 지표

평생 교육 경험

평생교육기관 개황(구별)

평생교육기관 개황(유형별)

평생교육기관 종사 인력(유형별)

평생 교육기관 프로그램(수요 대상별/유형별)

평생교육기관 프로그램(주제별/구별)

평생교육기관 프로그램(주제별/유형별)

평생교육기관 학습자(수요 대상별/유형별)

하

하고 싶은 여가 활동

하수,분뇨 발생량 및 처리 현황

하수관거

하수관로 수위 정보

하수도 및 부대시설 현황

하수도 사용료

하수도 사용료 체납률

하수도 준설률

하수 슬러지 자원화율(재활용률)

하수처리 현황

하이서울 페스티발 인지도

하이서울 페스티벌 일정 정보

하천 경계 공간 정보

하천 부지 점용

하천 현황

하천 호수 공간 정보

학교 총괄

학교 도서관 개방 정보

학급당 학생수(구별)

학생 체격 현황(키, 몸무게)

학생 변동 상황(전출 · 전입)

학업 중단율

한강 및 주요 지천 수질 오염 관측

한강경찰서 공간 정보

한강공원 X-GAME장 공간 정보

한강공원 게이트볼장 공간 정보

한강공원 계류장 공간 정보

한강공원 공원 안내소 공간 정보

한강공원 공중전화 공간 정보

한강공원 관광선 선착장 공간 정보

한강공원 국궁장 공간 정보

한강공원 농구장 공간 정보

한강공원 론볼링장 공간 정보

한강공원 매점 공간 정보

한강공원 물 마시는 곳 공간 정보

한강공원 방생 법회장 공간 정보

한강공원 배구장 공간 정보

한강공원 배드민턴장 공간 정보

한강공원 보트 보관소 공간 정보

한강공원 선착장 공간 정보

한강공원 수상 관광 콜택시 공간 정보

한강공원 수상 레저 공간 정보

한강공원 수상훈련장 공간 정보

한강공원 씨름장 공간 정보

한강공원 어린이 놀이터 공간 정보

한강공원 오리배 선착장 공간 정보

한강공원 우드볼장 공간 정보

한강공원 월드컵 분수대 공간 정보

한강공원이용객 현황(2009~2014)

한강공원 인공 암벽 공간 정보

한강공원 인라인 도로 공간 정보

한강공원 인라인 스케이트장 공간 정보

한강공원 자연 학습장 공간 정보

한강공원 자전거 대여소 공간 정보

한강공원 자전거 보관소 공간 정보

한강공원 잔디밭 공간 정보

한강공원 족구장 공간 정보

한강공원 주차장 공간 정보

한강공원 축구장 공간 정보

한강공원 테니스장 공간 정보

한강공원 트랙구장 공간 정보

한강공원 파크골프장 공간 정보

한강공원 헬기장 공간 정보

한강공원 호수 공간 정보

한강공원 간이 어린이 야구장 공간 정보

한강공원 보행자 도로 공간 정보

한강사업본부 공간 정보

한강시민공원 이용 만족도

한강시민공원 이용 여부 및 주 이유

한국 여행 중 서울 지역 방문지(거주 국별)

한부모 가구 현황

한부모 가족 복지 시설

한센 등록자 현황

한양 도성길 선형 공간 정보

한양 도성길 점형 공간 정보

한옥 등록 현황 정보

한옥 수선 지원 현황

함께 여가 활동하는 사람

합계 출산율

합계 출산율 지표

항공 노선별 수송

항공 수송

행정구역 시군구

행정구역(구별)

행정구역(동별)

행정 데이터 표준 용어 사전 정보

행정동별 가스 사용량(2005~2008) 공간 정보

행정동별 상수도 사용량(2005~20 08) 공간 정보

행정동별 어린이 보호구역 지정 통계

행정동별 전력 사용량(2005~2008) 공간 정보

행정동별 지역난방 사용량(2005~20 08) 공간 정보

행정 서비스 시민 고객 평가(만족도 조사)

행정 정보 자원(1997년-2006년)

행정 지원 서비스

행정 처분 내역(공중위생업소)

행정 처분 내역(식품위생업소)

행정 처분 내역(전체)

향후 5년 이내 이사 계획

향후 서울 거주 희망 정도

향후 주거 형태

허위 · 장난 신고 비율

헌혈 현황

험프 공간 정보

현대 사회 위험 요인에 따른 피해 정도

현재 대비 10년 이후 위험 정도 변화

현재 흡연율

호선별 지하철 첫차와 막차 정보 검색

혼인(연령별)

혼인건수 및 조혼인율

혼인건수_지표

혼인상태별 인구(15세이상)

혼인율(연령별)

혼인이혼(구별)

혼인이혼(동별)

혼인이혼(월별)

혼인 형태별 혼인

화장률

화재 발생 현황(구별)

화재 발생 현황(동별)

화재 발생 현황(소방서별)

화재 예방 교육

화훼류 재배 현황

환경 지도 점검 내역

환경 상품 관심도

환경영향평가 심의 일정

환경오염 방지 노력

환경오염물질 배출 시설(대기)

환경오염물질 배출 시설(소음 및 진동)

환경 오염물질 배출 시설(수질)

환경오염물질 배출업소 단속 현황

활동 제약 비율

횡단보도

횡단보도 공간 정보

흡연 실태

희망서울 생활 지표

희망하는 교육 과정

희망하는 여가 활동

기타

[SH공사]주택 관리 현황

[서울장학재단]꿈나무 장학생

[서울장학재단]하이서울 고교 장학생

1~4호선 노약자 장애인 편의 시설 현황

1~4호선 수송 인원(연도별)

1~4호선 역간 거리 및 소요 시간

1~4호선 역별 시간대별(일) 승하차 인원

1~4호선 역별 지명 유래 및 테마명

1~4호선 역사별 자전거 보관소 통계 현황

1~4호선 지하철역 주소 및 전화번호

1~4호선 지하철 역사 건축 현황

1~4호선 차량 km당 수송 인원

1~4호선 환승역 환승 인원

10년 전 대비 위험 정도 변화

112 신고 접수 · 처리 현황

112 신고 접수 후 5분내 도착률(2009년 이전)

119 구급 활동 실적(소방서별)

119 구조 활동 실적(구별)

119 안전 센터 1개소당 시민수

119 종합 방재 주요 대상물 공간 정보

1234호선 역별 공기 질 측정 정보

1234호선 역별 혼잡도 정보

1인 가구 지표

1인 가구

1인당 거주 면적

1인당 보건 예산액

1인당 사회 복지 예산액

1인당 최종 에너지 소비량

1일 1인당 오수 발생량

1일 교통 수단별 통행 현황(분담률)

1일 지하철 이용객 지표

3대 사망 원인 지표

5~8호선 역명 다국어 표기 정보

5~8호선 역별 시간대별(월) 승하차 인원

5~8호선 역별 시간대별(일)승하차인원(2009~2013)

5~8호선 역별 시간대별(일) 승하차 인원(2014)

5~8호선 역사 엘리베이터 및 에스컬레이터 길이 · 높이 정보

5678역 출구별 관광지 정보

5대 범죄 발생 현황

60세 이상 가구주 지표

65세 이상 경제 활동 지표

65세 이상 인구 비율 지표

CCTV 설치 현황 정보

CCTV 현황

DMC 입주 기업 정보

e-Poll 설문 결과

e-Poll 설문 현황

Monthly Outbreak Statistics

Monthly Traffic Statistics

PC 보유 가구 비율

SETEC 전시회 정보

SH공사 공사 계약 현황

SNS 기반 서울시 공공 정보 수요 조사

SNS 이용률

TV 시청 시간

INDEX

이미지 출처

CHAPTER 1

10p https://www.pinterest.com/pin/208010076510394205/
http://ibmcai.com/2014/06/25/the-next-phase-of-the-internet-the-internet-of-things/

13p http://www.seametrics.com/blog/infographic-where-does-water-come-from/
http://www.wired.co.uk/magazine/archive/2012/07/start/infographic-words-in-waiting
http://www.gettyimagesbank.com/
http://infographicsnews.blogspot.kr/2009/03/malofiej-17-best-infographics-of-2008.html

19p http://cyclingtips.com.au/2014/05/rocacorba-daily-218/
http://blog.cartodb.com/torque-big-data-meets-time-based-maps-bundled-with/

20p http://flowingdata.com/2014/05/29/bars-versus-grocery-stores-around-the-world/
http://www.theblaze.com/stories/2015/01/12/starbucks-or-dunkin-donuts-this-map-shows-where-americans-get-their-coffee-fix/

CHAPTER 2

32p http://www.drupal.org/drupal-7-released
http://www.hypebuzz.com/webdev/drupal.php
http://shoutex.com/blog/wordpress-vs-joomla-vs-drupal-choosing-a-cms/

34p http://www.solutionanalysts.com/blog/quick-guide-setup-lamp-amazon-linux-os-amazon-ec2

35p http://www.drupal.org/

44p http://visual.ly/what-drupal
http://trends.builtwith.com/cms

46p http://www.quicklycode.com/wallpapers/drupal-7-cheat-sheet-desktop-wallpaper

CHAPTER 4

75p http://openlayers.org/en/v3.8.2/examples/mobile-full-screen.html?q=full

드루팔
빅데이터맵

초판 발행   2015년 09월 10일

저   자 | 강우경
발 행 인 | 신재석
발 행 처 | (주)삼양미디어
등록번호 | 제 10-2285호
주   소 | 서울시 마포구 양화로 6길 9-28
전   화 | 02 335 3030
팩   스 | 02 335 2070
홈페이지 | www.samyangℳ.com

ISBN | 978-89-5897-306-5 (13560)